国家职业教育专业教学资源库配套教材
1+X 职业技能等级证书配套教材

动力电池管理及维护

主　编　黄正军　周梅芳
副主编　冯雪丽　方韶华　杨杭旭
　　　　唐　艳　渠珍珍　方晓汾
参　编　徐建军　陈　煜
　　　　施卢丹　项腾飞
主　审　龚永坚

科学出版社
北　京

内 容 简 介

动力电池管理及维护技术是新能源汽车的核心技术，也是新能源汽车产业发展的基础和关键。本书采用“项目-任务”教学和“基于工作过程”的编写理念，对接岗位核心能力、职业标准及1+X证书要求，系统介绍新能源汽车动力电池管理及维护的相关技术与技能。本书共六个项目，包括：动力电池认知与性能检测、动力电池组认知与检修、动力电池管理系统认知与检测、动力电池组热管理系统认知与检修、动力电池充电系统认知与检修、动力电池故障诊断与维护保养。

本书编写注重思政融合、“岗课赛证”融通，以及信息化资源配套，便于落实课程思政和开展信息化教学。

本书可作为职业院校新能源汽车专业及相关专业的教材，也可作为从事新能源汽车相关工作的工程技术人员、维修人员及管理人员的参考用书。

图书在版编目(CIP)数据

动力电池管理及维护/黄正军，周梅芳主编．—北京：科学出版社，2022

国家职业教育专业教学资源库配套教材 1+X 职业技能等级证书配套教材

ISBN 978-7-03-070783-3

Ⅰ．①动…　Ⅱ．①黄…　②周…　Ⅲ．①电动汽车-电池-管理-高等职业教育-教材　②电动汽车-电池-维修-高等职业教育-教材　Ⅳ．①TM91

中国版本图书馆 CIP 数据核字（2021）第 249397 号

责任编辑：张振华　刘建山 / 责任校对：王万红

责任印制：吕春珉 / 封面设计：东方人华平面设计部

科学出版社出版

北京东黄城根北街 16 号

邮政编码：100717

http://www.sciencep.com

三河市中晟雅豪印务有限公司印刷

科学出版社发行　各地新华书店经销

*

2022 年 12 月第　一　版　开本：787×1092　1/16

2022 年 12 月第一次印刷　印张：15 1/4

字数：350 000

定价：58.00 元

（如有印装质量问题，我社负责调换〈中晟雅豪〉）

销售部电话 010-62136230　编辑部电话 010-62135120-2005

前　言

传统燃油车在全球保有量的不断增加，加剧了人类社会能源短缺、气候变暖，以及空气和水质量下降等问题。从20世纪末发展起来的现代电动汽车，具有低排放甚至零排放、热辐射低、噪声小且环境友好等优点，是节能、环保和可持续发展的新型交通工具，具有广阔的发展和应用前景，因此世界各国都将新能源汽车作为未来汽车的发展方向。近年来，汽车“新四化”（电动化、智能化、网联化和共享化）的进展突飞猛进，以新能源为核心的新汽车产业正在成为新一轮科技革命的载体、平台和牵引力。动力电池及管理技术作为新能源汽车的关键技术，更是成为各国汽车行业的研究热点。

新汽车时代正在到来。当今世界，汽车产业正经历百年未有之大变局。在这个百年不遇的产业大变革中，我国汽车产业正以更加开放的姿态，开启由汽车大国向汽车强国转身的新征程。为推动新能源汽车产业高质量发展，加快建设汽车强国，2020年11月，国务院办公厅印发《新能源汽车产业发展规划（2021—2035年）》。我国新能源汽车在国家政策及技术快速发展的推动下，保持高速增长态势。截至2022年7月，我国新能源汽车保有量超过1000万辆，产销量、保有量已连续7年位居世界首位。2022年1～7月，新能源汽车产销分别完成327.9万辆和319.4万辆，同比均增长1.2倍；市场占有率达到22%。充电设施是支持新能源汽车发展的基础。截至2022年7月，全国充电基础设施累计数量为398万台，同比增加97.5%；换电站1625座，这能为动力电池及电池管理系统（battery management system，BMS）的发展带来强劲动力。

习近平总书记在党的二十大报告中指出：“加快建设国家战略人才力量，努力培养造就更多大师、战略科学家、一流科技领军人才和创新团队、青年科技人才、卓越工程师、大国工匠、高技能人才。”为了深入贯彻落实二十大精神，编者根据二十大报告和《国家职业教育改革实施方案》《职业院校教材管理办法》《高等学校课程思政建设指导纲要》《“十四五”职业教育规划教材建设实施方案》等相关文件精神，在行业、企业专家和课程开发专家的精心指导下，结合企业生产岗位和工作实际，编写了本书。

本书编写紧紧围绕“培养什么人、怎样培养人、为谁培养人”这一教育的根本问题，以落实立德树人为根本任务，以学生综合职业能力培养为中心，以培养卓越工程师、大国工匠、高技能人才为目标，以“科学、实用、新颖”为编写原则，结合相关企业的职业工作需要和当前教学改革趋势，按照新能源汽车专业相关岗位（群）核心能力、职业标准及1+X证书要求，基于“项目-任务”教学和“基于工作过程”的课程改革理念进行编写，旨在探索“教学做一体化”的教学模式。

全书共六个项目（十八个任务），主要内容包括动力电池认知与性能检测、动力电池组认知与检修、动力电池管理系统认知与检测、动力电池组热管理系统认知与检修、动力电池充电系统认知与检修、动力电池故障诊断与维护保养等，系统介绍了新能源汽车动力电池管理及维护的相关技术与技能。每个项目均以“项目导读”“学习目标”“知识准备”“任务实施”“思考与练习”的形式展开。其中，“项目导读”“学习目标”模块，清楚地告诉读者本项目的学习目标和实践任务；“知识准备”“任务实施”模块，对项目的相关知识点、技能点进行剖析，提炼任务实施步骤，并加以适当的提示；“思考与练习”模块，便于读者自查自纠，巩固知识和技能。各模块设置环环相扣，具有很强的针对性和可操作性。

本书注重思政融合以及信息化资源配套。在书中以任务、案例、图表等为载体，将安全质量意识、职业素养、工匠精神的培养与教材的内容融为一体，充分发挥教材承载的思想教育功能。同时，书中穿插有丰富的二维码资源链接，读者通过扫描可观看相关微课、视频等学习资源。

本书由黄正军（金华职业技术学院）、周梅芳（金华职业技术学院）担任主编，冯雪丽（杭州科技职业技术学院）、方韶华（金华职业技术学院）、杨杭旭（金华职业技术学院）、唐艳（上海电子信息职业技术学院）、渠珍珍（金华职业技术学院）、方晓汾（衢州职业技术学院）担任副主编，徐建军（金华职业技术学院）、陈煜（金华职业技术学院）、施卢丹（金华职业技术学院）、项腾飞（浙江经济职业技术学院）参与编写，龚永坚（金华职业技术学院）担任主审。

在编写本书过程中，蔚来汽车销售服务有限公司、零跑汽车有限公司、浙江衡远新能源科技有限公司提供了大量实践案例，湖南汽车工程职业学院、杭州科技职业技术学院、河北科技工程职业技术大学同人提供了资源及调整建议，在此一并表示衷心感谢！

由于新能源汽车技术发展日新月异，加之编者水平有限，书中难免存在不足之处，敬请广大读者批评指正。意见和建议请发至 465074730@qq.com 或 zhiqingshui@qq.com。

本书课程思政元素设计

为践行、弘扬“富强、民主、文明、和谐，自由、平等、公正、法治，爱国、敬业、诚信、友善”的社会主义核心价值观，落实“立德树人”的育人目标，本书以“习近平新时代中国特色社会主义思想”为指导，结合新能源汽车技术岗位群相关岗位的共性职业素养要求，从“家国情怀、民族自信、社会责任、工匠精神、团队意识、质量意识、规范意识、安全意识、法治意识、职业态度、工作素养”等维度出发，紧密围绕“知识、技能、素养”三位一体的教学目标，确定思政目标、设计思政内容，在书中以任务、案例、图表等为载体，将课程思政内容无缝融入，润物细无声地有效传递给读者。

页码	内容导引	课程思政目标	融入方式	课程思政元素
13	工信部发布的先进动力电池系统规格和等级	了解我国先进动力电池系统规格和等级的开发目标，培养进一步提升动力电池性能的社会责任感	引入工信部先进动力电池系统开发目标	国家战略 社会责任
27-29	锂离子电池的发展	感受中国制造，培养爱国精神，激发民族自豪感，培养振兴民族汽车工业的家国情怀和社会责任感	列举宁德时代新能源科技股份有限公司、中信国安盟固利电源技术有限公司、比亚迪等动力锂电池生产企业的技术现状和贡献，总结电池技术的发展现状及其对新能源汽车的重要意义	家国情怀 民族自信 社会责任
51-57	常见车型动力电池组及其功能	了解我国汽车自主品牌的技术现状和贡献，提升民族汽车品牌自信	通过引入比亚迪 e5、北汽 EV160、吉利帝豪 EV300 等车型的动力电池组，介绍我国汽车自主品牌的技术现状和贡献	中国制造 民族自信
67-69	比亚迪 e5 磷酸铁锂电池	了解我国自主品牌的电池技术现状和贡献，提升“中国制造”自信心	通过引入比亚迪电池技术，介绍我国汽车自主品牌的电池技术现状和贡献	中国制造 大国风范
74-88	动力电池组常见故障、动力电池组的安全作业与拆装	了解动力电池组拆装的安全操作规范和注意事项，培养规范意识和安全意识	引入维修手册，介绍动力电池组安全作业、高压部件拆卸等操作规范及注意事项	规范意识 安全意识
100-104	动力电池组的拆装	了解吉利帝豪 EV300 动力电池组的拆装步骤及注意事项，培养、践行工匠精神和团队意识	引入吉利帝豪 EV300 动力电池组拆装内容	工匠精神 团队意识
113-114	电池管理的必要性	了解动力电池在成组使用时的安全问题，增强质量意识和安全意识	通过介绍动力电池组单体电池的不一致等问题，引出电池使用中的安全问题	质量意识 安全意识
128-130	动力电池组的绝缘检测	具备查询、应用国家法律、法规和标准规定的能力	引入电动汽车漏电电流国家标准，判断车辆绝缘状况	安全意识 法治意识
168	电池的热安全问题	了解电池热安全管理的重要性，增强安全意识，树立社会责任感	总结电池热安全管理对提升电动汽车整车安全性的重要意义	安全意识 社会责任

续表

页码	内容导引	课程思政目标	融入方式	课程思政元素
195-196	电动汽车充电接口	具备查询、应用国家法律、法规和标准规定的能力	引入国家电动汽车充电标准	规范意识 法治意识
198-200	直流充电系统故障检修	培养以客户需求为导向的职业理念、精益求精的工匠精神、严谨细致的职业态度和7S素养	引入直流充电设施重点维护和检修方法	职业态度 工作素养
217-224	动力电池系统的维护保养	培养细致周到的服务意识和爱岗敬业的职业道德	引入动力电池系统常规维护、重点维护、存储及运输维护内容	服务意识 职业道德
224-226	动力电池组的存放和废弃处理	了解动力电池组的处理方法，培养、践行环保意识和安全意识	引入动力电池组的存放和废弃处理内容	环保意识 安全意识

注：7S是指整理（sort）、整顿（straighten）、清扫（sweep）、清洁（sanitary）、素养（sentiment）、安全（safety）、节约（save）。

目　录

项目一

动力电池认知与性能检测

项目导读

随着能源危机和环境污染的加剧，新能源汽车因其节能、环保和维护方便等特性得到了大力发展，新能源汽车未来会逐渐替代传统燃油车已成为各国发展汽车产业的共识。目前，新能源汽车主要指混合动力汽车、纯电动汽车和燃料电池汽车。新能源汽车的关键技术包括电池技术、电机技术和电控技术，这三种技术俗称新能源汽车的“三电”。其中电池技术是新能源汽车的核心技术，直接影响新能源汽车的安全和使用。

本项目主要学习内容如下：

相关知识	实践活动
1. 电池的定义、结构、成组方式及分类。 2. 动力电池的性能指标。 3. 动力电池的性能要求。 4. 常见动力电池	1. 单体电池性能检测。 2. 电池性能对比分析

学习目标

通过本项目的学习达成如下学习目标：

知识目标	能力目标	思政要素和职业素养目标
1. 了解电池的定义、结构、成组方式及分类，熟悉电池的常用术语。 2. 熟悉动力电池的主要性能指标。 3. 了解电动汽车对动力电池的性能要求。 4. 熟悉常见动力电池的特点及应用	1. 会使用万用表测量单体电池电压、内阻。 2. 会使用容量检测放电仪检测电池容量。 3. 能进行电池性能对比分析	1. 增强安全意识、环保意识，落实7S管理。 2. 感受中国制造，激发民族自豪感。 3. 树立正确的学习观、价值观，自觉践行行业道德规范
对接《智能新能源汽车职业技能等级标准》“新能源汽车动力驱动电机电池技术”模块——动力电池系统性能检测		

知识准备

知识一　电池的定义、结构、成组方式及分类

学习点拨

通过学习，了解电池的定义、结构、成组方式及分类，掌握化学电池、物理电池和生物电池的概念及电池的基础知识。

一、电池的定义、结构及成组方式

1. 电池的定义

电池（battery）是指盛有电解质溶液和金属电极，以产生电流的杯、槽、其他容器或复合容器的部分空间，且能将化学能转化成电能的装置。

2. 电池系统及电池结构

电池系统是指一个以上电池包通过串联或并联构成的具备完善电池管理功能的电能供给系统。电池系统由电池包（组）、电池管理系统（BMS）及连接导条构成。

（1）电池包（battery pack）

电池包又称电池组，是由多个单体电池通过串联或并联构成的存储电能或对外输出电能的部件。通常意义上的电池包还包括 BMS、电池箱等元器件。不包含完整电池管理功能的电池组通常称为电池模组（battery module）。

单体电池是指直接将化学能转化为电能的基本装置，是构成电池的基本单元，由电解质、正极、负极、隔膜等组成，又称电芯。单体电池有圆柱形、扣式、扁平式、方形等形式。单体电池的结构如图 1-1 所示。

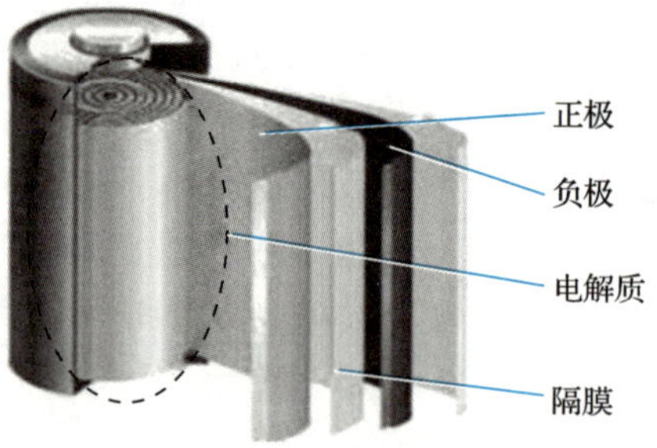

图 1-1　单体电池的结构

（2）BMS

BMS 是指对电池进行管理的系统，其主要功能包括电池物理参数实时监测，电池状态估计，在线诊断与预警，充放电控制，均衡管理和热管理等。

3. 电池的成组方式

（1）串联电池组

电池的成组方式

由于单体电池的额定电压一般都偏低，往往不能满足负载额定电压的要求，因此通常需要将多个单体电池或电池模组串联起来使用，即某个单体电池或电池模组的正极连接另外一个单体电池或电池模组的负极，以此类推，称为串联电池组。串联电池组适用于输出电流不太大，而输出电压要求较高的场合。串联电池组的总电压等于单体电池的电压之和，如图 1-2 所示电路的总电压$U_{ges}=U_1+U_2+U_3$。

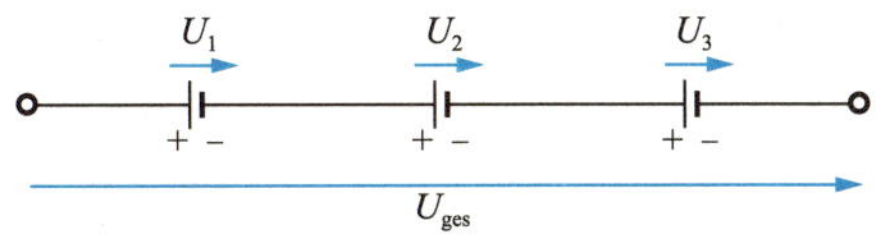

图 1-2　单体电池的串联

若串联电池组中的每个单体电池的开路电压为 *U*，内阻为R_i，则 *N* 个单体电池串联组成的电池组的电压为$N\times U$，总内阻为$N\times R_i$。

（2）并联电池组

单体电池并联可以提高电池组的电容量，电池组电压则保持不变。电池组的性能通常比单体电池性能差。并联电池组适用于每个单体电池的电动势能够满足负载所需的电压而单体电池的输出电流小于负载所需电流的情况，如图 1-3 所示电路的总电压$U_{ges}=U_1=U_2=U_3$。

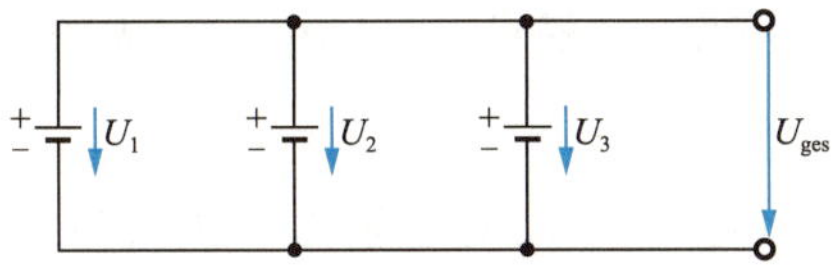

图 1-3　单体电池的并联

若并联电池组中的每个单体电池的开路电压为 *U*，内阻为R_i，则 *N* 个单体电池并联组成的电池组的电压为 *U*，总内阻为R_i/N。

（3）混联电池组

某些带充电系统的电动汽车（插电式混合动力和纯电动汽车）通常采用混联的方式将单体电池组成动力电池组，可同时增加电池的电压和容量，使供电输出最大化。混联电池组的连接方式有两种：一种是先并联后串联；另一种是先串联后并联。连接方式不同，系统的可靠性也不同，先并联后串联系统可靠性远大于先串联后并联系统可靠性。先并联后串联系统可靠性大于单体电池可靠性，而先串联后并联系统可靠性小于单体电池可靠性。因此，无论何种类型的电池，若综合考虑可靠性和连接方式对电池性能的影响，则应采用先并联后串联的方式。例如，雪佛兰沃蓝达的动力电池组是由 96 个电池模组串联而成的，其中每个电池模组又包括 3 个并联的单体电池。由于每个并联的单体电池输出电压均为 3.7V，因此 96 块电池模组的总输出电压约为 355V。

在实际应用中，主要有 3 种成组模式：先并联后串联、先串联后并联、混联。

1）先并联后串联成组模式（图 1-4）。

优点：并联电芯可作为一个电芯，监控架构简单，BMS 管理通道少，成本低。

缺点：若电芯较大，则直接并联工艺可能导致电芯间不均流；若电芯较小，则并联点很多，并联电流大，过电流能力不易提高。

应用：适用于小功率的慢充系统。

2）先串联后并联成组模式（图 1-5）。

优点：只在两端并联，系统过电流能力强；两支路间均流好。

缺点：每个支路电芯均须独立监控，BMS 管理通道多，成本高。

应用：适用于有快充需求的系统或大功率系统。

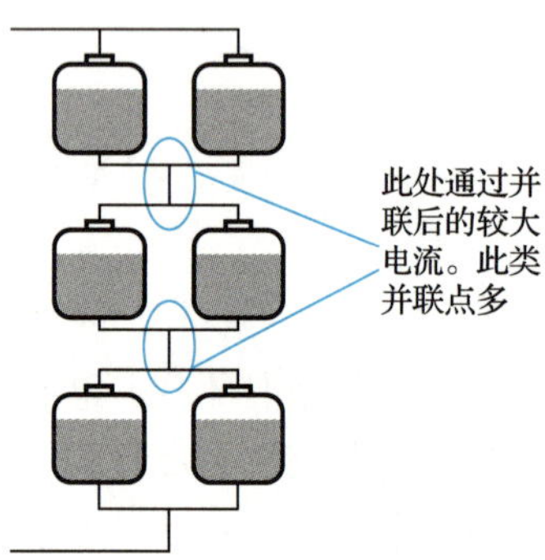

图 1-4　先并联后串联成组模式

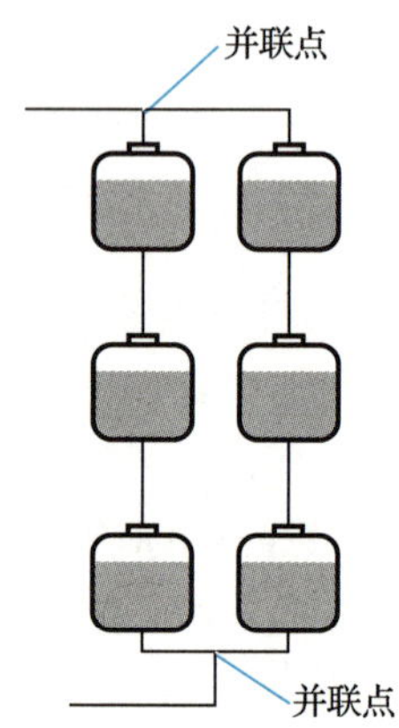

图 1-5　先串联后并联成组模式

3）混联成组模式（图 1-6）。

混联成组模式适用于电芯容量较小而对容量需求较大的系统，如图 1-6 所示。

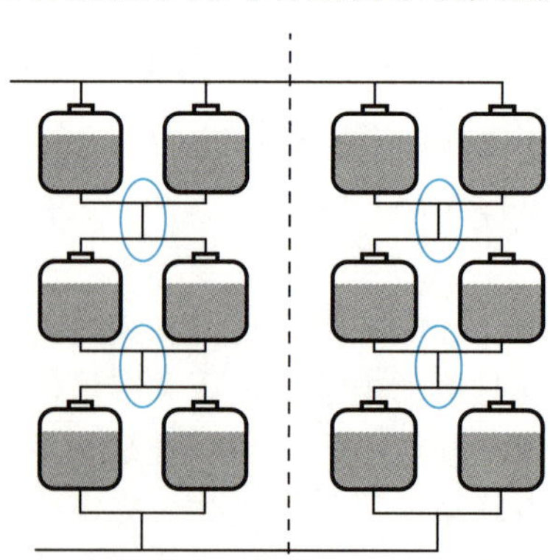

混联（支路内先并联后串联，支路间再并联）

图 1-6　混联成组模式

二、电池的分类

电池是电动汽车的动力源，是能量的存储装置，它可以分为化学电池、物理电池和生物电池三大类。其中，化学电池和物理电池已经应用于量产新能源汽车中，而生物电池则被视为未来纯电动汽车电池的重要发展方向之一。

动力电池定义及分类

1. 化学电池

化学电池是利用物质的化学反应发电的电池，是目前新能源汽车领域应用最广泛的电池。化学电池按照工作性质不同可分为原电池、蓄电池、燃料电池和储备电池。

（1）原电池

原电池是指电池在放电后不能用简单的充电方法使活性物质复原而继续使用的电池，又称一次电池，如二氧化锰电池（图 1-7）、锂锰电池、锌空气电池、一次锌银电池等。

（2）蓄电池

蓄电池是指电池在放电后可通过充电的方法使活性物质复原而继续使用的电池，又称二次电池，如铅酸电池（图 1-8）、镍氢电池（图 1-9）、锂离子电池（图 1-10）等。

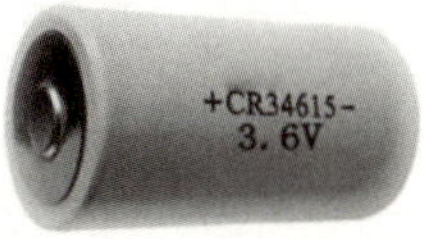

图 1-7　二氧化锰电池

图 1-8　铅酸电池

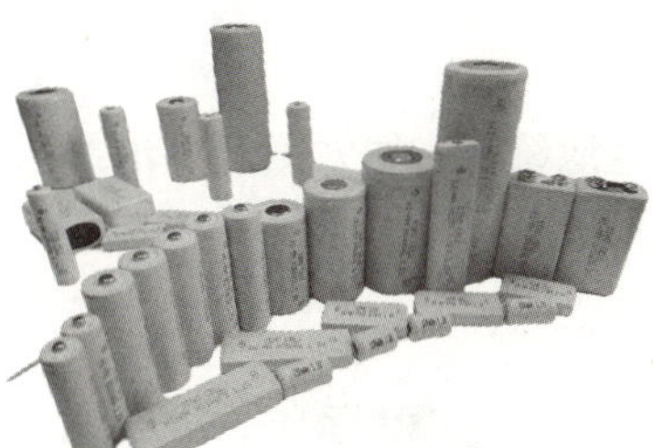

图 1-9　镍氢电池

图 1-10　锂离子电池

图 1-11　质子交换膜燃料电池

（3）燃料电池

燃料电池是指参加反应的活性物质从电池外部连续不断地输入电池，电池连续不断地工作提供电能，如质子交换膜燃料电池（图 1-11）、碱性燃料电池、磷酸燃料电池等。

（4）储备电池

储备电池又称激活电池，是指电池正极与电解质在存储期间不直接接触，使用前注入电解液或使用其他方法使电解质与正负极接触，电池进入放电状态。对于这类电池的正负极活性物质的化学变质或自放电，因与电解质的隔离而基本被排除，从而电池能长时间储存，如镁电池、热电池等。

目前市面上的绝大多数新能源汽车都采用化学电池进行驱动，如丰田普锐斯、特斯拉 Model S 等。当然，这里所讲的化学电池并不是人们日常所见到的汽车电瓶，而是对可重复充电电池的统称。新能源汽车常用化学电池及其特性如表 1-1 所示。

表 1-1　新能源汽车常用化学电池及其特性

类型		质量能量密度/[(W·h)/kg]	单体电池标称电压（通常情况）	安全性	理论循环寿命/次	应用现状	代表车型
铅酸电池		30～50	2V 左右	好	500～800	已淘汰	
镍镉电池		50～60	1.2V	较好	1500～2000	已淘汰	
镍氢电池		70～100	1.2V	好	1000	现使用	现款丰田普锐斯
锂离子电池	锰酸锂电池	100	3.7V	较好	600～1000	已淘汰	早期丰田普锐斯
	钴酸锂电池	170	3.6V	差	300	已淘汰	特斯拉 Roadster
	磷酸铁锂电池	100～110	3.2V	好	1500～2000	现使用	腾势
	三元锂电池	200	3.8V	较差	2000	现使用	特斯拉 Model S

2. 物理电池

物理电池是依靠物理变化来提供、存储电能的电池统称，如太阳能电池（图 1-12）、超级电容（图 1-13）、飞轮电池（图 1-14）等。

图 1-12　太阳能电池

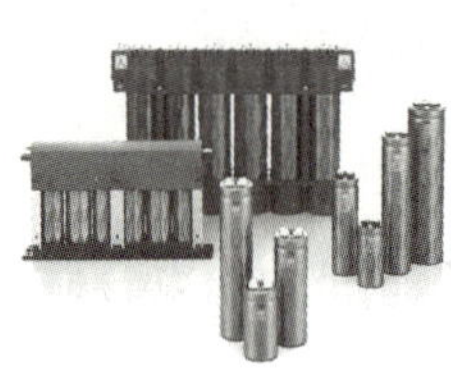

图 1-13　超级电容

图 1-14　飞轮电池

3. 生物电池

生物电池是指将生物质能直接转化为电能的装置，如微生物电池、酶电池、生物太阳能电池等，部分生物电池如图 1-15 所示。

（a）用土豆制作的电池　　（b）用苔藓制作的电池

图 1-15　生物电池

知识二　动力电池的性能指标

学习点拨

通过学习，熟悉动力电池的性能指标，如电压、容量、内阻、能量、功率、输出效率、自放电率、放电倍率、使用寿命等，并能通过电池性能指标判断电池的性能差异及特点。

1. 电压

动力电池性能指标

电池电压测试

电压分为开路电压、额定电压、工作电压、充电终止电压和放电终止电压等。

开路电压是指电池在没有负载情况下的端电压。开路电压与电池体系及荷电状态有关，如锂离子电池充电的开路电压一般为 4.1～4.2V，满电状态下电池的开路电压一般为 3.7～3.8V。

额定电压是电池在标准规定条件下工作时的电压。

工作电压是指电池在工作时（有负荷时）正负极两端的端电压，也称闭路电压。工作电压的具体值与电池体系、工作电流（倍率）、工作温度、充电条件有关。

充电终止电压是指电池满电时的电压。电池满电时，极板上的活性物质已达到饱和状态，继续充电电池的电压也不会上升。

放电终止电压是指电池放电时允许的最低电压。

表 1-2 为常用化学电池的单体额定电压。

表 1-2　常用化学电池的单体额定电压

电池类型	单体额定电压/V
铅酸（VRLA）电池	2.0
镍镉（Ni-Cd）电池	1.2
镍锌（Ni-Zn）电池	1.6
镍氢（Ni-MH）电池	1.2
锌空气（Zn/Air）电池	1.2
铝空气（Al/Air）电池	1.4
钠氯化镍（$Na/NiCl_2$）电池	2.5
钠硫（Na/S）电池	2.0
锰酸锂（$LiMn_2O_4$）电池	3.7
磷酸铁锂（$LiFePO_4$）电池	3.2

2. 容量

电池在一定的放电条件下所能释放出的电量称为电池的容量，常用单位为 A·h，其值等于放电电流与放电时间的乘积。电池的容量可以分为理论容量、实际容量和额定容量等。

理论容量是指电极上的活性物质全部参加电池反应所释放的电量。

实际容量反映了电池实际存储电量的大小，电池实际容量越大，电动汽车的续驶里程越大。实际容量大于额定容量的电池为合格电池。

额定容量也称保证容量，是根据国家或有关部门颁布的标准，电池在一定的放电条件下应该具备的最低限度的容量。

电池容量测量

荷电状态（state of charge，SOC）是电池在一定放电倍率下，剩余电量与相同条件下额定容量的比值，它反映电池容量的变化。

根据电池的电压与容量要求，可以将单体电池串联、并联或混联。单体电池在串联时，电压升高，容量基本不变；并联时，电压基本不变，容量变大；混联时，电压升高，容量变大。

3. 内阻

电池内阻是指电池正负极之间的电阻，包括欧姆电阻和极化电阻。欧姆电阻和极化电阻之和为电池的内阻。欧姆电阻由集流体、电极材料、电解液、隔膜电阻及各部分零件的接触电阻组成。极化电阻是指电化学反应时由极化引起的电阻，包括电化学极化和浓差极化引起的电阻。内阻越小，电池性能越好。大电流放电和低温放电时，内阻对放电特性的影响尤为明显。

电池内阻测量

4. 能量

电池的能量是指在一定放电制度下，电池所能输出的电能，单位是 W·h 或 kW·h，它影响电动汽车的行驶距离。能量分为理论能量、实际能量、比能量和能量密度。

理论能量是电池的理论容量与额定电压的乘积，指在标准规定的放电条件下，电池所能输出的能量。

实际能量是电池实际容量与平均工作电压的乘积，表示在一定条件下电池所能输出的能量。

比能量也称质量比能量，是指电池单位质量所能输出的能量，单位是(W·h)/kg。比能量通常作为评价电池系统性能的关键指标。

能量密度也称体积比能量，是指电池单位体积所能输出的能量，单位是(W·h)/L。

电池的比能量是综合性指标，它反映了电池的质量水平。电池的比能量影响电动汽车的整车质量和续驶里程，是评价电动汽车的动力电池是否满足预定续驶里程的重要指标。

5. 功率

电池的功率是指电池在一定放电制度下，单位时间内所输出能量的大小，单位为 W 或 kW。电池的功率决定了电动汽车的加速性能和爬坡能力。

功率分为比功率和功率密度。

比功率是指单位质量电池所能输出的功率，也称质量比功率，单位为 W/kg 或 kW/kg。功率密度是指单位体积电池所能输出的功率，也称体积比功率，单位为 W/L 或 kW/L。

6. 输出效率

电池的输出效率分为容量效率、库伦效率和能量效率。容量效率是指电池放电时输出的容量与充电时输入的容量之比。库伦效率是指在一定的充放电条件下，放电时释放出的电荷与充电时充入电荷的百分比，也称放电效率。能量效率是指电池放电时输出的能量与充电时输入的能量之比。

7. 使用寿命

电池的使用寿命分为循环寿命、存储寿命和日历寿命。循环寿命是指，在一定条件下将充电电池进行反复充放电，当容量等电池性能达到规定的要求以下时所进行的充放电次数。存储寿命是指，电池在没有负荷的条件下进行放置，当性能劣化到规定的程度时所经历的时间。日历寿命是指，电池在使用及搁置条件下，当性能劣化到规定的程度时所经历的时间。例如，比亚迪汽车使用的磷酸铁锂电池，其循环寿命为 2000 次以上，在正常使用的情况下，可供电动汽车行驶 20 万 km 以上。

8. 记忆效应

记忆效应是指电池经过长期浅充放电循环后，进行深放电时，表现出明显的容量损失和放电电压下降，经数次全充放电循环后，电池特性即可恢复的现象。记忆效应是一种暂时的现象，它可以通过调节循环消除，即经过几次完全充电后的完全放电循环来进行消除。

电池的失效有可逆失效和不可逆失效两种，其中最重要的可逆失效现象就是记忆效应。电池记忆效应主要表现在放电电压偏小、放电容量偏低、极板发生变化。记忆效应主要在镍镉电池中出现。

9. 成本

电池的成本与电池的技术含量、材料、制作方法和生产规模有关，目前新开发的高比能量、比功率的电池（如锂离子电池）成本较高，因此电动汽车的造价也较高。开发和研制高效、低成本的电池是电动汽车发展的关键。

电池成本一般用电池单位容量或能量的成本来表示，单位为元/(A·h)或元/(kW·h)，以便对不同类型或同类型不同生产厂家的不同型号的电池进行比较。

10. 环境温度

电池的实际容量、能量、功率和自放电率等性能随环境温度的不同而不同，电池在其最佳温度区间表现出良好性能。电池的寿命与温度有着密切的关系，环境温度过高或过低都会对其性能及寿命产生不利影响。例如，锂离子电池对工作温度有极严格的要求，一般为 0～40℃，电池的温度过低会导致锂离子在电极材料、电解质及隔膜之间的电导率下降，造成锂离子的脱嵌能力下降，从而导致电池即使在常规的工况下工作也会产生较为严重的极化，发生不可逆的反应，影响电池的使用寿命；电池温度过高，会引起电池热失控，导致电池寿命急剧缩短，甚至引发火灾。因此，BMS 在电池充放电过程中都会通过电池热管理系统严格控制电池工作温度，以确保电池工作在最佳温度区间。

11. 放电

电池的放电是指电流从电池流经外部电路的过程，此时化学能转换为电能。

放电特性是指电池放电时所表现出来的特性，如放电容量、放电率、放电深度（depth of discharge，DOD）、放电时间等。蓄电池的放电特性主要有放电深度、放电率和放电时间。

放电深度是电池放电程度的一种量度，为放电容量与额定容量的比值，单位为%。例如，80%DOD 表示电池在放电时放出额定容量的 80%后停止放电。

电池的荷电状态（SOC）用于描述电池的剩余电量。SOC 与 DOD 之和等于 1，即 SOC+DOD=1。

SOC 的取值范围为 0～1，当 SOC=0 时表示电池完全放电，当 SOC=1 时表示电池完全充电。

放电率（C）是指电池放电时的速率，分为时率和倍率。时率是指电池以一定的放电电流放完额定容量电能所需的小时数。倍率是指电池在规定时间内放出其额定容量电能时所输出电流的数值与额定容量值的倍数，即倍率=放电电流/额定容量。倍率可分为低倍率（$<0.5C$）、中倍率（$0.5\sim3.5C$）、高倍率（$3.5\sim7.0C$）、超高倍率（$>7.0C$）。例如，某电池的额定容量为 20A·h，若用 4A 电流放电，则完成放电需要 5h，即以 5h 率放电，用符号 $C/5$ 或 $0.2C$ 表示，为低倍率。

自放电率是指电池在存放期间容量的下降率，即电池无负荷时自身放电使容量损失的速率。

放电时间是指电池在一定的外部负荷作用下在规定的终止电压前所放电时间之和。

12. 充电

电池的充电是指利用外部电源使电池的电压升高和容量变大的过程，此时电能转化为化学能。电池充电过程中的特性主要有充电特性、完全充电和充电率。

充电特性是指充电时电池的电流、电压与时间之间的关系。完全充电是指电池内所有可利用的活性物质都已转变成完全荷电的状态。充电率（C）是指充电时的速率，也分为时率和倍率。例如，对于额定容量为 1100mA·h 的电池，在以 1100mA（1C）充电速率充电时，充电时间可持续 1h。又如，对于额定容量为 1200mA·h 的电池，0.2C 表示 240mA（1200mA·h 的 0.2 倍率），1C 表示 1200mA（1200mA·h 的 1 倍率）。

充电的方式通常可分为恒流充电、恒压充电和过充电。

恒流充电是指在恒定的电流下，对电池进行充电的过程。一般设置终止电压，当电压达到该值时，充电过程结束。

恒压充电是指在恒定的电压下，对电池进行充电的过程。一般而言，该恒定的电压为充电终止电压。一般设置终止电流，当电流小于该值时，充电过程结束。

过充电是指超过规定的充电终止电压而继续充电的过程，此时电池的使用寿命及安全性等受到影响。

13. 极化

电池的极化是指电池由静止状态转入工作状态产生的电压、电极电位变化的现象。极化现象反映了电池由静止状态转入工作状态时的能量损失。极化现象也可理解为对平衡现象的偏离。常见的极化现象有阳极极化、阴极极化、欧姆极化（电阻极化）、浓差和电化学极化等。

知识三 动力电池的性能要求

学习点拨

通过学习，了解并掌握电动汽车对动力电池的性能要求。

动力电池是电动汽车的主要动力源，由于它直接影响电动汽车的动力性、经济性和安全性等，因此电动汽车动力电池要具备以下特征。

动力电池性能要求

1. 安全性好

动力电池应能够有效避免泄漏、短路、撞击、颠簸等引起的起火或爆炸等危险事故发生，确保汽车在正常行驶或非正常行驶过程中的安全。

2. 高的比能量

对纯电动汽车来说，电池比能量的高低关系到一次充电的续驶里程和车载可用能量。目前镍氢电池的比能量为60～80(W·h)/kg，锂离子电池的比能量为100～150(W·h)/kg。但单体电池组装成系统后，由于增加了辅助部分，系统的比能量比单体电池的比能量降低20%～30%，而传统燃油车采用的汽油的比能量可达1000(W·h)/kg，因此开发高比能量的电池是电动汽车发展的关键。

3. 高的比功率

由于比功率的高低直接关系到纯电动汽车的启动、爬坡、加速及效率等特性，因此，用于纯电动汽车的动力电池需要有高的比功率，如比亚迪 e5 动力锂电池比功率约为 150W/kg。

4. 温度适应性好

每一种动力电池都有最佳的使用温度区间和可以应用的温度区间，一般动力电池的正常工作温度区间为20～40℃，超出此区间，电池的综合性能会下降。例如，在低温下，电池的充放电能力会大幅下降；在高温下，电池的充电能力会大幅下降，使用寿命会大大缩短。电动汽车一般要求的工作温度区间为-30～+60℃，因此，电动汽车要求电源系统具备在电池组温度高时散热，在电池组温度低时加热的能力。

5. 长寿命

目前，电池的寿命是影响电动汽车推广的主要因素，因此开发比能量高、寿命长的动力电池是推广电动汽车的关键。

6. 均匀一致性好

对电动汽车而言，电池组的工作电压应达到数百伏，这至少需要几十个单体电池的串联，为达到设计容量要求，有时甚至需要大量单体电池的并联。由于电池组的使用性能会受到性能最差的某个单体电池的制约，因此设计上要求各单体电池在容量、内阻、功率特性和循环特性等方面均具有高度的均匀一致性。

7. 良好的安装、维护性

电源系统应当便于安装、快速更换、维护，否则直接影响电动汽车生产和服务的产业化进程。

8. 综合成本低

动力电池成本过高会增加电动汽车的生产和购置成本，使得电动汽车的价格远高于传统燃油车价格。因此，降低动力电池的购置成本和使用成本才更容易使电动汽车被广大消费者接受。

9. 绿色、环保

用于制作电池的材料应对环境友好、无二次污染，并可再生利用。

动力电池除应具备上述特征外，还应满足以下要求。

1）电池组应有足够高的能量及较大的输出功率，一般电源连续放电电流不应超过 1*C*，典型的峰值电流不应超过 3*C*。

2）能承受较大的回馈制动电流。

3）在深度放电情况下，循环寿命长，必要时能实现满负荷功率和全放电。

4）体积小、质量小，便于整车空间合理布置，以及电池箱的设计和安装。

5）能够实现快速充电和快速更换。

1991 年，USABC（United States Advanced Battery Consortium，美国先进电池联盟）曾为电动汽车用动力电池制定开发目标，如表 1-3 所示。

表 1-3　USABC 为电动汽车用动力电池制定的开发目标

性能参数	中期目标	长期目标
能量密度/[(W·h)/L]	135	300
比能量/[(W·h)/kg]	80～100	200
功率密度/(W/L)	250	600
比功率/(W/kg)	150～200	400
使用寿命/年	5	10
循环寿命/次	600	1000
正常充电时间/h	不超过 6	3～6
工作温度/℃	-30～+65	-40～+80

目前，虽然有些电池的性能参数已经超过了开发目标，但在进行大规模推广应用之前还有很多问题需要解决，如安全性得不到保障、电池能量满足不了续驶里程的需要、电池循环寿命短、电池尺寸较大、价格昂贵等问题都有待进一步解决。

工信部发布的先进动力电池系统规格和等级为：工作温度为-20～+55℃；存储和运输温度为-40～+80℃；比能量≥90(W·h)/kg（以电池组总体计）；最大放电倍率≥5*C*；最大充电倍率≥3*C*；循环寿命≥2000 次（单体）/1200 次（系统）。

知识四　常见动力电池

学习点拨

通过学习，掌握铅酸电池、镍氢电池、锂离子电池、燃料电池、超级电容、飞轮电池的结构、工作原理及应用等。

目前应用较广泛的车用动力电池有铅酸电池、镍氢电池和锂离子电池等。燃料电池的应用前景也十分广阔，以氢为燃料的燃料电池和以相关氧化物为燃料的燃料电池的研发已进入重要发展阶段。在物理电池领域，超级电容和飞轮电池也应用于纯电动汽车和混合动力汽车中。

常见动力电池认知

一、铅酸电池

以酸性水溶液为电解质，以铅及其氧化物为电极材料的蓄电池称为铅酸电池。铅酸电池的应用历史最长，技术最为成熟，是成本最低的蓄电池，已实现大批量生产，目前仍然有数以百万计的车辆使用这种蓄电池提供电能。铅酸电池在车辆中通常作为启动内燃机的启动电池。此外，铅酸电池也可以在发动机处于静止状态时的有限时间内为车载用电装置提供电能。

铅酸电池的优点：开路电压高、放电电压平稳、充电效率高、生产技术成熟、价格便宜、规格齐全。铅酸电池广泛用于内燃机汽车的启动，但作为纯电动汽车牵引动力蓄电池（简称动力铅酸电池），其性能和要求与启动用蓄电池是不同的。动力铅酸电池要求具有高比能量和比功率、长循环寿命、快速充电性能等。随着科技的不断发展，密封阀控式动力铅酸电池性能有了很大的改进，推动了铅酸电池作为动力电池在纯电动汽车领域的广泛应用。

用于电动汽车的动力铅酸电池主要是密封阀控式动力铅酸电池。由于铅酸电池比能量较低，续航时间短，自放电率高，循环寿命短，而且其原料中铅的比例较大，生产和回收过程中都可能产生重金属污染，因此，它目前主要用作小型电动汽车、电动自行车或内燃机汽车的启动电源。

按照国际标准，铅酸电池的分类如表 1-4 所示。

表 1-4　铅酸电池的分类

类型	用途
精简型电池	主要用于汽车、摩托车、拖拉机启动和照明
固定式电池	主要用于通信系统、发电厂、计算机系统，作为一种手段，保护自动控制的备用电源
牵引电池	主要用作各种车辆（如叉车、铲车）的电源
铁路电池	主要用作铁路机车、电力机车、客车启动和照明的电源
储能电池	主要用于风力发电、太阳能发电，可存储电能

1. 铅酸电池的结构

铅酸电池主要由正负极板、隔板、电解液、溢气阀、外壳等部分组成，其外形如图 1-16 所示。

正负极板是铅酸电池的核心部件，正极板上的活性物质是二氧化铅（PbO_2），负极板上的活性物质是海绵状纯铅（Pb）。隔板的作用包括隔离正负极板，防止短路；作为电解液的载体，能够吸收大量的电解液，起到促进离子扩散的作用；可汇流导体，使正极板产生的氧气到达负极板的通道以顺利建立氧循环；减少电解液中蒸馏水的损失。电解液由蒸馏水和纯硫酸（H_2SO_4）按一定比例配制而成，主要作用是促进电化学反应，电池槽中装入一定密度的电解液后，在电化学反应作用下，正负极板间会产生约 2V 的电动势。溢气阀位于电池顶部，具有密封、防爆等作用。

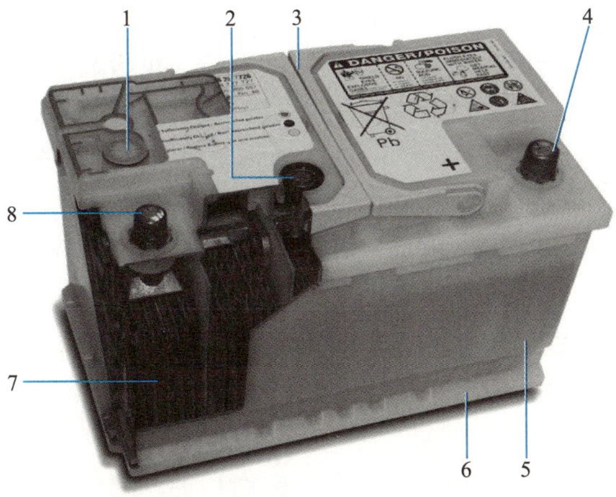

1—密封塞；2—电眼；3—提手；4—铅酸电池的正极接线柱；5—铅酸电池壳体；6—用于固定铅酸电池的底部滑轨；7—由正极板组和负极板组构成的极板组；8—铅酸电池的负极接线柱。

图 1-16　铅酸电池的外形

2. 铅酸电池的工作原理

铅酸电池的充电和放电实质是活性物质铅和酸进行反应的可逆化学变化过程，可以用化学方程式表示为

$$\underset{\text{正极}}{PbO_2} + 2H_2SO_4 + \underset{\text{负极}}{Pb} \Longleftrightarrow \underset{\text{正极}}{PbSO_4} + 2H_2O + \underset{\text{负极}}{PbSO_4}$$

铅酸电池的正极板活性物质为二氧化铅，负极板活性物质为多孔状（海绵状）铅，化学反应由左向右进行时，铅酸电池为放电过程，二氧化铅和铅都生成硫酸铅（$PbSO_4$），消耗硫酸（H_2SO_4），把化学能转化成电能，对外放出电能；化学反应逆过程为充电过程，正极板上的硫酸铅生成二氧化铅，负极板上的硫酸铅生成海绵状铅，同时生成硫酸，从而把电能转化成化学能储存起来。

铅酸电池在放电过程中，硫酸的浓度会逐渐减少，当硫酸的密度下降到 1.2g/cm^3 时，铅酸电池必须充电。单体铅酸电池在使用或存放一定时间后，电池的电压可能由原来的 2V 下降到 1.8V 或更低，此时铅酸电池必须及时充电，否则电压继续下降，铅酸电池会损坏。

3. 铅酸电池寿命的影响因素及使用注意事项

（1）铅酸电池寿命的影响因素

1）电池本身的质量水平。影响电池本身质量水平的因素有电池制造技术水平及材料，以及电池生产管理及工艺水平等。应了解电池生产厂家的生产技术、设备及生产管理情况，选取性能稳定、质量可靠的电池。

2）电动汽车本身电气系统的匹配水平。电动汽车电气系统中与电池寿命关系密切的是充电机和控制器。

3）充电不足。从电化学反应角度来看，充电不足表现为正负极板上的硫酸铅不能全部转变为海绵状铅和二氧化铅，这会使电池容量不足，如长期充电不足，则会造成硫酸铅颗

粒增大，使极板硫酸盐化，容量下降，电池品质劣化。

4）过充电。过充电会使正极产生的氧气量大于负极可吸收的氧气量，从而使电池内压增大，冲开安全阀，气体的外溢导致电池的失水量增大，从而导致电池的内阻增大。另外，过充电时电池内产生的多余气体对正负极板活性物质也会产生冲击作用，使活性物质软化、脱落，即使再进行充电也不能恢复容量，导致电池寿命缩短。

5）控制器对电池寿命的影响。电动汽车控制器保护电压设定值对电池也会造成相应的影响，若设定保护电压低于电池厂家规定的电压，则会导致电池发生过放电。因为过放电对电池的寿命影响特别严重，所以控制器的保护电压应略大于电池的保护电压。另一方面，控制器控制电流太大会导致电动汽车在启动和爬坡时放电电流增大，从而增大电池的放电率，缩短电池的使用寿命。

6）用车习惯。用车习惯与电池的使用寿命密切相关。例如，汽车的驾驶人员没有养成良好的充电习惯，在驾驶车辆时经常超负载运行，等等，都会导致电池使用寿命的缩短。

（2）铅酸电池使用注意事项

1）合理控制放电电流。铅酸电池在车辆上使用时切勿频繁地以大电流启动，因为大电流放电会导致电池内部正极板活性物质来不及参与化学反应而加速收缩与膨胀，最终导致活性物质的软化、脱落。若经常大电流放电，则会加剧电池内部正极板活性物质的软化、脱落，最终导致电池容量的减小，寿命的终止。因此，在日常的使用过程中应尽量避免大电流放电，在启动车辆的时候应缓踏加速踏板，直至车辆匀速行驶。建议启动电流小于 1.5C，匀速行驶电流小于 0.4C。

2）合理控制放电深度。铅酸电池单体设定的保护电压为 1.8V。在车辆使用过程中，电量表已提醒电压低或已经出现断电时，不能利用电池的回升电压继续行驶车辆，因为此时的铅酸电池电压为虚电压。如果此时继续使用，会导致铅酸电池组过放电，从而导致铅酸电池正极板活性物质的软化、脱落，同时加剧正极板的腐蚀，最终导致电池容量减小和寿命终止。所以，车辆应在电量表低电压之前对铅酸电池进行充电或对电池进行更换，并及时对换下的电池进行充电，不能长时间闲置。

3）合理控制充电电流、电压及充电量。铅酸电池长时间大电流、高电压充电会导致电池温度上升过快，造成电池内部正极板活性物质松动、脱落。尤其在充电末期的过充电阶段，若电流过大或电压过高，则电池内部气体析出量剧增，不仅会导致电池内活性物质松动、脱落，还会导致电池失水，最终出现电池容量快速减小、电池被充鼓包等现象。铅酸电池在每次使用完后应及时充电，若放完电后的电池没有及时充电或长期电量不足，则会使电池内部负极板发生不可逆的硫酸盐化，在充电过程中难以恢复，最终会导致电池容量减小，影响续驶里程。

4）防止短路。铅酸电池在短路状态下的短路电流可达上千安培，此时所有连接部分都会产生大量的热量，会将连接处熔断，损坏周围的黏结剂，甚至出现漏液等隐患。为避免铅酸电池短路，在安装或使用时应特别小心，所用的工具应采取绝缘措施，应先将电池以外的电器连好，检查无短路后再连接电池，电池端子螺钉应用匹配的绝缘皮帽盖好，做好绝缘措施。布线应规范且绝缘良好，防止重叠受压而产生破裂。

5）防止接线松动、虚焊。铅酸电池若接触（焊接）不牢，程度轻者，会出现导电不良，线路接触部位发热，线路损耗较大，输出电压偏低，电动机功率下降等问题，从而导致行驶里程减少或不能正常行驶；程度重者，端子会大量发热，端子与密封胶的结合受到影响，甚至导致端子漏液。若在行驶或充电过程中出现接触不牢、虚焊现象，可能产生断路，断路时会产生火星，可能引爆电源箱体内部的易燃易爆气体。因为电动汽车在运行时要承受较为强烈的振动，所以所有的接线应可靠，确保车辆在行驶过程中不发生意外。

6）防止在阳光下暴晒。阳光暴晒会使铅酸电池温度升高、内部压力增大，从而使安全阀被冲开，增大失水量，并降低电池的析气电位，进而影响铅酸电池使用寿命。

二、镍氢电池

镍氢电池是由斯坦福发明并在 20 世纪 90 年代发展起来的一种绿色电池，具有比能量高、功率大、寿命长、无污染等优点，因而成为世界各国竞相发展的电池产品之一。相比铅酸电池，镍氢电池在能量、体积、密度方面提高了 3 倍，在比功率方面提高了 10 倍。虽然镍氢电池正逐渐被锂离子电池取代，但锂离子电池更适用于插电式和纯电动汽车，而混合动力汽车需要电池具有快速充电和放电的功能，在这方面，镍氢电池的优点依然明显。丰田在 2010—2020 年间仍然坚持使用老一代镍金属电池。除汽车领域外，镍氢电池在数码器械领域也应用广泛。

镍氢电池小知识

目前，美国、日本等国的很多油电（非插电式）混合动力汽车大多使用镍氢电池，典型如日本的丰田普锐斯混合动力汽车。图 1-17 所示为丰田普锐斯 THSⅡ。

图 1-17 丰田普锐斯 THSⅡ

丰田普锐斯 THSⅡ动力系统专用电池为镍氢电池，单体电池额定电压为 1.2V，比能量为 65(W·h)/kg，比功率为 200W/kg，电池组采用 34 个电池模组，每个模组均由 6 个单体电池串联而成，共 204 个单体电池，电池组总电压为 244.8V。

1. 镍氢电池的结构

镍氢电池的主要组件包括正极板、负极板、隔膜、绝缘圈、安全阀、密封圈、极耳、盖帽和钢壳等。镍氢电池是一种碱性电池，正极材料是活性物质氢氧化镍，负极材料是金

图 1-18　镍氢电池结构

属氢化物（也称储氢合金），电解质为氢氧化钾水溶液，在正负极之间有隔膜，常用隔膜主要有尼龙纤维隔膜、聚丙烯纤维隔膜和维纶纤维隔膜。镍氢电池在金属铂的催化作用下，完成充电和放电的可逆反应。镍氢电池结构如图 1-18 所示。

2. 镍氢电池的工作原理

镍氢电池充放电时的电化学反应如下。

充电时的电化学反应为

正极反应：$Ni(OH)_2 + OH^- \longrightarrow NiOOH + H_2O + e^-$

负极反应：$M + H_2O + e^- \longrightarrow MH + OH^-$

总反应：$M + Ni(OH)_2 \longrightarrow MH + NiOOH$

放电时的电化学反应为

正极反应：$NiOOH + H_2O + e^- \longrightarrow Ni(OH)_2 + OH^-$

负极反应：$MH + OH^- \longrightarrow M + H_2O + e^-$

总反应：$MH + NiOOH \longrightarrow M + Ni(OH)_2$

以上电化学反应式中的 M 代表储氢合金，MH 代表吸附了氢原子的金属氢化物。镍氢电池的工作原理：充电时，正极发生 $Ni(OH)_2 \longrightarrow NiOOH$ 的转变，负极发生水分解反应，储氢合金表面吸附氢，生成氢化物；放电过程是充电过程的逆反应，即正极发生 $NiOOH \longrightarrow Ni(OH)_2$ 的转变，负极储氢合金脱氢，在合金表面生成水。

3. 镍氢电池的优缺点

镍氢电池的优点主要体现在以下几方面。

1）比能量和比功率高。

2）循环寿命长。对于目前应用在电动汽车上的镍氢动力电池，80%放电深度（DOD）的情况下，循环寿命可达 1000 次以上，为铅酸电池的 3 倍以上；100%放电深度（DOD）的情况下，循环寿命也在 500 次以上，若用于混合动力汽车，可使用 5 年以上。

3）无污染，镍氢电池不含铅、镉等对人体有害的重金属，满足“绿色环保”的要求。

4）耐过充电、过放电。

5）使用温度范围大，正常的使用温度范围为-30～+55℃，存储温度范围为-40～+70℃。

6）短路、挤压、针刺、安全阀工作能力、跌落、加热、耐振动等安全系数高，可靠性试验无爆炸、燃烧现象。

7）质量小，体积小，充放电快。

8）可实现免维护保护。镍氢电池在放电和充电过程中，正极板析出氧气，负极板析出氢气，氢气和氧气能够很容易地在电池内部化合生成水，使电池内的气体压力保持不变，这种化合的速度很快，电解质不会出现增加或减少的现象，不需要调节电解质的密度，故电池本身可以采取密封结构，电池能实现免维护保护。

镍氢电池的缺点主要体现在以下几方面。

1）成本高，价格为相同容量铅酸电池的 5～8 倍。

2）单体电池电压低，仅为 1.2V。

3）自放电损耗大。

4）电解质呈碱性，对人体组织具有腐蚀性。据相关厂家报道，其镍氢电池的电解质 pH 约为 13.5，具有极强的腐蚀性。

4. 影响镍氢电池应用的因素

（1）能量密度

目前，镍氢电池的能量密度最高约为 140(W·h)/kg，而锂离子电池的能量密度已可达 300(W·h)/kg。也就是说，在需求电压一定时，镍氢电池要比锂离子电池体积大很多。例如，图 1-19 所示为由 6 个单体镍氢电池组成的电池组，其总电压为 7.2V，应用于某些传统混合动力汽车中，1995—2003 年生产的电动汽车大都采用这种电池组。但由于该电池体积较大，存储能量有限，因此限制了电动汽车的续驶里程和加速性能。

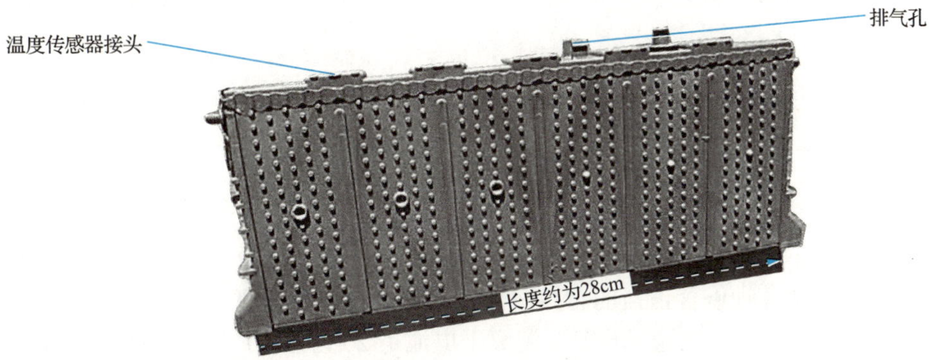

图 1-19 由 6 个单体镍氢电池组成的电池组

（2）“记忆效应”

与锂离子电池一样，镍氢电池也需要 BMS，不过它更注重电池的充放电管理，这是因为镍氢电池具有“记忆效应”。电池的“记忆效应”是指，如果电池每次没有放完电（如只放出 40%电量），那么长期使用后，剩下的 60%电量就无法放出，这就大大缩减了电池的存储容量，直接影响电池的使用。也就是说，电池在循环充放电过程中容量会减小，过充电或过放电都会加剧电池的容量损耗（锂离子电池此项特性几乎可以忽略不计）。因此，对厂商来说，镍氢电池 BMS 在设定上都会主动避免过充电和过放电，如将电池的充放电区间人为控制在总容量的一定百分比范围内，以降低容量，减小充电速率。

5. 镍氢动力电池在新能源汽车上的发展前景

动力电池是电动汽车关键部件之一，也是制约和决定电动汽车商品化和国产化的关键因素。为了满足电动汽车快速发展的需求，尽快研发和产业化汽车用动力电池已成为汽车领域当前十分突出的课题和开发项目。其中，研究新能源汽车用镍氢动力电池的技术已成为国产化镍氢动力电池技术研发的突破口。

1）从相关政策来看，新能源混合动力汽车及镍氢动力电池技术已趋于完善，这些政策有助于其产业化。

2）从技术上看，新能源混合动力汽车及镍氢动力电池的技术已基本成熟，可以实现产业化。

3）从市场上看，采用镍氢动力电池的混合动力汽车的技术比较成熟，同时又有国外已经上市的混合动力汽车的先例，产业化趋势明显。可以预见，使用镍氢动力电池的混合动力汽车将越来越多。

总而言之，作为相关政策支持的项目，并且技术成熟，市场可观，新能源混合动力汽车将逐步实现产业化；作为新能源混合动力汽车首选的动力电池，镍氢动力电池的前景十分可观。

想一想

镍氢电池具有“记忆效应”，使用中应当注意什么？

三、锂离子电池

锂离子电池是一种以含锂盐的有机溶液为电解质，依靠锂离子在正极和负极之间往返嵌入和脱嵌移动来实现充放电的电池。锂离子电池是 20 世纪 90 年代发展起来的高容量可充电电池，比镍氢电池出现时间晚。第一块车载锂离子电池是 1991 年日本松下公司生产的。锂离子电池具有电压高、比能量高、循环寿命长、无“记忆效应”、无污染、快速充电、自放电率低、工作温度范围大和安全可靠等优点。近年来，锂离子电池已成为较为理想的电动汽车用动力电池。图 1-20 所示为松下 18650 锂离子电池。

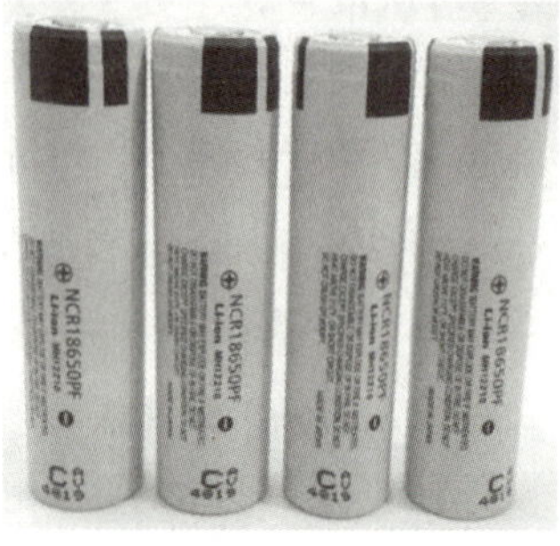

图 1-20　松下 18650 锂离子电池

1. 锂离子电池的结构

锂离子电池的形状主要有圆柱形和方形两种，此外还有扣式锂离子电池。但无论是何种锂离子电池，其结构基本相同。下面以磷酸铁锂电池为例进行介绍，其结构示意图如图 1-21 所示，该类型电池主要由正极、负极、垫片、隔膜、正极接线柱、负极引线、排气孔、绝缘板、安全阀、正温度控制端子、金属外壳等组成。磷酸铁锂（$LiFePO_4$）作为电池的正极，通过铝箔与电池正极端子相连。电池负极是由碳材料（石墨）组成的，通过铜箔与电池负极端子相连。正极与负极中间是聚合物的隔膜（它把正极与负极隔开），锂离子（Li^+）可以通过而电子（e^-）不能通过。电池的上下端之间是电解质，电池由金属外壳密闭封装。

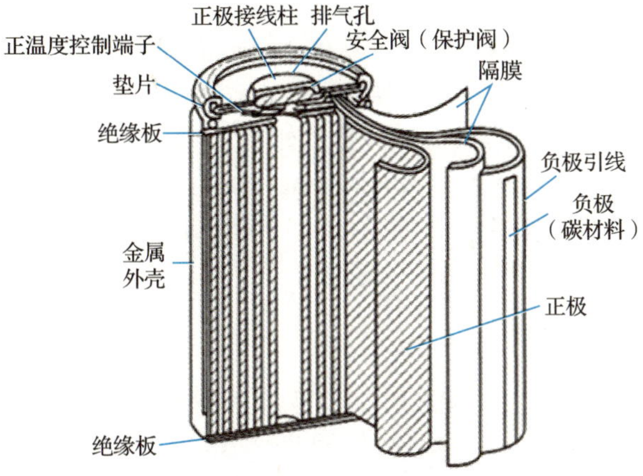

图 1-21　磷酸铁锂电池的结构示意图

锂离子电池的正极、负极及电解质材料的不同和工艺上的差异使得不同电池具有不同的性能，其中正极材料对电池性能的影响最大。

1）正极材料。目前，锂离子电池的正极材料主要是氧化钴锂（$LiCoO_2$），另外还有少数采用氧化锰锂（$LiMn_2O_4$）、氧化镍锂（$LiNiO_2$）及元材料（$LiNiCO_2$）等作为正极材料的。磷酸铁锂材料是当前较为理想的锂离子电池正极材料。锂离子电池正极材料的特性如表 1-5 所示。根据电池正极材料的不同，锂离子电池可分为钴酸锂电池、锰酸锂电池、磷酸铁锂电池等。

表 1-5　锂离子电池正极材料的特性

项目	$LiCoO_2$	$LiMnO_4$	$LiFePO_4$
能量密度/[(W·h)/kg]	一般	大	一般
比容量/[(mA·h)/g]	140～160	110～120	160～170
密度/(g/cm³)	5.01	4.28	3.6
电位/V	3.7	3.8	3.5
安全性	充电时在负极析出金属锂并释放氧气，可能引起失火或爆炸，高温时易短路，钴有毒性	充电时没有金属锂析出，也不产生氧气，较安全，锰无毒性	过充电时没有金属锂析出，也不产生氧气，安全性较好，铁无毒性
耐温性能	低于-20℃或高于 55℃时迅速衰退，稳定性极差	高于 50℃时迅速衰退，稳定性差，可掺杂铝改善	耐受温度范围较大，为-20～+80℃
循环寿命	一般，不适合大倍率放电，平均循环寿命约为 500 次	一般，平均循环寿命约为 500 次	长，平均循环寿命可达 2000 次
成本比较	高	较低	最低

由表 1-5 可知，磷酸铁锂具有良好的稳定性，不会发生起火或爆炸，并且没有毒性。

磷酸铁锂电池单体电压为3～4V，比能量可达100(W·h)/kg，具有比功率高、高温性能好、安全环保、寿命长、充放电性能优良及耐过充/过放电等优点，可快速充电，充电15min可达到80%SOC，工作温度范围为-20～+65℃，80%DOD情况下的循环寿命可达2000次，并且成本下降的空间比较大，是目前最适用于电动汽车产业化生产的动力电池正极材料。但对于批量生产的磷酸铁锂动力电池组，其单体电池之间存在不一致性的问题，这导致磷酸铁锂动力电池组性能不稳定，需要加强磷酸铁锂动力电池组的管理。

2）负极材料。锂离子电池的负极材料是一种将Li^+嵌入其中的石墨，它对Li^+的嵌入和脱嵌可逆存储量决定了锂离子电池负极的比容量和锂离子电池的整体比能量。

3）电解质材料。锂离子电池的电解质材料一般采用含有羧基键的环状脂类化合物，或者含有锂盐的有机溶液或聚合物。

2. 锂离子电池的工作原理

锂离子电池在充电过程中，正极的锂离子通过隔膜转移到作为负极的石墨的层间，形成充电电流，同时电子的补偿电荷从外电路向负极供给，保持负极的电位平衡；在放电过程中，负极石墨层间的锂离子通过隔膜移动到正极中，形成放电电流，如图1-22所示。锂离子电池实际是一种浓差电池，它因锂离子在充放电时来回迁移而得名。

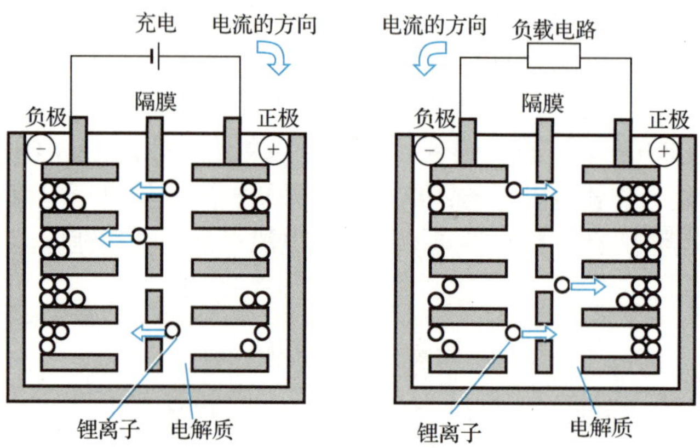

（a）充电过程　（b）放电过程

图1-22　锂离子电池工作原理示意图

锂离子电池的正极由含有锂离子的金属氧化物组成，负极一般是由石墨构成的晶体。当对锂离子电池进行充电时，锂离子电池的正极上有锂离子生成，生成的锂离子经过电解液运动到负极。而作为负极的石墨呈层状结构，它有很多微孔，到达负极的锂离子会嵌入石墨层的微孔中，嵌入的锂离子越多，充电容量越大。

锂离子电池放电过程中，负极石墨层中嵌入的锂离子脱出，又运动到正极，回到正极的锂离子越多，放电容量越大。通常意义上的电池容量指的就是放电容量。

在锂离子电池的充放电过程中，锂离子处于从正极→负极→正极的运动状态。如果把锂离子电池形象地比喻为一把摇椅，摇椅的两端为电池的两极，则锂离子就像优秀的运动健将，在摇椅的两端来回奔跑。所以，也有人形象地把锂离子电池称为“摇椅电池”。

上述内容总结如下：

正极：锂离子金属氧化物；

负极：一般是由石墨构成的晶体；

充电：正极锂离子→负极；

放电：负极锂离子→正极。

单体电池的放电

对于以 $LiCoO_2$ 为正极材料、石墨为负极材料的锂离子电池，其正负极的电化学反应为

$$\text{正极：}\ LiCoO_2 \longrightarrow Li_{1-x}CoO_2 + xLi^+ + xe^-$$

$$\text{负极：}\ 6C + xLi^+ + xe^- \longrightarrow Li_xC_6$$

总化学式为

$$LiCoO_2 + 6C \longrightarrow Li_{1-x}CoO_2 + Li_xC_6$$

由于锂离子电池的充放电过程只涉及锂离子运动而不涉及金属锂的析出，因此它从根本上解决了锂枝晶的产生带来的电池循环性和安全性的问题。

3. 常见锂离子电池

如今，在售新能源汽车配备的锂离子电池主要有磷酸铁锂电池及三元锂电池两种，这两种电池存在显著差异，在应用中也表现出不同的特性。

（1）磷酸铁锂电池

磷酸铁锂电池是指用磷酸铁锂作为正极材料的锂离子电池，电池负极材料是石墨，隔膜是用聚乙烯或聚丙烯材料制成的，电池内部充有电解液。磷酸铁锂电池的电解液由有机溶剂和锂盐组成，对人体组织具有腐蚀性，并且可燃，由金属材料密封。图 1-23 所示为比亚迪 e5 的磷酸铁锂动力电池。

图 1-23 比亚迪 e5 的磷酸铁锂动力电池

磷酸铁锂电池作为新能源汽车动力电池，具有以下优势。

1）磷酸铁锂电池热稳定性好，能在较高温度下工作。隔膜可把正极与负极隔开，同时在电池异常高温时，它上面的细孔可阻断锂离子通过，从而可中止充电或放电反应，能够有效防止电池外部短路电流过大时反应过激而产生温度过高的现象。相比于早期的锰酸锂电池，磷酸铁锂电池在能量密度上并未有太大突破，为 100～110(W·h)/kg，但其热稳定性是目前车用锂离子电池中最好的，只有当电池温度处于 500～600℃的高温时，其内部化学物

质才开始分解。而钴酸锂电池在 180～250℃时，其内部化学物质已处于不稳定状态。换言之，磷酸铁锂电池的热稳定性在锂离子电池中首屈一指，正因如此，它成为目前新能源汽车电池的主要门类之一。

2）磷酸铁锂电池安全可靠，几乎不会产生爆炸危险。磷酸铁锂电池的正极材料具有良好的电化学性能，这为磷酸铁锂电池提供了十分平稳的充放电平台，在充放电过程中可保持结构稳定，即使放电电压为 0 也绝对安全。这里需要指出的是，当磷酸铁锂电池用过大电流充放电时，电池内部化学反应会使电池持续升温，活化过程中产生的气体会膨胀，当电池内压力大到一定限度时，会造成电池的密封铝塑外壳鼓胀或破裂。因此，磷酸铁锂电池提倡采用恒流转恒压的方式充电，当 3.2V 电压升高到 3.6V 时，应停止充电，或者维持很小的充电电流；当电池的电压很低（如 2V 以下）时，不宜大电流急充电，应采用极小的涓流充电，这样可有效延长电池寿命。由于 BMS 可提供极可靠的保护措施，如对电流、温度和电压等参数进行实时监测，对磷酸铁锂电池进行极有效的保护，因此在使用过程中，即使发生碰撞穿刺的极端情况，也很少产生爆炸的危险。

案例

2013 年，深圳市发生一起一辆比亚迪 e6 电动出租车遭遇严重碰撞后起火燃烧的事故，之后组织专家到现场检测分析，该车辆采用的磷酸铁锂电池产生变形造成电池短路引发起火，但电池的结构仍完整。由此可见，磷酸铁锂电池在极端情况下也具有较高的安全性。

3）磷酸铁锂电池无“记忆效应”。采用磷酸铁锂动力电池的电动汽车在使用过程中，不论电量还剩多少，均可到附近的充电站进行补充，能做到随放随充，不影响电池的性能，不要求 100%放完电后才充电，极大方便了驾驶人员的使用。而镍镉电池则严格要求第一次使用时，一定要用完电且必须再次充满电后方能进行后续使用，这是由于镍镉电池存在“记忆效应”。

（2）三元锂电池

三元锂电池是指正极材料使用锂镍钴锰三元正极材料的锂离子电池。三元复合正极材料以镍盐、钴盐、锰盐为原料，在容量与安全性方面比较均衡，循环性能优于钴酸锂。前期由于技术原因，三元锂电池的标称电压只有 3.5～3.6V。随着三元复合正极材料配比的不断改进和结构的不断完善，目前三元锂电池的标称电压已可达 3.7V，在容量方面已经达到或超过钴酸锂电池水平。

三元锂电池的优点是，能量密度和振实密度高；缺点是安全性能、耐高温性能及大功率放电性能差，使用寿命短，其所用材料有毒、不环保。

与磷酸铁锂电池相比，特斯拉 MODEL S 使用的三元锂电池在质量能量密度上要高出许多，约为 200(W·h)/kg，这意味着在质量相同的情况下，三元锂电池比磷酸铁锂电池的续驶里程更长。不过其缺点也很突出，当电池自身温度仅为 250～350℃时，其内部化学物质就开始分解，这对 BMS 提出了极高的要求，需要为每个电池分别加装保险装置。除此之外，单体三元锂电池容量较小，单辆汽车所需单体电池数量非常庞大。例如，对于特斯拉 MODEL

S，7000 多个 18650 锂离子电池才能满足一辆车的装配用量，这在一定程度上加大了 BMS 的控制难度。目前市场在售车型中，特斯拉、北汽 EV200 都使用了三元锂电池。图 1-24 所示为特斯拉电动汽车三元锂电池组的结构。

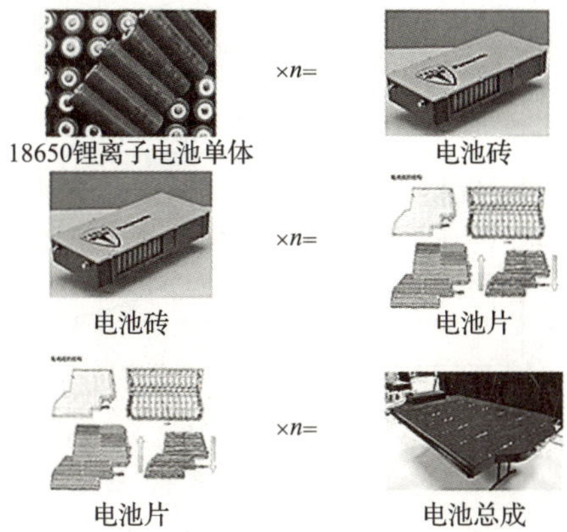

图 1-24　特斯拉电动汽车三元锂电池组的结构

案例

2018 年 5 月，一辆特斯拉 Model S 在佛罗里达州劳德代尔堡（Fort Lauderdale）道路高速行驶中撞上了混凝土墙，并很快起火，最终导致两死一伤。车祸发生后，美国国家运输安全委员会（National Transportation Safety Board，NTSB）介入调查。

NTSB 发布的一份初步报告称，事故当天，消防和救援部门闻讯赶到后，用水和泡沫灭火剂扑灭了事故现场大火，尽管扑灭了大火，但三元锂电池组仍然在之后两次突然着火。一次发生在工作人员将车从车祸现场撤离时，另一次是在到达仓库后。这次事故无疑又为特斯拉的安全性蒙上了一层阴影，而其采用的三元锂电池的安全性也被推上风口浪尖。

想一想

特斯拉为何选用三元锂电池？

4. 锂离子电池的充电方式

单体电池的充电

锂离子电池可以采用的充电方式有多种，其中最简单的充电方式是恒压充电。在进行恒压充电时，电池电压保持不变，充电电流将逐渐减小。当充电电流减小到低于 0.1C 时，就认为电池被充分充电了。为了防止有缺陷的电池无休止地充电，可以采用一个备用定时器来终止充电。恒压充电是一种相对节省成本的方式，但是这种方式需要很长的电池充电时间。由于电池在恒压充电期间，充电电压保持恒定，充电电流下降得很快，因此充电速率也下降得很快。这样电池就只是在比其能够接受的低得多的电流强度下进行充电。为了兼顾充电过程的安全性、快速性和电池使用的高效性，锂离子电池通常采用恒流转恒压充电方式，其充电过程可分为预充电、恒流充电、恒压充电 3 个阶段，如图 1-25 所示。

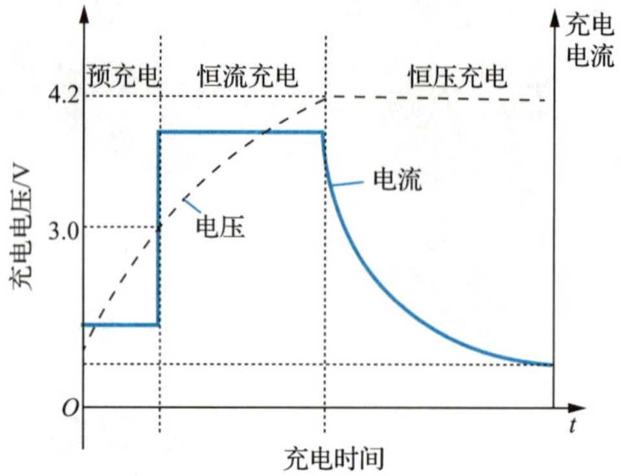

图 1-25　锂离子电池充电特性曲线

（1）预充电阶段

在该阶段，首先检测单体锂离子电池电压是否较低（小于 3.0V），如果较低，则采用涓流充电，即用比较小的恒定电流对电池进行充电，直至电池电压上升到设定的安全值；否则，可略过该阶段。预充电主要对过放电的锂离子电池进行修复。

（2）恒流充电阶段

涓流充电结束后，充电机转入恒流充电状态。在该阶段，充电电流较大且保持不变，电池的最大充电电流取决于电池的容量。在恒流充电和预充电阶段，通过连续监控电池的电压和温度，可以采用以下两种恒流充电终止法终止恒流充电。

1）电池最高电压终止法：当单体锂离子电池电压达到 4.2V 时，恒流充电终止。

2）电池最高温度终止法：在恒流充电过程中，当锂离子电池最高温度达到 60℃时，恒流充电终止。

（3）恒压充电阶段

恒流充电结束后，转入恒压充电阶段。在该阶段，充电电压保持恒定。因为锂离子电池对充电电压的精度要求较高，单体电池恒压充电电压应在规定值（1±1%）之间变化，所以要严格控制锂离子电池的充电电压。在恒压充电过程中，充电机连续监控电池的电压、温度、充电电流和充电时间。常用的恒压充电终止法有以下 4 种。

1）电池最高电压终止法：当单体锂离子电池的电压达到 4.25V 时，恒压充电自动终止。

2）电池最高温度终止法：当锂离子电池最高温度达到 60℃时，恒压充电自动终止。

3）最长充电时间终止法：为了确保锂离子电池安全充电，除设定最高电压和最高温度外，还应设定最长恒压充电时间，在温度和电压检测失败的情况下，可以保证锂离子电池安全充电。

4）最小充电电流终止法：在恒压充电过程中，锂离子电池的充电电流逐渐减小，当充电电流下降到一定程度（通常为恒流充电电流的 1/10）时，恒压充电自动终止。

此外，当锂离子电池完全充电后，若电池仍与充电机相连接，电池会由于自放电而损失电量。此时，充电机应以非常小的电流对电池充电或监测电池电位以备对电池再充电，这种状态称为维护充电状态。

5. 锂离子电池循环寿命的影响因素

锂离子电池的循环寿命是目前影响它发展的瓶颈之一，影响锂离子电池循环寿命的因素可分为内部因素和外部因素。

（1）内部因素

内部因素主要包括 4 个方面：①正极材料的损失导致了可逆容量的减小；②电解液的氧化引起可逆容量的减小；③电极的极化；④负极晶体结构的不可逆变化导致高温材料可逆容量的急剧减小。此外，活性物质的性质与杂质的种类及含量也是影响锂离子电池循环寿命的两个重要因素。

（2）外部因素

影响电池循环寿命的外部因素主要包括放电深度、放电速率、电池温度、间歇时间等。

1）放电深度。放电深度和锂离子电池的循环寿命有很大关系，锂离子电池的放电深度越深，其循环寿命越短。若电池放电深度为 20%，则循环寿命为 1000 次；若电池放电深度为 80%，则循环寿命为 600 次；若电池放电深度为 110%，则循环寿命为 400 次。因此，在使用时尽量避免深度放电，在荷电状态低于 20%时，应及时充电。

2）放电速率。放电速率越大，锂离子电池循环寿命越短。电动汽车在启动和爬坡时放电电流会增大，这会导致电池的放电率增大，同时也会缩短电池的循环寿命。

3）电池温度。锂离子电池的容量会缓慢减小，这与使用次数无关，而与温度有关。随着锂离子电池存储环境温度升高，其容量永久损失速度会加快。常温下，当充电电量为 40%～60%时，锂离子电池容量永久损失为 4%/年；当充电电量为 100%时，锂离子电池容量永久损失为 20%/年。温度为 60℃的情况下，充电电量为 40%～60%时，锂离子电池容量永久损失为 25%/年；充电电量为 100%时，锂离子电池容量永久损失为 80%/年。

4）间歇时间。锂离子电池存在自放电现象，长时间保存会导致电池过放电而破坏电池内部结构，进而缩短电池寿命。因此，锂离子电池应当每 3～6 个月充一次电，即以 3.8～3.9V 的充电电压充电，以 40%～60%的充电量为宜。如果锂离子电池长期不用，电池电量过低，则可能会因自放电而过放电。

6. 锂离子电池的市场现状及发展前景

（1）锂离子电池的市场现状

近年来，在各国政府和企业的推动下，锂离子电池技术迅速发展，其产业化也正在向前推进。目前，作为纯电动汽车独立驱动电源，锂离子电池的比能量还不能完全满足要求。而作为混合动力汽车的辅助电源，锂离子电池在性能、寿命、安全性等方面基本符合要求。

锂离子电池主要研究集中在大容量、长寿命和安全性 3 个方面，成为当前能量存储技术的热点。虽然锂离子电池从 1970 年诞生至今发展时间并不长，但凭借能量密度高、循环使用寿命长等优势迅速占据了新能源汽车电池的绝大部分市场。目前，国内宁德时代新能源科技股份有限公司、中信国安盟固利电源技术有限公司、山东润峰集团有限公司、微宏动力系统（湖州）有限公司、天津力神电池股份有限公司、深圳市比克动力电池有限公司、北大先行科技产业有限公司、星恒电源股份有限公司、江阴雷天工业自动化科技有限公司、天空能源科技（洛阳）有限公司等企业均进行锂离子电池的研究和生产。越来越多的传统式混合动力汽车、几乎所有的插电式电动汽车与纯电动汽车都采用锂离子电池作为动力源。国外著名的汽车制造商，如美国的福特、克莱斯勒，日本的丰田、本田、日产，韩国的现代，法国的 Courreges、Ventury，等等，都致力于开发动力锂电池汽车。国内整车制造商，如比亚迪、北汽、吉利、小鹏、蔚来等，也纷纷在各自的混合动力汽车和纯电动汽车上应用锂离子电池。目前，全球锂离子电池产业基本是中国、日本、韩国“三分天下”，其中日本约占 60%份额，韩国约占 30%份额，中国约占 10%份额。

（2）锂离子电池的发展前景

车用锂离子电池是在一次性锂离子电池的基础上发展起来的，是目前汽车用电池的主要发展方向。相比于传统的蓄电池，锂离子电池比能量高、比功率大、安全性好、循环寿命长、工作温度范围大、自放电率低、无“记忆效应”、不污染环境，其大电流充放电性能可以满足电动汽车用动力源的性能要求，是未来车用动力电池的发展方向。

虽然目前锂离子电池在 BMS、电池组应用技术、安全性能、成本等方面还存在一定局限，如目前锂离子电池占电动汽车总成本的 30%～75%，但从各类车用动力电池性能、技术水平和发展趋势来看，锂离子动力蓄电池仍具有良好的应用前景。若锂离子电池成本问题得到解决，则它将取代铅酸电池和镍氢电池，成为纯电动汽车和插电式混合动力汽车的首选电池。

7. 锂离子电池与其他车用电池的比较

以 1200kg 的微型纯电动汽车为例，其常用电池的性能与主要参数的比较如表 1-6 所示。

表 1-6　1200kg 的微型纯电动汽车常用电池的性能与主要参数比较

项目	单位	铅酸电池	镍镉电池	镍氢电池	锂离子电池
整车质量	kg	1200			
电池模组质量	kg	195			
电池组总质量	kg	250			
冷却系统质量	kg	50			
电池模组工作电压	V	2	1.2	1.2	3.6
电池能量	kW·h	6.4	8.8	13	20
电池比能量	(W·h)/kg	33	45	67	102
体积比能量	(W·h)/L	70	150	200	270
充放电寿命	次	300～500	500～1000	500～1000	600～1200
自放电率	%/月	5	25～30	30～50	6～9
理论续驶里程	km	53	73	114	166

续表

项目	单位	铅酸电池	镍镉电池	镍氢电池	锂离子电池
记忆效应		无	有	无	无
环境污染		污染	严重污染	无污染	无污染
成本	美元/(kW·h)	75～150	100～200	230～500	120～200

由表 1-6 可知，铅酸电池成本低，但其比能量低、循环寿命短、续驶里程短且有污染；镍镉电池有“记忆效应”，并且镉（Cd）是一种有害的重金属，对环境有严重污染，在电池报废后必须进行有效回收；镍氢电池在快速、大电流充电时容易电池过热，发生热失控，甚至产生爆炸，不适用于由单一电力驱动的车辆，比较适用于混合动力汽车；锂离子电池比能量高、比功率高、循环寿命长、续驶里程长、成本较低且无污染，是目前较适用于纯电动汽车的动力电池。

车用电池发展方向如图 1-26 所示。

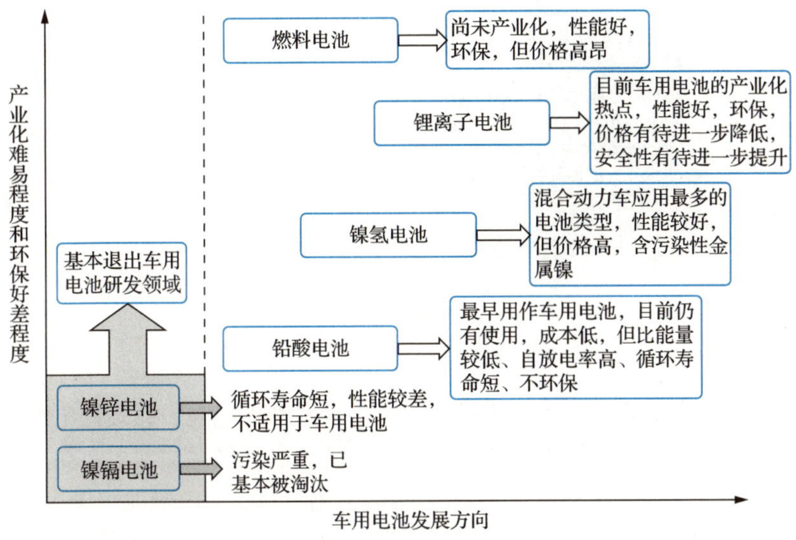

图 1-26　车用电池发展方向

8. 锂离子电池产业化的主要问题

目前制约锂离子电池产业化的最大问题是居高不下的销售价格。从国外采用锂离子电池混合动力汽车的发展情况来看，同类型的混合动力型和燃油型丰田凯美瑞差价达到 8 万～10 万元，而国产汽车比亚迪 e6 纯电动汽车与同类型燃油车的差价更是超过 20 万元。虽然采用锂离子电池的新能源汽车后期的运营和维护成本较低，可以逐步填平一次购置的差价，但前期高额的购置价格无疑成为阻碍锂离子电池产业化的重要障碍。表 1-7 所示为同类型新能源汽车和传统燃油车的价格差异表。

表 1-7　同类型新能源汽车和传统燃油车的价格差异表

类型	车型	市场报价/万元	同款燃油车报价/万元
混合动力汽车	思域混合动力	26.98	12.98～17.68
插电式混合动力汽车	比亚迪 F3DM	16.98	5.98～8.98
纯电动汽车	比亚迪 e6	36～39.95	12
	比亚迪 K9	200	60～80

新能源汽车主要由电池驱动系统、电机系统、电控系统和组装等部分组成。其中，电机系统、电控系统和组装与传统汽车基本相同，二者产生差价的主要原因在于电池驱动系统不同。从新能源汽车的成本构成来看，电池驱动系统占据了新能源汽车成本的 30%～45%，而动力锂电池又占据电池驱动系统成本的 75%～85%，如图 1-27 所示。

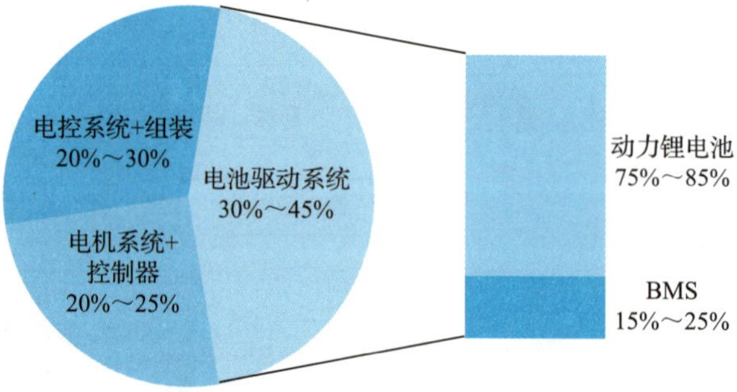

图 1-27　新能源汽车的成本构成

9. 降低锂离子电池成本的主要途径

目前市场上已经商业化的动力锂电池主要包括磷酸铁锂电池、锰酸锂电池和三元锂电池等，国内市场以磷酸铁锂电池为主，日本和韩国市场大多选择锰酸锂电池和三元锂电池。目前国内的磷酸铁锂电池售价为 3～4 元/(W·h)，锰酸锂电池和三元锂电池售价为 4～5 元/(W·h)。考虑不同类型新能源汽车的电池容量，插电式混合动力轿车的电池容量为 10～16kW·h，纯电动轿车的电池容量为 24～60kW·h，纯电动大巴的电池容量一般为 200～400kW·h，对应电池售价为 3 万～5 万元、7 万～18 万元和 60 万～120 万元，如此高昂的电池价格是新能源汽车价格居高不下的主要原因。解决新能源汽车高价格问题的关键是降低动力锂电池一次采购成本。

降低电池成本一直都是新能源汽车产业重要的发展方向。除改善电池体系和延长循环寿命来降低成本外，当前主要降低成本的方案是规模化和回收资源化。

（1）规模化生产动力锂电池降低成本的一个途径是规模化生产

例如，全球新能源汽车企业特斯拉，因规模扩大，其使用的 18650 锂离子电池（电池型号：直径为 18mm，长度为 65mm），从 2007 年到 2012 年该电池成本下降了约 40%。未来，随着新能源汽车的普及和动力电池的规模化生产，电池成本会进一步降低。以 18650 锂离子电池为例，其因规模化生产带来的电池价格降低如图 1-28 所示。

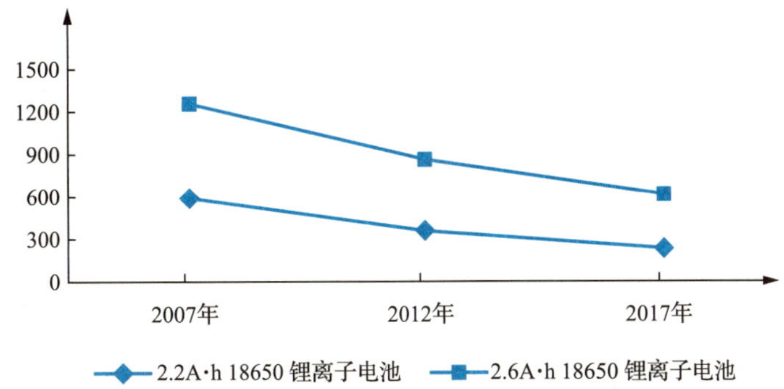

图 1-28　18650 锂离子电池因规模化生产带来的电池价格降低（单位：日元/支）

（2）回收再利用

动力锂电池降低成本的另一个途径是回收再利用。动力锂电池再利用是新能源汽车和动力锂电池资源化的中间环节，通过对汽车使用后的动力电池进行拆解、检测和分类后的二次利用，实现动力电池梯级利用，进而实现动力电池降低 30%～60%成本的目的。一般来说，新能源汽车对动力锂电池报废的标准是电池容量低于 70%，如果对剩余容量为 70%～80%的电池直接进行资源化回收，那么会造成极大的浪费，做好动力锂电池再利用对电池成本的降低尤为重要。

在资源利用上，动力锂电池目前还存在回收体系不完善、回收价值偏低的问题。虽然国内目前也出现了格林美股份有限公司和湖南邦普循环科技有限公司等大型回收企业，但是动力锂电池回收仍存在回收成本高、回收产业链不完善的问题。动力锂电池的回收资源化需要充分借鉴铅酸电池回收利用的经验。铅酸电池建立了完善的回收网点和回收产业链，一般铅酸电池在回收时具备 30%的回收价值。

国家推出了相关政策来支持动力锂电池再利用的产业化探索。2020 年 10 月国务院办公厅印发的《新能源汽车产业发展规划（2021—2035 年）》指出：推动动力电池全价值链发展，完善动力电池回收、梯级利用和再资源化的循环利用体系，鼓励共建共用回收渠道，建立健全动力电池运输仓储、维修保养、安全检验、退役退出、回收利用等环节管理制度。国家从规划层面为动力电池再利用提供了方向。

新能源汽车动力锂电池再利用领域主要瞄准 ICT 及可再生能源发电储能等领域。虽然动力锂电池再利用实践在国内还不成熟，但是在日本、韩国已经有多年的示范经验。日本和韩国在新能源汽车发展伊始，就着力动力电池再利用的研究，这些前期研究工作给我国开展电池再利用研究提供了很好的借鉴。全球动力电池再利用状况统计如表 1-8 所示。

表 1-8 全球动力电池再利用状况统计

时间	项目	内容
2009.04	MonotaRO 公司提供电动工具用可充电电池循环再利用服务	回收电动工具使用过的可充电电池，重装后向用户配送，与购买新电池相比，能够以便宜约 30%的价格循环再利用
2010.01	日本伊藤忠商事株式会社和伊藤忠都市开发有限公司开始销售配备了蓄电池的公寓	确立以评测电池性能、保证电池质量的方法为目标，收集电池温度、充放电次数及充放电量等数据
2010.09	日产汽车和住友集团合资成立了 4R Energy 能源公司	开展电动车废弃电池的再利用业务
2010.11	美国杜克能源公司和日本伊藤忠商事株式会社对蓄电量不足 80%的电动车旧电池进行再利用测试	将旧电池用于辅助家庭供电、存储可再生电源，并为电动车提供快速充电服务
2012.11	通用汽车公司与 ABB 集团开发电动汽车蓄电池再利用技术	将五组使用过的雪佛兰 Volt 沃蓝达蓄电池重新用一个模块化装置整合在一起，支持 3～5 个美国普通家庭 2h 的电力供应
2013.04	东芝公司作为日本环境省受托方，在东京都港区实施关于电动巴士运行和电池再利用的实证研究	研究把输出功率降低的车载电池用作定置式电池的技术，解决报废电池问题
2014.03	美国 FreeWire 公司推出了一款电动汽车充电宝产品，充电对象是所有电动汽车	移动电源，装有滚轮可以移动，主要面向写字楼
2014.08	国网河南电力公司、南瑞集团等建成退役动力电池储能示范工程	国内首个真正意义上的基于退役动力电池的混合微电网系统

四、燃料电池

近年来，燃料电池得到了各国政府、开发商及研究机构的普遍重视。在交通运输、便携式电源、分散电站、航空及水下潜器等领域，燃料电池展现出广阔的应用前景。

2018 年，中国科学院大连化学物理研究所开发了 HYMOD-300 型车用燃料电池电堆模块，经寿命测试和整车应用验证，突破了车用燃料电池 5000h 的耐久性难关，成为我国首例自主研发的超越 5000h 耐久性的燃料电池产品。同时，该产品还实现了电堆在−10℃环境下的低温启动，以及在−40℃环境下的存储。

作为新能源汽车发展的重要方向，氢燃料电池汽车技术已经开始步入商业化导入期，国际各大车企陆续集中投放氢燃料电池汽车。燃料电池是燃料电池汽车的核心部件，其耐久性和可靠性是影响燃料电池汽车应用的关键因素。

相比于纯电动汽车和传统燃油汽车，燃料电池汽车有其独特优势，其续驶里程比锂离子电池汽车高出很多，可达 1000km，“充电”过程只需数分钟，而且更加环保。长远来看，燃料电池技术或将成为主流，电动汽车只能列入过渡性方案。

1. 燃料电池的概念

燃料电池其实不是“电池”，准确地说是一种大型发电系统，其因能量转换效率高、无污染、循环寿命长、运行平稳等优点被业界公认为未来汽车的最佳能源。简单来说，燃料电池是通过化学反应将化学能转换为电能的一种装置，而其能量的来源主要是不断供给的燃料及氧化剂。图 1-29 所示为丰田燃料电池模型。

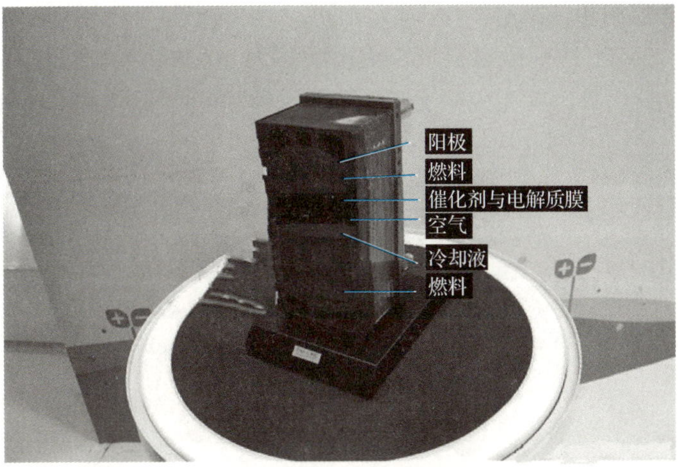

图 1-29　丰田燃料电池模型

理论而言，燃料电池能采用的燃料种类很多，甚至可以采用传统内燃机所用燃料，但真正能进行电化学反应的仅仅是其中的氢和氧化剂中的氧。氢燃料电池是目前燃料电池的研究重点，其基本原理是电解水的逆反应：把氢和氧分别供给阴极和阳极，氢通过阴极向外扩散和氧发生反应后，放出电子，电子通过外部负载到达阳极从而形成电流，如图 1-30 所示。

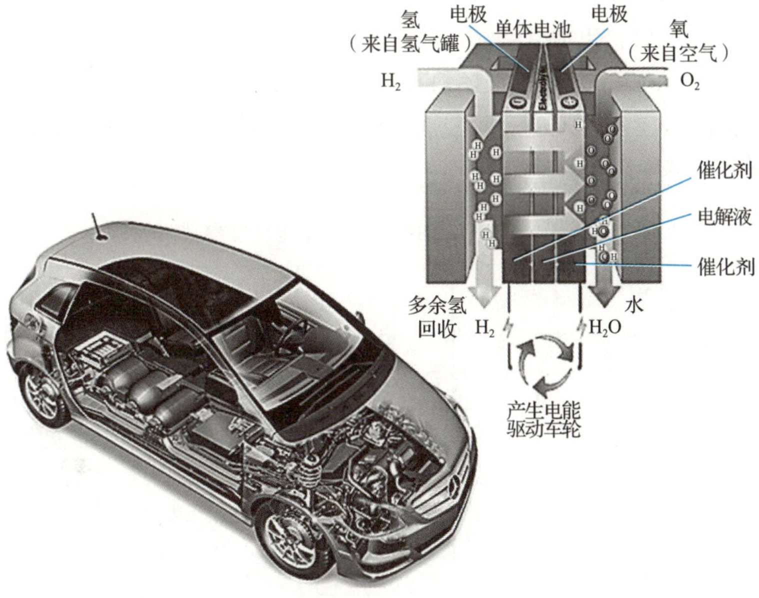

图 1-30　氢燃料电池原理

世界首款量产燃料电池汽车丰田 FCV 于 2017 年 3 月在日本正式销售，如图 1-31 所示。该车配备了两个 70MPa 的高压燃料堆，输出功率为 90kW，续驶里程可达 700km（日本 JC08 工况下）。除此之外，其完成一次燃料添加仅需 3min，比传统电动汽车的充电时间短很多。

图 1-31　丰田 FCV

2. 燃料电池的分类

1）根据运行机理不同，燃料电池可分为酸性燃料电池和碱性燃料电池。

2）根据使用电解质种类的不同，燃料电池可分为 9 类：质子交换膜燃料电池（proton exchange membrane fuel cell，PEMFC）、碱性燃料电池（alkaline fuel cell，AFC）、磷酸燃料电池（phosphoric acid fuel cell，PAFC）、熔融碳酸盐燃料电池（molten carbonate fuel cell，MCFC）、固体氧化物燃料电池（solid oxide fuel cell，SOFC）、直接甲醇燃料电池（direct methanol fuel cell，DMFC）、再生型燃料电池（regenerative fuel cell，RFC）、锌-空气燃料电池(zinc-air fuel cell，ZAFC)、质子陶瓷燃料电池(proton ceramic fuel cell，PCFC)。表 1-9 为部分燃料电池的主要特征参数。

表 1-9　部分燃料电池的主要特征参数

特征/类型	质子交换膜燃料电池	碱性燃料电池	磷酸燃料电池	熔融碳酸盐燃料电池	固体氧化物燃料电池	直接甲醇燃料电池
燃料	H_2	H_2	H_2	CO、H_2	CO、H_2	CH_3OH
电解质	固态高分子膜	碱溶液	液态磷酸	熔融碳酸盐	固体二氧化锆	甲醇
工作温度/℃	约为 80	60～120	170～210	60～650	约为 1000	约为 80
氧化剂	空气或氧	纯钒	空气	空气	空气	空气或氧
电极材料	C	C	C	Ni—M	Ni—YSZ	C
催化剂	Pt	Pt、Ni	Pt	Ni	Ni	Pt
腐蚀性	中	中	强	强	无	中
寿命/h	100000	10000	15000	13000	7000	100000

续表

特征/类型	质子交换膜燃料电池	碱性燃料电池	磷酸燃料电池	熔融碳酸盐燃料电池	固体氧化物燃料电池	直接甲醇燃料电池
优点	比功率高，运行灵活，无腐蚀性	效率高，对二氧化碳敏感，有腐蚀性	效率较低，有腐蚀性	效率高，控制复杂，有腐蚀性	效率高，运行温度高，无腐蚀性	比功率高，运行灵活，无腐蚀性
效率/%	大于 60	60～70	40～50	大于 60	大于 60	大于 60
启动时间	几分钟	几分钟	2～4h	大于 10h	大于 10h	几分钟
应用领域	航天、军事、汽车、固定式用途	航天、军事	大客车、小电厂、固定式用途	大型电厂	大型电厂、热站、固定式用途	航天、军事、汽车、固定式用途

3）根据燃料使用类型不同，燃料电池可分为直接型燃料电池、间接型燃料电池和再生型燃料电池。

4）根据使用燃料不同，燃料电池可分为氢燃料电池、甲醇燃料电池和乙醇燃料电池。

5）根据工作温度不同，燃料电池可分为低温型燃料电池（工作温度低于 200℃）、中温型燃料电池（工作温度为 200～750℃）、高温型燃料电池（工作温度为 750～1000℃）和超高温型燃料电池（工作温度高于 1000℃）。

6）根据燃料状态不同，燃料电池可分为液体型燃料电池和气体型燃料电池。

3. 燃料电池的优缺点

（1）燃料电池的优点

1）节能，转换效率高。燃料电池在额定功率下的转换效率可以达到 60%，在过载功率输出条件下转换效率可达 55%，在部分功率条件下转换效率甚至可达 70%。高效率工作范围很大，在低功率下转换效率高，特别适合驱动车辆。

燃料电池短时间的过载能力可以达到额定功率的 200%，能够满足汽车在加速和爬坡时对动力性能的要求。

2）排放基本零污染。用碳氢化合物作为燃料的燃料电池主要生成物为水、二氧化碳和一氧化碳等，属于“超低污染”。氢燃料电池的生成物只有水，可实现真正的零污染。

3）无噪声和振动，循环寿命长。燃料电池整个工作过程中没有噪声和机械振动的产生，从而可以减少机械元器件的磨损，延长循环寿命，同时构件的加工精度要求低。特别是质子交换膜燃料电池，其能量转换效率高，能够在-80℃的低温条件下启动和运转，对构件的耐热性要求也不高。由于无机械振动，所以燃料电池运行时比较安静。

4）结构简单，运行平稳。

（2）燃料电池的缺点

1）对安全性要求高。目前，无论是液态氢、气态氢，还是碳水化合物，经过重整后转换得到的氢都可作为燃料电池的燃料。氢气的产生、存储、保管、运输和罐装都比较复杂，对安全性要求很高。

2）对密封性要求高。燃料电池单体电压约为 1V，通常将多个单体电池按使用电压和电流的要求组合成燃料电池发动机组。在组合时，单体电池的电极间要求有严格的密封，因为密封不良的燃料电池中的氢气会泄漏到燃料电池外面，降低氢的利用率并严重影响燃料电池发动机的效率，严重时还会引起氢气燃烧事故。由于要求严格的密封，因此燃料电池发动机的制造工艺很复杂，这给使用和维护带来很多困难。

3）制造成本高，电池价格昂贵。

4）需要配备辅助电池系统。燃料电池可以持续发电，但不能充电和回收再生制动能量。通常在燃料电池汽车上还要增加辅助电池系统，以存储燃料电池富余的电能及回收再生制动能量。

4. 质子交换膜燃料电池

质子交换膜燃料电池是一种采用可传导的聚合膜作为电解质的电池，也称聚合物电解质燃料电池（proton exchange fuel cell，PEFC）、固体聚合物燃料电池（solid polymer fuel cell，SPFC）或固体聚合物电解质燃料电池（solid polymer electrolyte fuel cell，SPEFC）。

质子交换膜燃料电池的关键材料与部件包括催化剂、电极（阴极与阳极）、质子交换膜和双极板。

从原理上来看，质子交换膜燃料电池相当于水电解的“逆”装置。质子交换膜燃料电池由催化剂阳极、阴极和质子交换膜组成，阳极为氢燃料发生氧化的场所，阴极为氧化剂还原的场所，两极都含有加速电极电化学反应的催化剂，质子交换膜为电解质。质子交换膜燃料电池在工作时相当于直流电源，其阳极即电源负极，阴极为电源正极。

质子交换膜燃料电池在工作时，氢在阳极被转变成氢离子的同时释放出电子，电子通过外电路回到电池阴极，与此同时，氢离子通过电池内部质子交换膜到达阴极；在阴极，氧气转变为氧原子，氧原子得到从阳极传过来的电子变成氧离子，与氢离子结合生成水。质子交换膜燃料电池工作原理如图 1-32 所示。

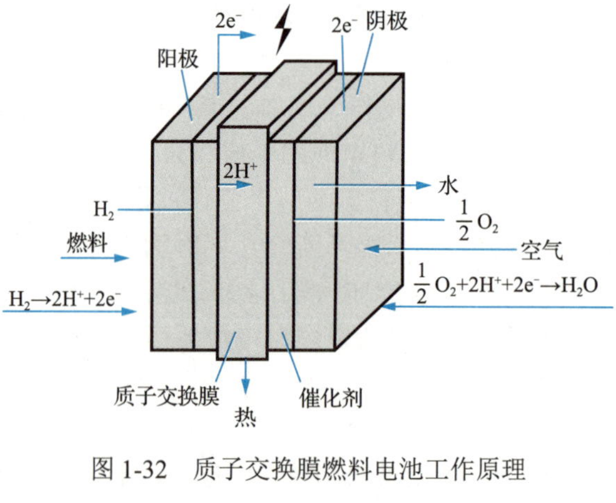

图 1-32　质子交换膜燃料电池工作原理

质子交换膜燃料电池阳极和阴极发生的电化学反应为

$$阳极：\ 2H_2 \longrightarrow 4H^+ + 4e^-$$

$$阴极：\ 4H^+ + 4e^- + O_2 \longrightarrow 2H_2O$$

总反应式为

$$2H_2 + O_2 \longrightarrow 2H_2O$$

质子交换膜燃料电池的工作温度约为80℃，在这样的温度下，电化学反应能正常而缓慢地进行，该反应通常由每个电极上的催化剂（铂涂层）进行催化。

质子交换膜燃料电池单体能产生约0.7V的电压，足够供一个小型照明灯泡使用，为了得到更高的电压，需要将多个单体电池串联起来组成燃料电池存储器。

质子交换膜燃料电池的发电过程不涉及氢氧燃烧，因而不受卡诺循环的限制，能量转换效率高；发电时不产生污染；发电单元模块化，可靠性高，组装和维修都很方便，工作时也没有噪声。可见，质子交换膜燃料电池是一种清洁、高效的环保电池。

想一想

燃料电池不工作时有电流输出吗？

5. 燃料电池汽车对燃料电池的基本要求

燃料电池汽车对燃料电池的基本要求有以下几个方面：

1）燃料电池的比能量不低于150(W·h)/kg，比功率不低于300W/kg，要求达到或超过美国先进电池联合体所提出的电池性能和使用寿命的指标。

2）可以在-20℃的环境下启动和工作，有可靠的安全性和密封性，不会发生燃料气体的结冰和泄漏等问题。

3）各种构件均有足够的强度和可靠性，可以在负荷变化的情况下正常运转，并耐受燃料电池汽车行驶时的振动和冲击。

4）除排放达到零污染的要求外，动力性能基本达到或接近内燃机的动力性能水平。

5）各种辅助技术装备的外形尺寸和质量应尽可能减小，以符合燃料电池汽车的安装要求。

6）燃料填充方便、迅速。燃料电池应能够方便地进行电极和催化剂的更换和维修。

7）所配置的辅助电池系统应能满足提供启动电能和存储制动反馈电能的要求。

知识窗

丰田Mirai氢燃料电池汽车

2017年10月，丰田宣布从该月开始在中国测试氢燃料电池汽车Mirai，同时宣布位于江苏常熟氢燃料供应站落成。丰田Mirai氢燃料电池汽车可以说是新能源汽车的前沿成果，一次加注可以行驶约650km，如图1-33所示。

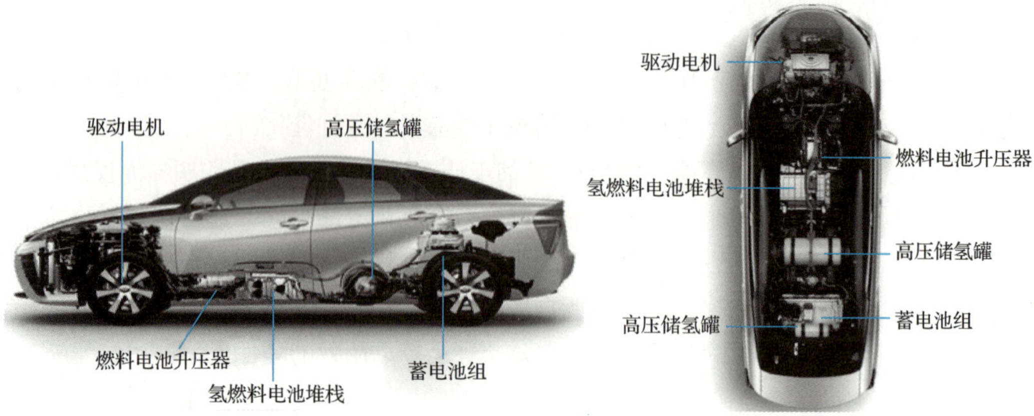

图 1-33 丰田 Mirai 氢燃料电池汽车

丰田从 1992 年就已经开始研发燃料电池汽车，在 1996 年 10 月发布了首款燃料电池汽车 FCEV。在随后的十多年里，丰田陆续推出了 FCHV-3、FCHV-4、FCHV-5、Toyota FCHV、Toyota FCHV-adv 等车型，但受制于高昂的单价和基础设施不足，该阶段的燃料电池电动汽车并没有量产和商品化。2014 年 12 月 15 日，丰田在日本发布全球首款量产氢燃料电池汽车 Mirai，其售价约为 44 万元，经政府补贴后，实际售价约为 31 万元，其上市首月的订单达到 1200 辆。Mirai 的单个储氢罐可存储 5kg 氢气，一辆 Mirai 加满氢气仅需 3～5min，加注后可行驶 650km，每千米的成本约为 8 日元（约 0.49 元人民币）。

丰田氢燃料电池汽车 Mirai 采用全新设计的底盘，以及新一代的燃料电池堆和储氢罐，其整套燃料电池动力系统被称为 TFCS（Toyota FC stack），包括燃料电池堆、高压储氢罐、升压变频器、电动机、动力控制单元等。燃料电池堆栈位于车身下部，是氢气与氧气进行反应的场所，也是氢燃料电池汽车的关键。在燃料电池堆栈里，将进行氢和氧相结合的反应，反应过程中存在电荷转移，从而产生电流，并产生水。

五、超级电容

超级电容是一种介于传统电容与电池之间的电源元器件，如图 1-34 所示。超级电容主要依靠双电层和氧化还原赝电容电荷存储电能，期间不发生化学反应，因此被归为物理电池的范畴。与化学电池相比，超级电容具有三大明显优势：第一，其反复充放电次数可达数十万次（传统化学电池只有几百至几千次），循环寿命要比化学电池长很多；第二，超级电容在充放电时的功率密度极高，瞬间可放出大量电能，可满足车辆更加宽泛的电力需求；第三，工作环境适应能力更佳，其能在室外温度为-40～+65℃时正常而稳定地工作（传统电池一般为-20～+60℃）。

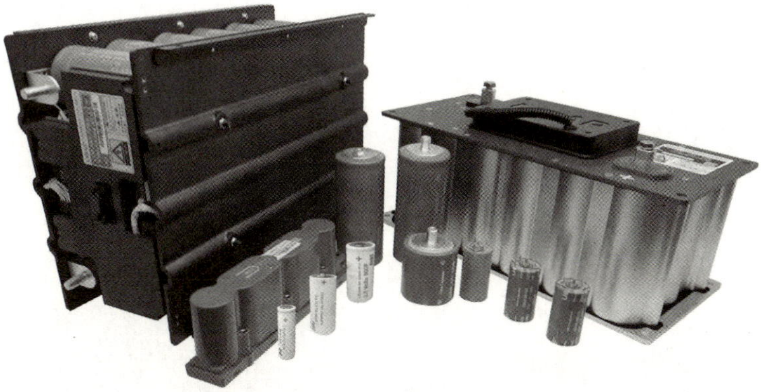

图 1-34 超级电容

1. 超级电容的特性

超级电容具有非常高的比功率，但与化学蓄电池相比，其比能量低得多。超级电容的比能量为每千克几瓦时，但其比功率能达到 3kW/kg，比任何形式的蓄电池都高得多。由于超级电容能量密度低，并且电压与荷电状态的相关性很强，因此它难以单独用作电动汽车和混合动力汽车的能量存储装置。尽管如此，采用超级电容作为辅助功率源仍具有若干优点，一种有前景的应用是，与蓄电池组合用作纯电动汽车和混合动力汽车的能量存储系统。由于比能量和比功率的要求可以相互分离，因此在较少考虑比功率的情况下，可利用超级电容优化蓄电池比能量和循环寿命设计：基于超级电容的负载电平效应，来自蓄电池的大电流放电和借助于再生制动对蓄电池的大电流充电均被降至最低限度，其结果是，蓄电池的有用能量显著增加，持续工作时间和循环寿命显著延长。

2. 超级电容的优缺点

（1）优点

1）充电速度快，充电 10min 可达到其额定容量的 95%以上。

2）循环寿命长，深度充放电循环次数可达 50 万次，没有“记忆效应”。

3）大电流放电能力超强，能量转换效率高，过程损失小，大电流能量循环效率≥90%。

4）功率密度高，为 300～5000W/kg，相当于普通电池的 5～10 倍。

5）产品原材料构成、生产、使用、存储及拆解过程均没有污染，是理想的绿色环保电源。

6）充放电线路简单，不需要类似二次电池的充电电路，安全系数高，长期使用免维护。

7）超低温特性好，工作温度范围宽（-40～+70℃）。

8）检测方便，剩余电量可直接通过显示装置读出。

9）容量大，通常为 0.1～1000F。

（2）缺点

1）使用不当容易造成电解质泄漏等。

2）内阻较大，不可用于交流电路。

3. 超级电容的应用

目前超级电容主要应用于车辆启动系统及少量公交车辆等。图 1-35 所示为 2010 年上海世博会时投入运营的超级电容公交客车。对于超级电容是否可作为家用车动力电源使用的问题，这在能量密度难题有所突破后进行讨论才有意义。

图 1-35　2010 年上海世博会时投入运营的超级电容公交客车

想一想

电容存储电能与电池存储电能有什么不同？

六、飞轮电池

1. 飞轮电池的结构

飞轮电池是 20 世纪 90 年代提出的一种概念电池，属于物理电池的一种，其结构示意图如图 1-36 所示。飞轮电池主要由飞轮、电机和输入/输出电子装置组成，根据飞轮原理设计而成，简单来说就是利用类似飞轮转动时产生能量的原理来实现自身充放电。飞轮转速上升时电池为储能状态，飞轮转速下降时电池为供能状态。

图 1-36　飞轮电池结构示意图

在2010年10月美国勒芒系列赛最后一轮中，保时捷911 GT3混合动力赛车首次正式使用了飞轮电池技术，而其便是保时捷918 Spyder的前身。不过这两款车型的飞轮电池都仅作为辅助能源装置使用，其功能类似于常见的制动能量回收系统。可以预见的是，随着技术的不断发展及价格的进一步降低，飞轮电池的应用前景将十分广阔。

2. 飞轮电池的工作原理

以现代技术而论，直接利用存储在飞轮内的机械能驱动车辆电力电子装置是困难的。一般的应用方法是将电动机直接与飞轮相连接，或者通过传动装置组成机械蓄电池。飞轮电池储能是基于飞轮以一定角速度旋转时可以存储动能的基本原理实现的。飞轮为储能的核心部件，储能量E的计算公式为

$$E=\frac{1}{2}j\omega^2$$

式中，j为飞轮的转动惯量，与飞轮的形状和质量有关；ω为飞轮转动的角速度。

充电时，飞轮电池中的电机以电动机形式运转，在外电源的驱动下，电动机带动飞轮高速旋转，即用电能给飞轮电池充电，增加了飞轮的转速；放电时，电机则以发电机形式运转，在飞轮的带动下对外输出电能，完成机械能（动能）到电能的转换。飞轮电池的飞轮是在真空环境下运转的，转速可达200000r/min。

3. 飞轮电池的优缺点

（1）飞轮电池的优点

1）能量密度高。飞轮电池的储能密度为100～200(W·h)/kg，功率密度为5000～10000W/kg。

2）能量转换效率高，工作效率高达90%。

3）体积小，质量小。飞轮直径约为20cm，总质量为十几kg。

4）工作温度范围宽，对环境温度没有严格要求。

5）使用寿命长，不受重复深度放电影响，能够循环充放电几百万次，预期使用寿命为20年以上。

6）低损耗，维护周期长。磁悬浮轴承和真空环境使机械损耗可以忽略，系统维护周期长。

（2）飞轮电池的缺点

1）成本高昂。由于在实际工作中，飞轮的转速为40000～50000r/min，一般金属制成的飞轮无法承受这样高的转速，容易解体，所以飞轮一般都用碳纤维制成。制造飞轮的碳纤维材料目前价格很高，这导致飞轮制造成本比较高。

2）飞轮一旦充电，就会不停转动下去，造成能量的浪费。

知识窗

保时捷 911 GT3 R Hybrid 混合动力赛车

保时捷 911 GT3 R Hybrid 是保时捷第一款采用油电混合动力发动机的赛车。在动力方面，保时捷 GT3 R Hybrid 拥有 480 马力的 4.0L 水平对置发动机驱动后轮，而且还加装了两台电动机驱动前轮，以功率计算，两台电动机总共可以输出功率大约为 120kW（161 马力）。在两台电动机的辅助下，保时捷 GT3 R Hybrid 的总功率将超过 500 马力。更重要的是，为这两台电动机提供能量的不是传统的电池系统，而是类似 F1 赛车的 KERS（kinetic energy recovery systems，动能回收系统）装置，在驾驶人员座舱下方的电动飞轮电池是这套系统的核心。与传统混合动力车配置完全不同，保时捷 911 GT3 R 采用电动—机械飞轮系统，利用制动动能驱动安装在前轮轴总成上的两个 60kW 的电动机。飞轮则安装在乘客座椅的位置，其转速高达 40000r/min。保时捷 911 GT3 R Hybrid 和飞轮电池如图 1-37 所示。

图 1-37　保时捷 911 GT3 R Hybrid 和飞轮电池

任务实施

任务一　单体电池性能检测

一、任务要求

按照相关规范对比亚迪 e5 采用的磷酸铁锂电池单体进行性能检测。

二、任务实施

1. 外观检查

检查电池有无破损及漏液等情况。

2. 容量检测

检测电池容量。

3. 尺寸检测

检测电池实体部分的长、宽、厚度。

4. 电压检测

（1）单体电池电压的检测

单体电池电压检测数据表如表 1-10 所示。

表 1-10　单体电池电压检测数据表

单体电池名称及图示	检测数据
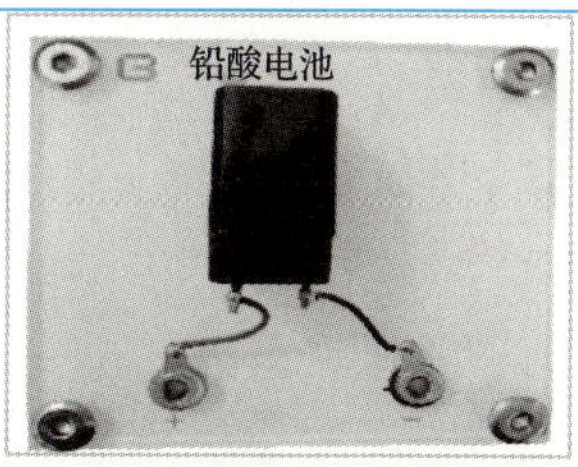	电池类型：__________ 额定电压：__________V 实测电压：__________V
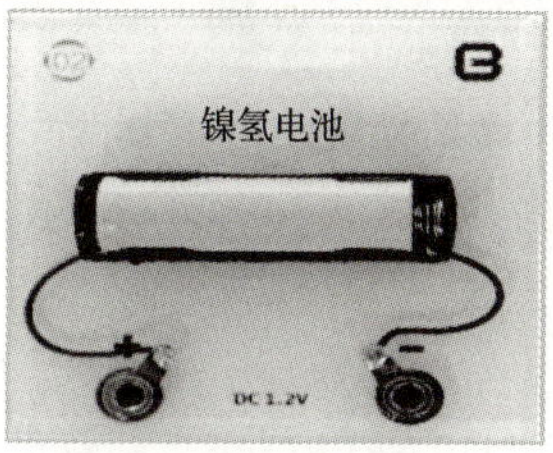	电池类型：__________ 额定电压：__________V 实测电压：__________V
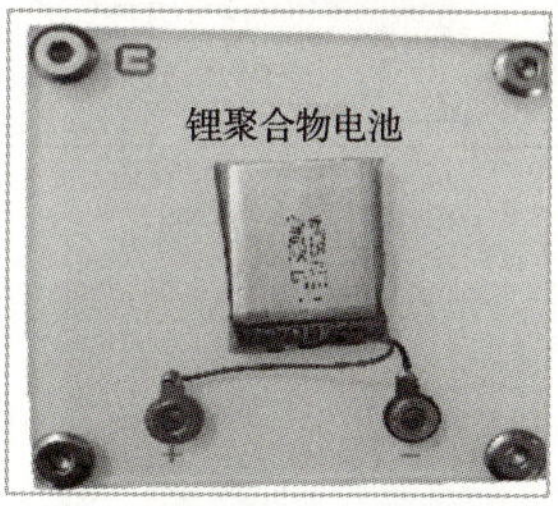	电池类型：__________ 额定电压：__________V 实测电压：__________V

（2）开路电压与工作电压的测量

搭建如图 1-38 所示电路，利用该电路进行开路电压与工作电压的测量。

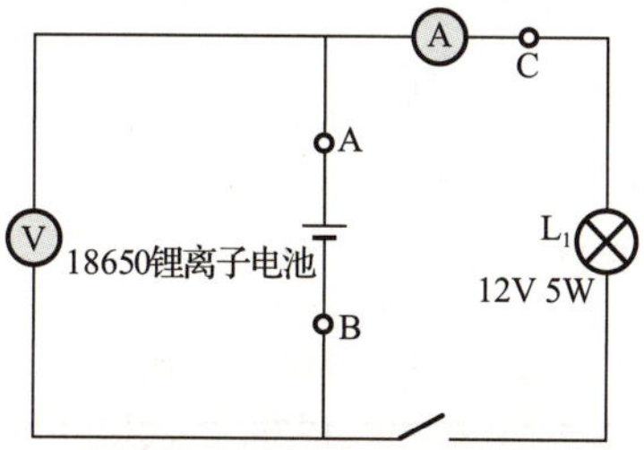

图 1-38　电压测量电路

1）开关断开情况下的电压测量：

测量开路电压：________V；

测量点 A 与点 B 之间的电压：________V；

测量开路电流：________A。

2）开关闭合情况下的电压测量：

测量工作电压：________V；

测量点 A 与点 B 之间的电压：________V；

测量闭路电流：________A。

3）结论：

电池在________（a．开路状态 b．工作状态）下的电压称为开路电压；

工作电压是电池接上负载后处于________（a．开路状态 b．工作状态）下的电压；

开路电压________（a．大于 b．等于 c．小于）工作电压。

5. 电池内阻测量

搭建如图 1-39 所示电路，利用该电路进行电池内阻的测量。

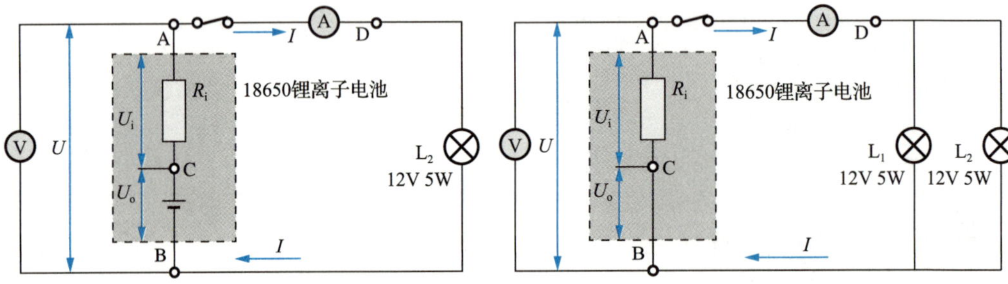

图 1-39 电池内阻测量电路

（1）计算

电池电压计算公式为

$$U_i = U_o - U$$

式中，U_i 为电压损耗，U_o 为开路电压，U 为端电压。

电池内阻计算公式为

$$R_i = U_i / I$$

式中，R_i 为电池内阻，I 为电流。

将内阻测量结果填写在表 1-11 中。

表 1-11 内阻测量结果

电路	开路电压 U_o	端电压 U	电压损耗 U_i	电流 I	内阻 R_i
电路 1					
电路 2					

（2）结论

1）在一般情况下，电路中负载越大，电池电压损耗________（a．越大 b．越小 c．不变）。

2）在一般情况下，电路中负载越大，电池内阻________（a．越大 b．越小 c．不变）。

三、任务评价

按表 1-12 进行考核评价。

表 1-12　考核评价表

<table>
<tr><td>序号</td><td>评价内容</td><td>分数</td><td>自评</td><td>组评</td><td>师评</td></tr>
<tr><td>1</td><td>理解工作内容及要求</td><td>5</td><td></td><td></td><td></td></tr>
<tr><td>2</td><td>安全防护与仪表设备准备</td><td>15</td><td></td><td></td><td></td></tr>
<tr><td>3</td><td>会查阅相关技术手册</td><td>5</td><td></td><td></td><td></td></tr>
<tr><td>4</td><td>操作的安全性、规范性与高效性*</td><td>50</td><td></td><td></td><td></td></tr>
<tr><td>5</td><td>完成工作页*</td><td>15</td><td></td><td></td><td></td></tr>
<tr><td>6</td><td>7S 管理</td><td>10</td><td></td><td></td><td></td></tr>
<tr><td colspan="2">总分</td><td>100</td><td></td><td></td><td></td></tr>
<tr><td colspan="6">综合评分（自评分×20%+组长或教师评分×80%）：</td></tr>
<tr><td colspan="3">小组长签名：</td><td colspan="3">教师签名：</td></tr>
<tr><td>学习体会</td><td colspan="5">签名：　　　　日期：</td></tr>
</table>

注：评价内容栏中，标*的为教师评分项，其他的为自评及组长评分项。

任务二　电池性能对比分析

一、任务要求

1）熟悉电池的各项性能指标。

2）从①铅酸电池；②镍氢电池；③锂离子电池；④燃料电池；⑤超级电容；⑥飞轮电池中任选取 3 种进行性能指标的对比分析。

二、任务实施

1）查找资料，填写表 1-13，完成电池性能指标的学习。

表 1-13　电池性能指标

1．容量：电池在一定的放电条件下所能放出的（　　）。

A．功率　　B．电量　　C．电荷

2．能量：电池在一定的放电制度下所能放出的电能，单位为（　　）。

A．W·h　　B．W　　C．(W·h)/kg

3．内阻：电流通过电池内部时受到的（　　），使电池的工作电压（　　）。

A．阻力，降低　　B．动力，升高　　C．阻力，不变

4．荷电状态：描述电池的（　　）电量。

A．使用　　B．损耗　　C．剩余

5．端电压：电池正极和负极之间的电位（　　）。

A．差　　B．和　　C．积

6．负载电压：电池接上负载后处于（　　）状态下的电压。

A．充电　　B．放电

7．开路电压：电池在（　　）负载情况下的端电压。

A．有　　B．无

8．在“○”内填写加、减或乘、除号使等式成立。

$R_{\mathrm{i}}=U_{\mathrm{i}}\,\mathrm{d}\,I$，$U_{\mathrm{i}}$ 为电压损耗，R_{i} 为内阻

$U_{\mathrm{i}}=U_{\mathrm{o}}\,\mathrm{d}\,U$，$U_{\mathrm{o}}$ 为开路电压

$U=U_{\mathrm{o}}\,\mathrm{d}\,U_{\mathrm{i}}$，$U$ 为端电压

9．根据已知性能指标计算未知性能指标。

动力锂电池组	
标称电压/V	346
电池容量/(A·h)	126
质量/kg	354
尺寸/mm	440×158×105 + 521×152×107
型号	BE03

（放电条件：1C）

能量：________kW·h

功率：________kW

能量密度：________(W·h)/L

比能量：________(W·h)/kg

比功率：________W/kg

2）从所搜集资料中任选 3 种电池，进行电池性能指标的对比分析，并将分析结果填入表 1-14 中。

表 1-14　电池性能指标对比分析

性能指标	电池类型		
	电池一	电池二	电池三
单体电池电压			
比能量			
比功率			
自放电率			
循环寿命			
价格			
污染程度			
工作温度范围			

续表

性能指标	电池类型		
	电池一	电池二	电池三
技术成熟度			
安全稳定性			
电池性能对比报告：			

三、任务评价

按表 1-15 进行考核评价。

表 1-15　考核评价表

序号	评价内容	分数	自评	组评	师评
1	理解工作内容及要求	5			
2	安全防护与仪表设备准备	15			
3	会查阅相关技术手册	5			
4	操作的安全性、规范性与高效性*	50			
5	完成工作页*	15			
6	7S 管理	10			
总分		100			
综合评分（自评分×20%+组长或教师评分×80%）：					
小组长签名：			教师签名：		
学习体会	签名：　　日期：				

注：评价内容栏中，标*的为教师评分项，其他的为自评及组长评分项。

思考与练习

一、填空题

1. 根据工作性质不同，电池可分为化学电池、________和________三大类。

2. 镍氢电池的正极材料采用________，负极材料是储氢合金，________作为电解质，在正负极之间有________，它们共同组成镍氢电池。

3. 常见的物理电池有________、________和太阳能电池。

4. 飞轮电池主要由________、________和输入/输出电子装置组成，根据飞轮原理设计而成。

5. 铅酸电池在使用时，把化学能转换为电能的过程称为________。在使用后，借助直流电在电池内进行化学反应，把电能转变为化学能而储蓄起来，这种蓄电过程称为________。

6. 电池组串联时电压________，容量________。

7. 电池组并联时电压________，容量________。

二、名词解释

1. 开路电压：

2. 荷电状态：

3. 恒压充电：

三、简答题

1. 简述锂离子电池的优缺点。

2. 简述锂离子电池的充电方法。

3. 简述飞轮电池的基本组成和工作原理。

4．如何进行蓄电池技术状态的检查？

5．电动汽车对动力电池的要求有哪些？

项目二

动力电池组认知与检修

项目导读

当动力电池发生故障时，必须对电池组进行更换。无论是整体式更换还是单体模组更换，均需要先将动力电池组从车辆上拆卸下来。为确保安全，在拆卸动力电池组之前需要做好个人安全防护、场地防护、车辆防护，并确保高压系统断电。动力电池组的拆卸与安装应遵守汽车厂家维修说明中的操作规范和要求。

本项目主要学习内容如下：

相关知识	实践活动
1．常见车型的动力电池组。 2．动力电池组的结构与线路分析。 3．动力电池组常见故障。 4．动力电池组的安全作业与拆装	1．动力电池系统内部结构与部件认知。 2．电池模组的拆卸。 3．动力电池组单体电池的检测与拆卸。 4．动力电池组接触器的检测。 5．动力电池组故障诊断。 6．动力电池组的拆装。 7．动力电池组的更换。 8．动力电池组的检修

学习目标

通过本项目的学习达成如下学习目标：

知识目标	能力目标	思政要素和职业素养目标
1．掌握常见车型的动力电池组。 2．熟悉动力电池组的组件，并了解各组件功能。 3．了解常见接触器和传感器的控制逻辑	1．会正确拆装动力电池组。 2．会识别动力电池组的组件，能够对这些组件进行检测与更换。 3．会对动力电池组常见故障进行诊断和检修	1．培养爱国精神，激发民族自豪感，增强民族自信心。 2．增强安全意识、质量意识和责任感，养成科学、严谨的工作态度。 3．发扬一丝不苟、精益求精的工匠精神
对接《智能新能源汽车职业技能等级标准》“新能源汽车动力驱动电机电池技术”模块——动力电池检测维修		

知识准备

知识一　常见车型的动力电池组

学习点拨

通过学习，了解动力电池组的作用，以及北汽 EV160、比亚迪 e5、吉利帝豪 EV300 等几种常见车型的动力电池组的结构及技术参数。

一、动力电池组的作用

动力电池组作为电动汽车的储能装置，除为整车提供持续稳定的能量外，还具有计算整车的剩余电量、充电提醒、电池技术参数检测、绝缘检测、异常情况报警、充放电控制、预充电控制、电池一致性检测及系统自检等功能。当确定动力电池存在内部故障时，需要拆卸动力电池组对其进行检修。

二、常见车型动力电池组及其功能

1. 北汽 EV160

北汽 EV160 动力电池组主要由动力电池模组、BMS、动力电池箱及辅助元器件四部分组成。北汽 EV160 动力电池组的单体电池为磷酸铁锂电池，单体电池电压范围为 2.5～3.7V，动力电池组额定电压为 320V，容量为 66A·h，额定能量为 25.6kW·h，总质量为 278kg，工作电压范围为 220～400V，能量密度为 76(W·h)/kg。北汽 EV160 动力电池组由 100 个单体电池串联组成，单体电池如图 2-1 所示。其中 10 个单体电池串联成 1 个电池模组，如图 2-2 所示，10 个电池模组串联成电池组。北汽 EV160 动力电池系统如图 2-3 所示。

动力电池系统组成

北汽 EV160 动力电池认知

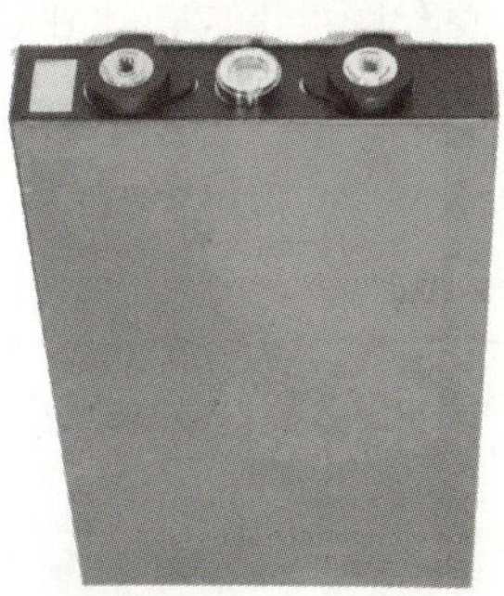

图 2-1　北汽 EV160 单体电池

图 2-2　北汽 EV160 电池模组

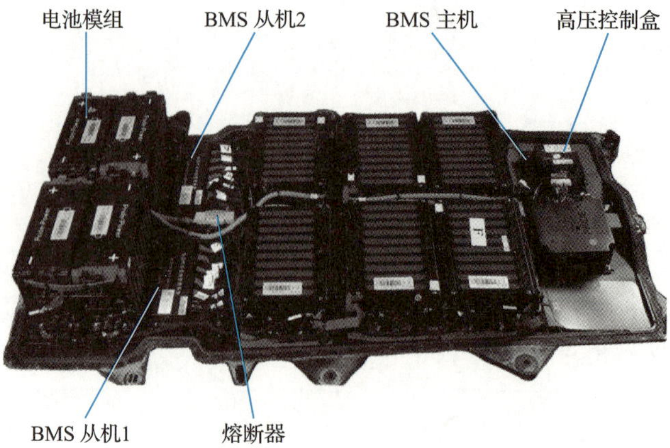

图 2-3　北汽 EV160 动力电池系统

辅助元器件主要包括动力电池组内部的电子元器件（如熔断器、继电器、分流器、接插件、紧急开关、烟雾传感器等）、维修开关，以及密封条、绝缘材料等。图 2-4 和图 2-5 所示分别为北汽 EV160 高压控制盒内部结构及北汽 EV160 BMS。

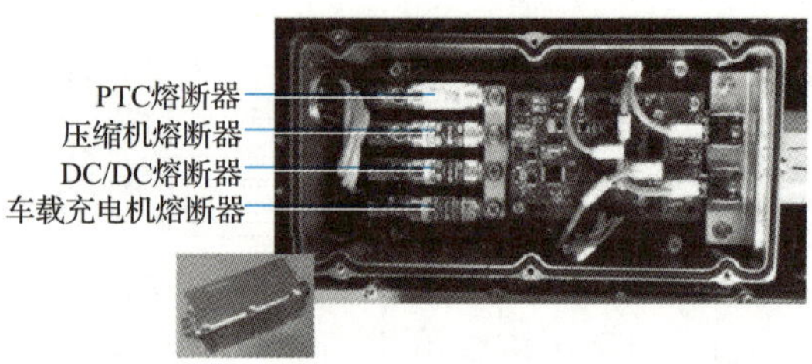

图 2-4　北汽 EV160 高压控制盒内部结构

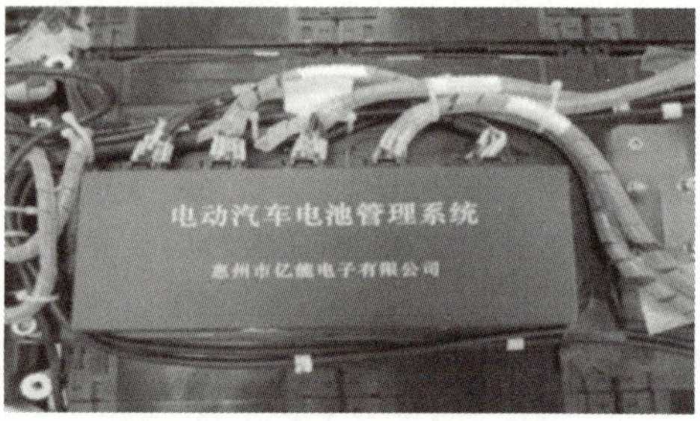

图 2-5　北汽 EV160 BMS

2. 比亚迪 e5

比亚迪 e5 动力电池认知

比亚迪 e5 动力电池采用的是磷酸铁锂电池，具体参数如表 2-1 所示。比亚迪 e5 动力电池组由动力电池模组、电池信息采集器、串联线、托盘、密封罩、电池采样线等组成，布置在整车底盘下面。比亚迪 e5 动力电池组安装位置如图 2-6 所示，电池组电量为 47.5kW·h，其主要技术参数如表 2-2 所示。

表 2-1　比亚迪 e5 动力电池参数

参数	说明
单体外形	

续表

参数	说明
单体电池质量/kg	1.7
单体电池电压/容量	3.3V/75A·h
电池类型	磷酸铁锂电池
单体电池外形尺寸/mm	218×135×30
充电终止电压/V	3.6
放电终止电压/V	2.0

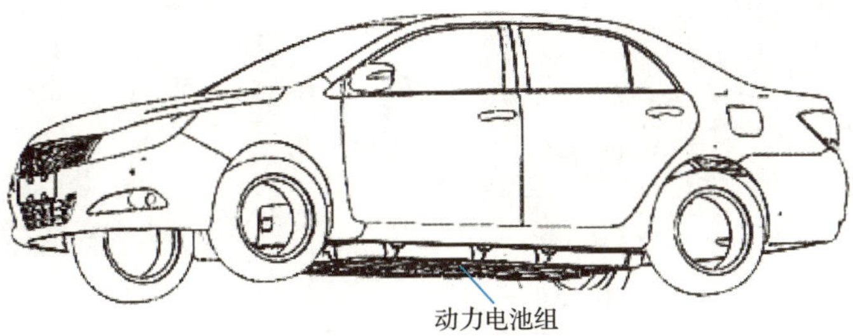

图 2-6　比亚迪 e5 动力电池组安装位置

表 2-2　比亚迪 e5 动力电池组主要技术参数

单体电池容量/(A·h)	75
额定电压/V	633.6
储存温度/℃	−40～+40，短期存储（3 个月）25%≤SOC≤40%
	−20～+35，长期存储（<1 年）30%≤SOC≤40%
质量/kg	不超过 490

整个电池组由 13 个电池模组串联组成，每个电池模组均由 10～20 个单体电池串联组成，单体电池总数为 198 个，单体电池电压为 3.3V，电池组内部有两个分压接触器、1 个正极接触器、1 个负极接触器、采样线束、电池模组联结片和连接电缆等。比亚迪 e5 动力电池组如图 2-7 所示。

图 2-7　比亚迪 e5 动力电池组

比亚迪 e5 高压电控总成

比亚迪 e5 高压维修开关

比亚迪 e6 动力电池认知

3. 比亚迪 e6

与比亚迪 e5 一样，比亚迪 e6 同样采用磷酸铁锂电池，该电池由比亚迪自主生产。比亚迪 e6 动力电池组由 92 个单体电池组成，分别组装在 10 个电池模组中，如图 2-8 所示。该电池组工作电压为 303.6V，总容量为 270A·h。电池组寿命满足电动车行驶 60 万 km、使用 10 年的性能要求。

图 2-8 比亚迪 e6 动力电池组

比亚迪 e6 动力电池组参数如表 2-3 所示。

表 2-3 比亚迪 e6 动力电池组参数

电池组型号	e6HA-92S-C15
零部件编号	11659106-00
工作电压/V	303.6
电池组容量/(A·h)	270
电池系统供应商	惠州比亚迪电池有限公司
供应商代码	VBYDH020

4. 吉利帝豪 EV300

吉利帝豪 EV300 采用宁德时代新能源科技股份有限公司的三元锂电池，单体电池额定电压为 3.65V。吉利帝豪 EV300 整个电池组由 17 个电池模组组成，其中前面 7 个电池模组是 1 并 5 串的结构，后面 10 个电池模组是 1 并 6 串的结构，整个电池组是 1 并 95 串的结构，电池组的总电压为 346V。电池组容量为 126A·h，总质量为 354kg，总电量约为 44kW·h。吉利帝豪 EV300 电池铭牌如图 2-9 所示，吉利帝豪 EV300 电池组如图 2-10 所示。

吉利帝豪 EV300 动力电池认知

吉利帝豪 EV300 动力电池总成安装在车体下部，如图 2-11 所示。动力电池组的组成部件包括各电池模组总成、CSC 采集系统、电池控制单元、电池高压分配单元、维修开关等。

吉利帝豪动力电池认知（带维修开关）

部分车型动力电池总成带维修开关。维修开关位于动力电池总成中间表面位置，打开驾驶室内副仪表杂物箱开关即可操作维修开关，在对高压零部件进行检查和维护前，断开维修开关可以确保切断高压。维修开关如图 2-12 所示。

吉利帝豪 EV300 动力电池接口如图 2-13 所示，包括高压接口、低压接口、快充接口、冷却水管等。

图 2-9 吉利帝豪 EV300 电池铭牌

图 2-10 吉利帝豪 EV300 电池组

图 2-11 吉利帝豪 EV300 动力电池总成安装位置

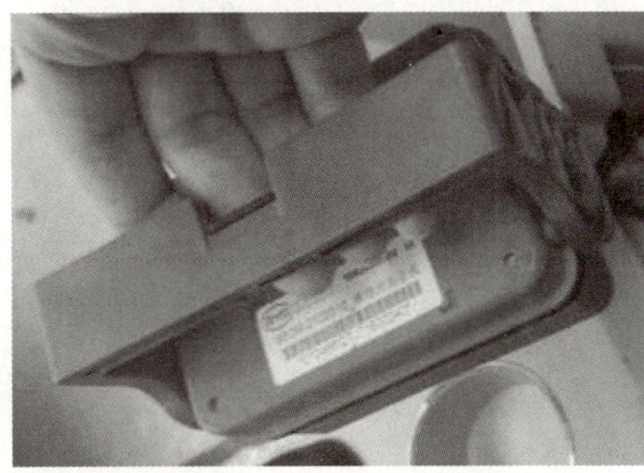

图 2-12 维修开关

图 2-13 吉利帝豪 EV300 动力电池接口

5. 上汽荣威 E50

上汽荣威 E50 动力电池组采用的是美国 A123 电池，单体电池额定容量为 60A·h，额定电压为 DC 300.3V。该电池组总电量为 18.018kW·h，总质量为 230kg，工作温度为−20～+45℃。上汽荣威 E50 动力电池总成如图 2-14 所示。每月至少使用车辆一次并对车辆进行均衡充电，慢充 8h；当车辆超过 3 个月不使用时，确保电量在 50%（仪表显示电量 3 格）

左右；不允许车辆在电量低（仪表显示电量 1 格）的情况下停放超过 7 天。上汽荣威 E50 动力电池采用水冷却方式，水冷装置由独立电动水泵、散热器、储液罐等组成。

6. 日产聆风

日产聆风动力电池组由 48 个锂离子电池模组构成，每个电池模组均由 4 个单体电池构成。日产聆风动力电池总成如图 2-15 所示。电池组总电量为 24kW·h，满电时可行驶 160km，慢充 8h 可充满电量，快充 30min 充满 80%电量。

图 2-14　上汽荣威 E50 动力电池总成

图 2-15　日产聆风动力电池总成

7. 丰田普锐斯

丰田第三代普锐斯的动力电池组由动力电池模组、电池智能控制单元、接线盒、采样线束、冷却风扇等组成，布置在行李舱内。丰田第三代普锐斯动力电池组安装位置如图 2-16 所示。

图 2-16　丰田第三代普锐斯动力电池组安装位置

丰田普锐斯采用动力电池类型为镍氢电池，电池组电量为 1.4kW·h。丰田第三代普锐斯动力电池组主要技术参数如表 2-4 所示。

表 2-4 丰田第三代普锐斯动力电池组主要技术参数

电池模组容量/(A·h)	6.5
额定电压/V	201.6
单体电池数	每个电池模组有 6 个单体电池（额定电压 1.2V），6×1.2V =7.2(V)
	共 28 个电池模组，28×7.2V=201.6(V)
质量/kg	不超过 45

知识二　动力电池组的结构与线路分析

学习点拨

通过学习，掌握动力电池组的结构特征及各组件功能；掌握动力电池组线路中接触器及传感器的控制逻辑；会识别动力电池组的组件并对这些组件进行检测评估。

一、动力电池组的外部结构

动力电池组最重要的外部结构特征是高压导线（或高压接口）和 12V 车载网络接口。图 2-17 所示为比亚迪 e5 动力电池组外部结构，其外部组件主要包括托盘、密封盖、高压接口和 12V 车载网络接口。为了对动力电池组进行冷却，部分新能源车辆的动力电池组还具有冷却系统（冷却鼓风机、冷却水泵）接口，可在不拆卸动力电池组的情况下断开连接（高压接口和 12V 车载网络接口）和制冷管路。动力电池组上的提示牌向进行相关作业的人员说明所用技术及可能存在的电气和化学危险。动力电池组位于车外空间，如果由于严重故障导致电池产生过电压，不必通过排气管向外排出所产生的气体，通过动力电池组密封盖上的排气口便可进行压力补偿。

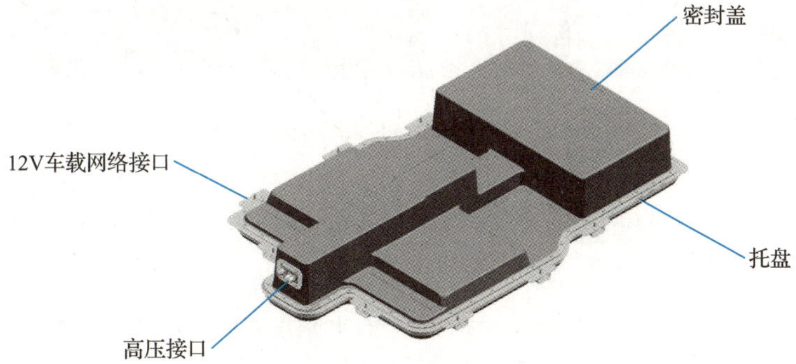

图 2-17 比亚迪 e5 动力电池组外部结构

1. 机械特征

动力电池组的密封盖一般用几十个螺栓并结合密封胶以机械方式与托盘连接在一起。在动力电池组的密封盖上一般粘贴有几个提示牌，如 1 个型号铭牌和两个警告提示牌。

型号铭牌提供标识信息（如电池参数标签和电池编号）和重要的技术数据（如额定电压）。警告提示牌提醒注意动力电池组采用的技术且电压较高，以及可能存在的相关危险。图 2-18 所示为比亚迪 e5 动力电池组密封盖上的提示牌。

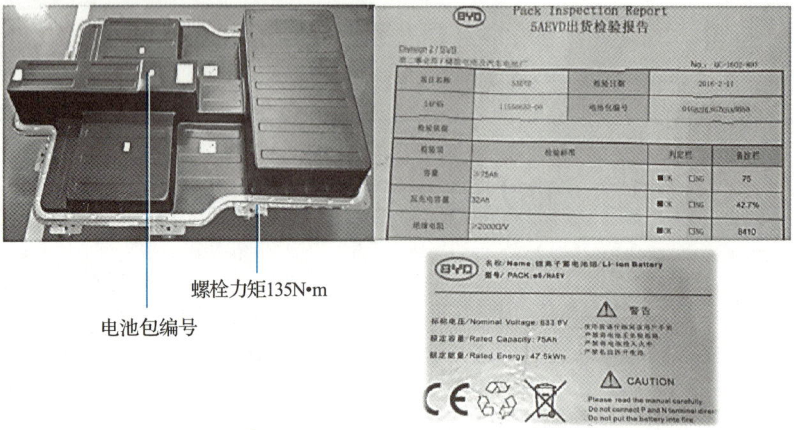

图 2-18　比亚迪 e5 动力电池组密封盖上的提示牌

2. 电气接口及互锁电路

（1）高压接口

在动力电池组上，有一个 2 芯高压接口，动力电池组通过该接口与高压车载网络相连接。图 2-19 所示为比亚迪 e5 动力电池组高压接口。

图 2-19　比亚迪 e5 动力电池组高压接口

围绕高压导线的两个电气触点还各有 1 个屏蔽触点，这样可使高压导线屏蔽层（每根导线各有一个屏蔽层）一直延伸到动力电池组密封盖内，从而有助于确保电磁兼容性（electromagnetic compatibility，EMC）。

此外，高压接口还可防止接触导电部件。由于实际触点带有塑料外套，因此人员无法直接接触触点，只有在连接导线时才压开外套并进行接触。塑料滑块用作机械锁止插头，它还是安全功能的组成部分：当未连接高压导线时，滑块盖住高压触点监控电桥的接口。只有按规定连接高压导线且机械锁止插头已锁止时，才能接触到该接口并插上电桥。这样可以确保只有连接了高压导线时，高压触点监控电路才闭合。该原理适用于新能源汽车的所有高压接口，即动力电池组、电机控制器、车载充电机和电机装置上的高压接口。因此，只有连接所有高压导线后，高压系统才会启用，这样也可以防止接触可能带电的接触面。

（2）12V 车载网络接口

12V 车载网络接口为集成式控制单元提供电压、总线信号、传感器信号和监控信号，是一种低压接口。图 2-20 所示为比亚迪 e5 动力电池组低压接口。

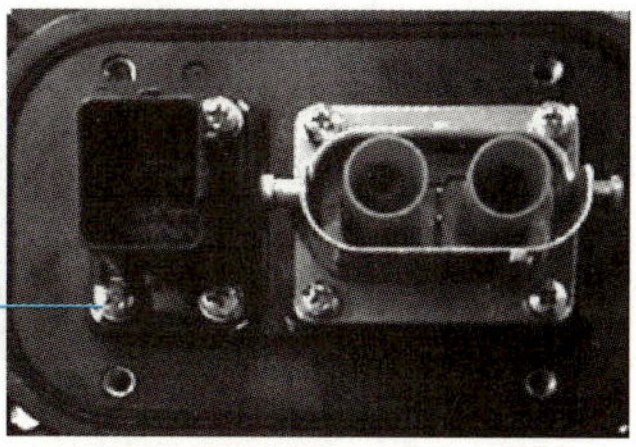

图 2-20 比亚迪 e5 动力电池组低压接口

（3）互锁电路

互锁电路是一种低压电路，在被断路时向控制模块发出信号，或者当动力电池组的维修开关被部分或完全拆下时主动断开电路。但是，维修开关上的互锁电路通常并不是汽车唯一的互锁电路。

新能源汽车基本都会在整车的关键连接部件上使用互锁电路，比如，在高压电缆连接插头处或保护盖上使用互锁电路。这样做的目的是确保在高压系统某部分断接或暴露的情况下，车辆高压系统能够立刻断开。有些车辆还会采用这样的设计：只有当互锁电路断开且车辆以每小时几英里的速度行驶或停车时，汽车才会断电。

为了防止维修开关被意外装回，在维修开关装回车辆后，车辆的高压电路能够连接恢复，但是互锁电路仍处于断开状态。因为维修开关的作用为恢复高压部分电路，同时互锁装置需要确保即使在高压电路被恢复的情况下车辆也不会马上通电，所以只有在维修开关重新装回且互锁电路也被恢复的情况下，才能完成全部的电路复原。如果技术人员忽略了互锁电路的恢复，那么即便把电池组重新与车辆连接，也无法打开车辆的点火开关使车辆成功上电，并且在这种情况下，汽车的显示屏可能会显示故障码（diagnostic trouble code，DTC）。

二、动力电池组的内部结构与线路分析

动力电池组一般由电池模组、串联连接片、机械接触器、传感器、采样线束、电池信息采集器（battery information collector，BIC）、电池组固定压条、托盘和密封盖密封条等组成。通常混合动力汽车的动力电池组可能由 100 多个单体电池组成，而带充电系统的纯电动汽车的动力电池组则可包含数百个单体电池，特斯拉跑车的动力电池组更是使用了 7000 多个单体电池。这是因为特斯拉跑车的动力电池组是由“商用电池单元”组成的，这种电池是消费电子市场上的标准化电池单元。其他主要汽车厂家所采用的大规模生产的动力电池组则尽量减少标准化电池单元的数量，以降低其复杂性。接下来分别以新能源汽车常见的丰田普锐斯镍氢电池、比亚迪 e5 磷酸铁锂电池、特斯拉 Model S 三元锂电池为例进行动力电池组的内部结构特征介绍。

1. 丰田普锐斯镍氢电池

丰田普锐斯动力电池组由电池模组、电池管理器、含接触器的高压接线盒总成、动力电池冷却风扇（无电刷）、维修开关连接器等组成，如图 2-21 所示。

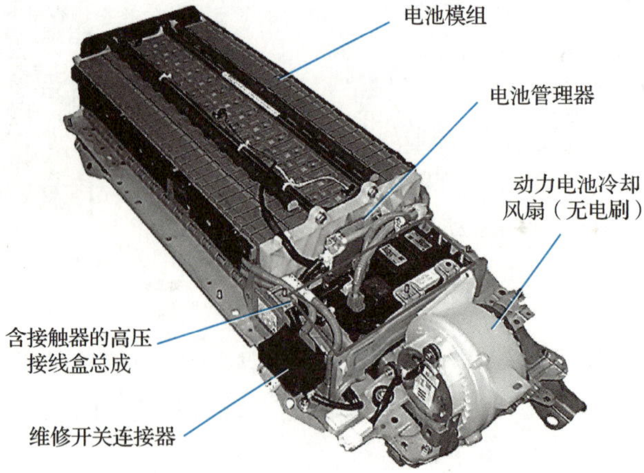

图 2-21　丰田普锐斯动力电池组内部结构

下面对丰田普锐斯动力电池组中的电池模组、BIC、传感器、含接触器的高压接线盒总成进行介绍。

（1）电池模组

镍氢电池单体的额定电压为 1.2V，通常由 6 个或 10 个单体电池构成一个电压为 7.2V 或 12V 的电池模组。丰田普锐斯动力电池组采用的就是这种 7.2V 的电池模组，如图 2-22 所示，每个电池模组容量为 6.5A·h，实测每个电池模组外形尺寸为 274mm×106mm×20mm，质量为 1.1kg，整个动力电池组由 28 个电池模组串联组成，总电压为 201.6V。每个电池模组均不易泄漏且置于密封壳内，电池模组内的电解质是氢氧化钾和氢氧化钠的碱性混合溶液。电解质吸附在蓄电池的电池板内，即使发生碰撞也不易泄漏。

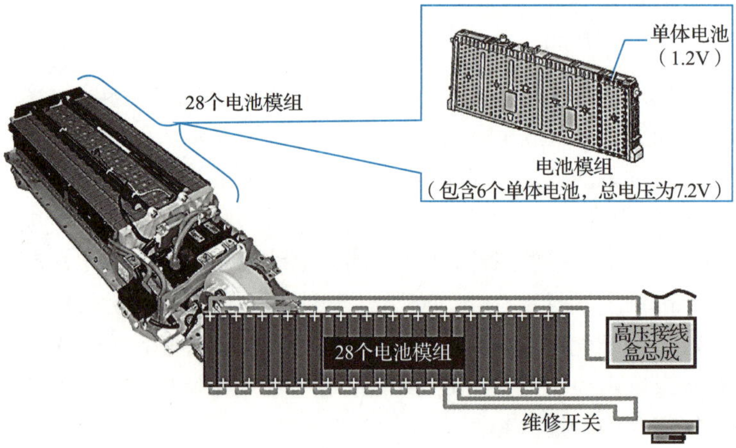

图 2-22　丰田普锐斯动力电池组的构成

镍氢电池的比能量超过 70(W·h)/kg，车辆一次充电的续驶里程不长，但是它的比功率可达 200W/kg，在车辆加速或爬坡时能输出大电流，从而能平稳持续放电来提供大功率，适用于油电混合动力汽车。此外，镍氢电池可实现快速放电和充电，电池耐过充电和耐过放电。

温馨提示

在更换电池模组时必须按顺序进行，因为该顺序信息存储在诊断系统内用于将来进行分析。

（2）BIC

BIC 是专门用于监控电池组传感器测量数据和电池性能的精密模块，许多电动汽车的 BMS 中也包括 BIC 模块。

很多电动汽车控制系统使用 BIC 来监测和报告电池组数据，同时使用另一模块来控制调节电池组。在通常情况下，数据被报告给汽车主驱动系统的 ECU（electronic control unit，电子控制单元），然后 ECU 根据工作条件和驾驶人员的需求命令电池进行相应的充电或放电作业。

如果出现了单体电池、电池模组或部分电路的电压变得不平衡等问题，那么部分带充电系统的电动汽车还可以用 BIC 来帮助 BMS 进行电池电压均衡。

（3）传感器

开路电池电压有时用于估计传统汽车的电池荷电量。例如，汽车电池制造商可能规定 12V 铅酸电池在开路电压为 12.70V 时为 100%充电，开路电压为 11.90V 时为完全放电。尽管这种以测量开路电压来断定电池荷电量的方法并不标准，但偏差不算太大，只是这种方法并不适用于镍氢电池和锂离子电池。镍氢电池和锂离子电池的电压与荷电量之间的关系并不像铅酸电池那样呈线性相关。在电池组充电和放电时，必须对电池进行均衡，这会让荷电量的计算变得更加复杂。

在通常情况下，BIC 至少根据以下参数来计算荷电量：①单体电池或电池模组的电压；②电池组总电流；③单体电池或电池模组的温度。

1）电压传感器。动力电池组的电压传感器能在电池模组的多个测量点进行电压测量，并比较不同电池模组的性能，以确认电池模组有无失去平衡。电压传感器既测量每个单体电池的电压，也测量电池模组或动力电池组的总电压。这使得 BIC 能够对电池进行分段监测，每一段的电压和电量应大致相同。BIC 与每个监测点（通常是被测的单体电池或电池模组的正负极端子）之间通过电压传感线相连接。

例如，一个 288V 的动力电池组由 40 个总电压为 7.2V 的电池模组组成，每个电池模组又分别由 6 个 1.2V（额定电压）的单体电池组成。在电池 ECU 的数据流中，每根电压传感线均由各自独立的 PID 显示测量数据。如果要对该动力电池组的每个电池模组都进行电压监测，则需要 40 根电压传感线。但是，如果每根电压传感线测量的都是两个串联电池模组的电压，那么只需要 20 个电压检测电路就可以对该动力电池组进行电压监测。也就是说，每根电压传感线监测 12 个单体电池的总电压（14.4V）。有些汽车制造商使用 1 根电压传感线来监控多个电池模组，每个被监控的部分均称为模块（block）。

丰田普锐斯电池管理器在 14 个位置上监测电池模组电压。各电池模组均由两个电压监测模块进行监测，如图 2-23 所示。当各电池模组电压低于 2.5V 时，汽车的显示屏可能会显示故障码，并将其保存在 BMS 中。基于失效保护值代替功能，低于 2.0V 的监测值可能不会显示在数据表中。

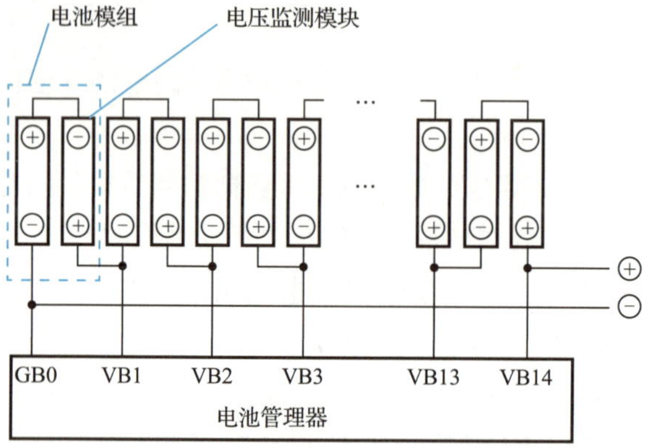

图 2-23　丰田普锐斯电压检测电路

2）温度传感器。动力电池组使用多个温度传感器来监测电池温度。在通常情况下，动力电池组的容量和体积越大，其所使用的温度传感器越多。温度传感器通常被安装在单体电池或电池模组的外部，或者与单体电池、电池模组的正负极端子相连。动力电池组使用的温度传感器少则 3 个，多则十几个甚至更多。一般而言，在 BMS 的数据流中，每个电池组温度传感器都有一个 PID，并且用它的输出电压来表示温度。图 2-24 所示为丰田普锐斯动力电池组上的温度传感器，小巧的温度传感器紧贴在电池表面，十分牢靠，不能单独更换，损坏时要更换动力电池总成。

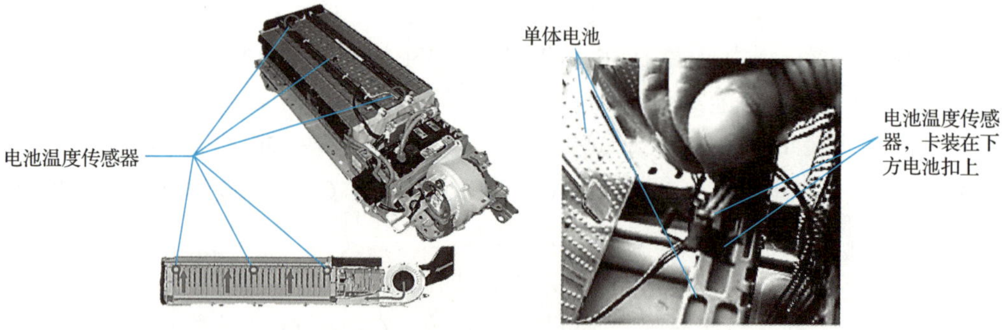

图 2-24　丰田普锐斯动力电池组上的温度传感器

大多数 BMS 在以下情况下需要使用动力电池组温度信息：①计算电池组荷电量时；②计算充电和放电的最大比例时；③为了检测动力电池组温度是否过低或过高时；④为了评估动力电池组冷却系统的性能时。

许多 BMS 还对动力电池组的冷却介质温度进行检测，不同冷却系统的冷却介质不同，风冷系统的是空气，水冷系统的是冷却液。丰田普锐斯动力电池组内置温度传感器的热敏电阻的阻值会随着动力电池组温度的变化而变化。动力电池组温度越低，热敏电阻的阻值越大；反之，温度越高，热敏电阻的阻值越小。在20℃常温下实测热敏电阻的阻值为9.5kΩ，温度约为40℃时降为6.5kΩ，但当温度传感器老化变质后，检测的精度会下降。电池管理器使用电池温度传感器检测动力电池组的温度，并将检测值发送至ECU。ECU根据该检测结果控制鼓风机风扇工作，当动力电池组的温度上升超过预定水平时，鼓风机风扇启动。

3）电流传感器。电流传感器的类型有很多，如互感器（inductive sensor）或分流器，可用来测量动力电池组的输入电流和输出电流。电流传感器一般安装在靠近电池组的位置，通常是在动力电池组的密封盖内。丰田普锐斯动力电池组电流传感器安装位置如图2-25所示。丰田普锐斯动力电池组电流传感器安装在动力电池组总成的正极电缆一侧，用于检测通入动力电池组的电流。有些动力电池组通过使用数目众多的电流传感器来提高监测精度。

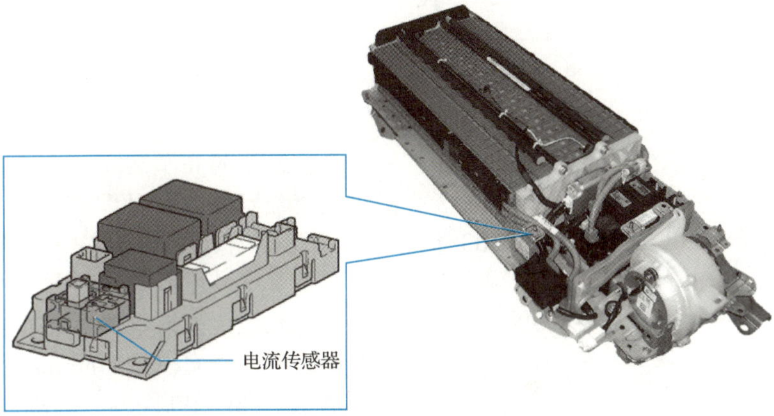

图2-25 丰田普锐斯动力电池组电流传感器安装位置

电动汽车通常将动力电池组的电流表示成正值或负值，单位为安培（如42A，-87A），以显示电池组处于充电状态还是放电状态。根据车型设定不同，解码器读出的数据流含义可能不同：有的车型在电池组放电时显示正值，而在电池组充电时显示负值；还有的车型在充电时电流表示为正值，放电时电流表示为负值。

丰田普锐斯动力电池组电流监测原理如图2-26所示。丰田普锐斯电池管理器从电流传感器端将信号电压输入端子IB，该电压与电流成比例，并在0～5V间变化。电流传感器的输出电压低于2.5V表示动力电池组正在放电，高于2.5V表示动力电池组正在充电。ECU根据从电池管理器端子IB发出的信号来确定动力电池组的充电和放电电流，并通过累计的电流计算动力电池组的荷电量。

（4）含接触器的高压接线盒总成

电动汽车的动力电池组通过高压接触器与车辆的变频器相连，其中包含至少一个高压主接触器。在车辆的正常运行过程中，高压主接触器被接通（电流开始流动）。高压主接触器属于接触型继电器，对电池电流没有任何限制。

汽车制造商使用各种术语来描述高压主接触器，有些制造商称其为接触器（contractors），还有些制造商称其为系统主继电器（system main relays，SMR），它的工作原理与继电器相同。通常接触器接通的功率非常大，从五百瓦到几百千瓦不等。接触器始终为单稳态，即一种结构为断电时开关触点开启，另一种结构为断电时开关触点闭合。接触器原理图如图 2-27 所示。

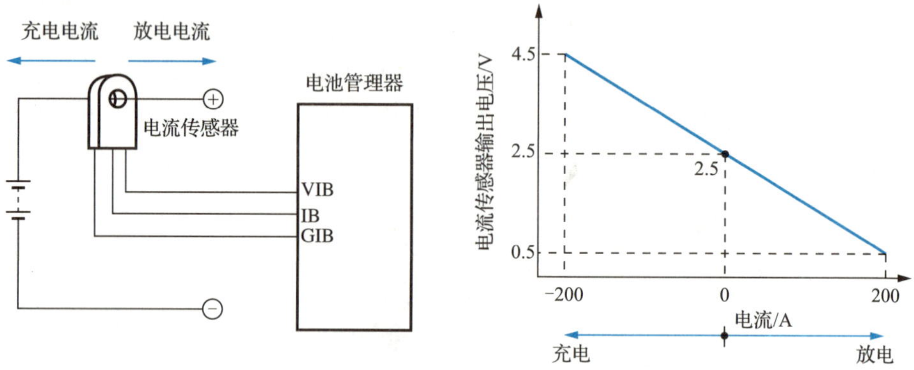

图 2-26　丰田普锐斯动力电池组电流监测原理

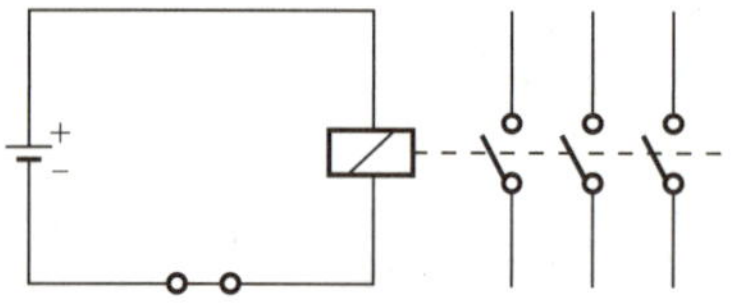

图 2-27　接触器原理图

丰田普锐斯含接触器的高压接线盒总成（图 2-28）通常包含 3 个高压主接触器：SMRB 负责控制高压供电正极；SMRG 负责控制高压供电负极；SMRP（预充电接触器）同预充电电阻一起负责给高压系统预充电。由于供电初期要对变频器中的电容充电，如果不加以限制会导致充电电流过大，从而对高压部件产生很大的冲击，因此需要利用预充电电阻对充电电流进行限制。

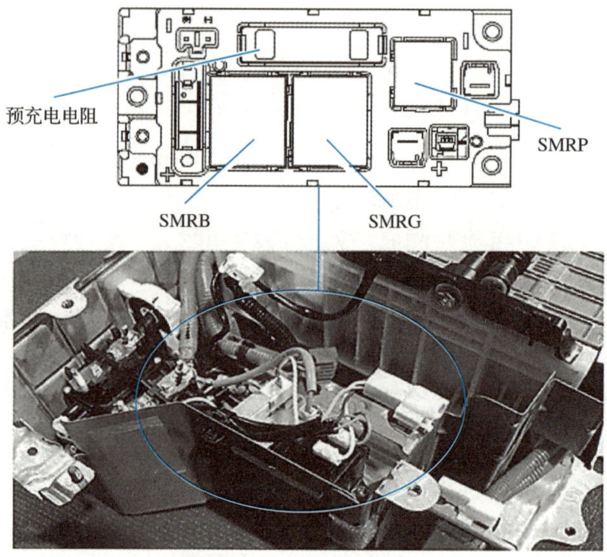

图 2-28　丰田普锐斯含接触器的高压接线盒总成

高压主接触器通常有以下几种功能：①汽车上电时，将动力电池组连接到变频器；②汽车上电时，监测动力电池组和变频器之间的高压电路；③允许高压电流在动力电池组和变频器之间流通；④驱动系统被关闭时，断开动力电池组与变频器的连接；⑤车辆紧急停机时，断开动力电池组与变频器的连接。

在接触器系统中，大多数混合动力汽车和纯电动汽车制造商都使用 3 个高压主接触器，第三个高压主接触器被安装在与前两个高压主接触器相对的位置。换句话说，如果一个预充电主接触器和一个高压主接触器被并联安装在电池组与变频器之间电路的正极一侧，则第三个主接触器将被安装在电池组和变频器之间电路的负极一侧，反之亦然。高压主接触器控制逻辑如图 2-29 所示。

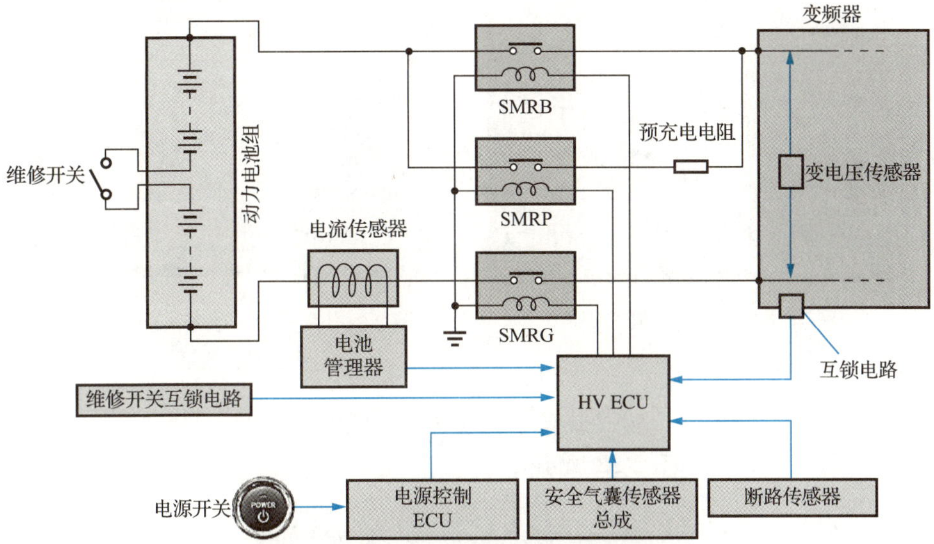

图 2-29 高压主接触器控制逻辑

根据高压主接触器控制逻辑设计的电路，其两侧都受到接触器保护。这是混合动力汽车和纯电动汽车中最常见的高压主接触器配置方式。虽然高压主接触器的负载电路与动力电池组之间接通了高压电流，但该电流通常是由低压（12V）电路控制的，接触器控制电路通过控制模块 HV ECU 进行闭合、断开操作，在汽车上电过程中，HV ECU 通过车辆的 12V 辅助电池进行加电操作。高压主接触器几乎都安装在车辆的电池组密封盖中。当车辆静止时，高压主接触器断开，高压电流未被接通。当车辆上电时，高压主接触器闭合，动力电池组与车辆的变频器相连接。此时，高压电流在动力电池组和变频器之间接通。当车辆断电时，高压主接触器断开，将动力电池组与其他高压电路隔开，但动力电池组本身在任何时候都带电。

电动汽车的动力电池组通常使用预充电接触器限制车辆上电时的电流。预充电接触器通过预充电电阻将动力电池组连接到变频器上，作为高压系统的一个自检程序。如果高压系统的某项自检没有通过，则预充电接触器会立即断开，并生成故障码。动力电池组的电流流经预充电电阻，以规定的速率为变频器电容充电。预充电接触器接通如图 2-30 所示。

通过对变频器电容进行电压监测，车辆的控制系统能够完成以下检查作业：①检查动力电池组和变频器之间的连接是否稳定；②检查变频器的电容电压是否与动力电池组的电压持平；③变频器的电容是否可以在预期的时间内充满电。

如果部件和电路都通过了系统自检，同时电容正确充电，那么与预充电接触器并联安装的高压主接触器（SMRB、SMRG）将接通，如图 2-31 所示。

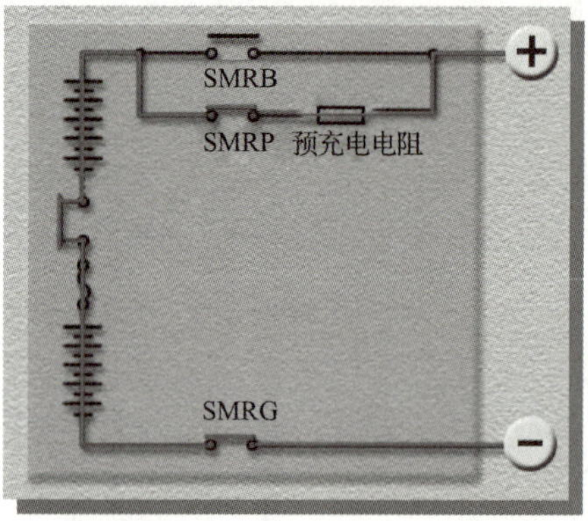

图 2-30　预充电接触器接通

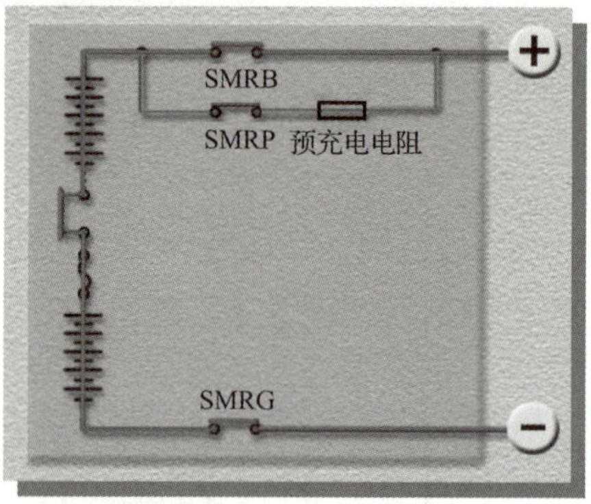

图 2-31　高压主接触器（SMRB、SMRG）接通

SMRB、SMRG 接通时，动力电池组电流没有任何限制，进行的是全电流充电，并且此时预充电接触器断开，如图 2-32 所示。

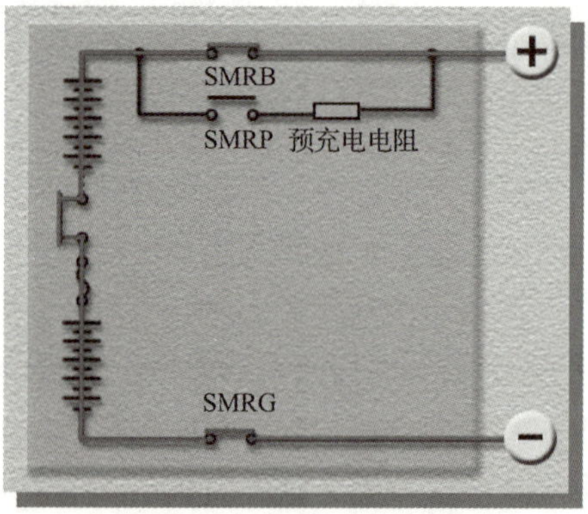

图 2-32　预充电接触器断开

预充电接触器只在自检过程中使用。如果车辆被断电，或者车辆收到车辆驱动系统紧急停机命令，那么高压主接触器也将断开，把动力电池组与充电电路隔开。有些预充电接触器是固态继电器（solid-state relays），也称为半导体继电器。

知识窗

大多数带充电系统的新能源汽车的充电接触器与高压主接触器相连接，从而可将车辆连接到外部充电设备上。少数混合动力汽车和纯电动汽车的高压主接触器被单独连接到动力电池组的正极电路或负极电路。但绝大部分混合动力汽车和纯电动汽车的高压主接触器都是用来同时控制动力电池组的正极电路和负极电路的。所有这些部件对技术人员都有潜在危险，这些部件还是更大系统的组成部分。对这些系统的充分理解是进行维护、诊断、对高压接触器和/或插电式充电系统进行维修作业的先决条件。

2. 比亚迪 e5 磷酸铁锂电池

比亚迪 e5 磷酸铁锂电池组由电池模组、动力连接片、连接电缆、BIC、采样线束、电池组固定压条、密封条等组成，图 2-33 中只给出了部分组成构件。

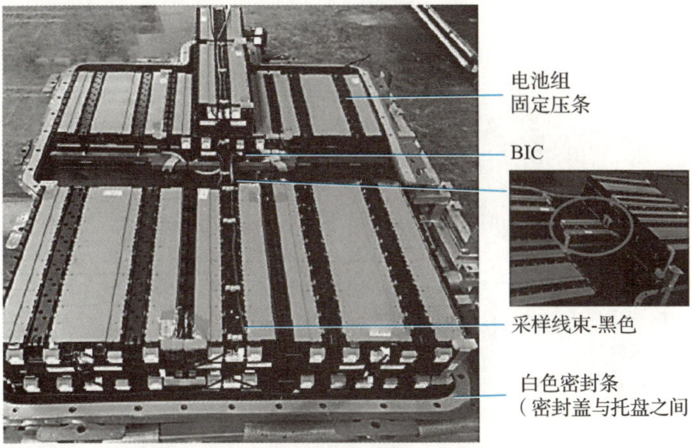

图 2-33 比亚迪 e5 磷酸铁锂电池组内部结构

下面对比亚迪 e5 磷酸铁锂电池组中的电池模组、BIC、接触器与熔断器进行介绍。

（1）电池模组

磷酸铁锂电池单体标称电压是 3.3V，充电终止时的最高电压为 3.6V，最大放电电压为 2.0V。比亚迪 e5 电池模组结构如图 2-34 所示，整个电池组由 13 个电池模组串联组成，总电压为 633.6V，容量为 75A·h；整个电池组高压接口在 1 号电池模组负极、13 号电池模组正极。13 号电池模组在 1 号电池模组的上层，12 号电池模组在 11 号电池模组的上层，6 号、7 号、8 号电池模组分别在 5 号、4 号、9 号电池模组的上层。

比亚迪 e5 有两类电池模组，分别为单列电池模组和双列电池模组，如图 2-35 和图 2-36 所示。

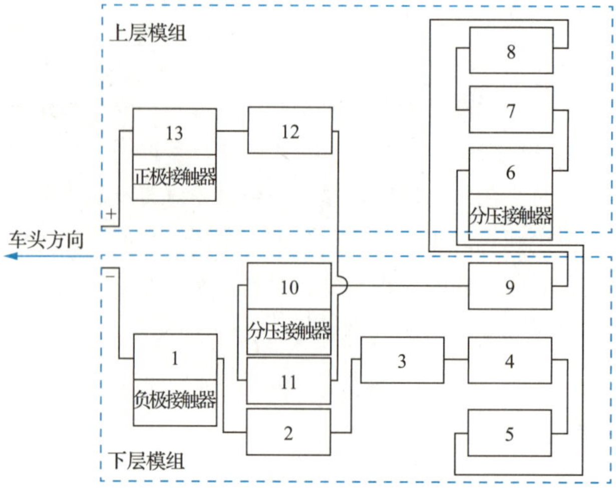

图 2-34　比亚迪 e5 电池模组结构

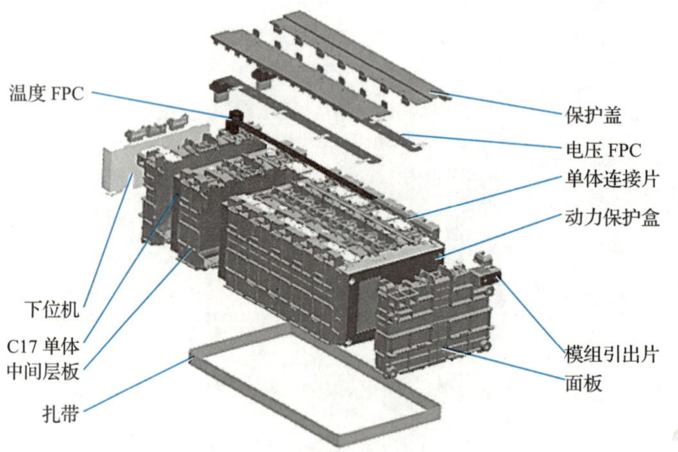

图 2-35　比亚迪 e5 单列电池模组

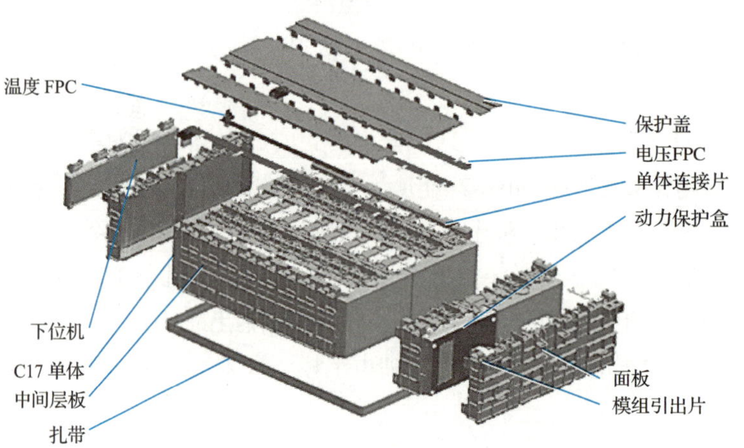

图 2-36　比亚迪 e5 双列电池模组

（2）BIC

比亚迪 e5 单列电池模组和双列电池模组中的下位机即 BIC 的安装位置，如图 2-37 和图 2-38 所示。BIC 主要用于电压、温度和通信信号的采集。

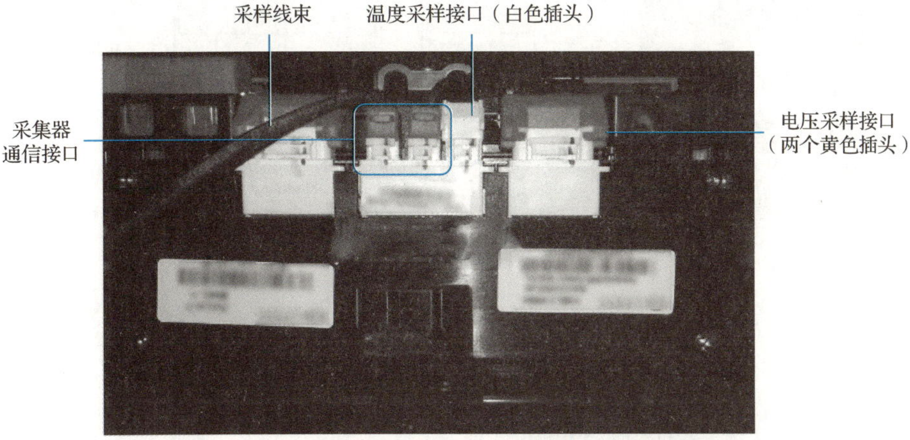

图 2-37 比亚迪 e5 单列电池模组 BIC

比亚迪 e5
信息采集器

图 2-38 比亚迪 e5 双列电池模组 BIC

（3）接触器与熔断器

比亚迪 e5 动力电池组内部有 4 个接触器（电池组的串联与否与其有关）和两个熔断器：两个分压接触器和两个熔断器（6 号电池模组和 10 号电池模组内部各一组），1 个正极接触器（13 号电池模组内部），1 个负极接触器（1 号电池模组内部），如图 2-39 所示，其控制原理和丰田普锐斯接触器类似。

3. 特斯拉 Model S 三元锂电池

特斯拉 Model S 动力电池组由电池模组、连接电缆、电池管理器、采样线束、电池组固定压条、冷却管路、密封条等组成，如图 2-40 所示。16 个电池模组均匀地平铺在壳体上，整体结构紧凑，平铺有利于散热。每个电池模组均由 6 个单体电池包串联而成，但单体电池并没有采用均衡布置，而是采用不规则布置，其目的是方便电池组内的散热管路布置。

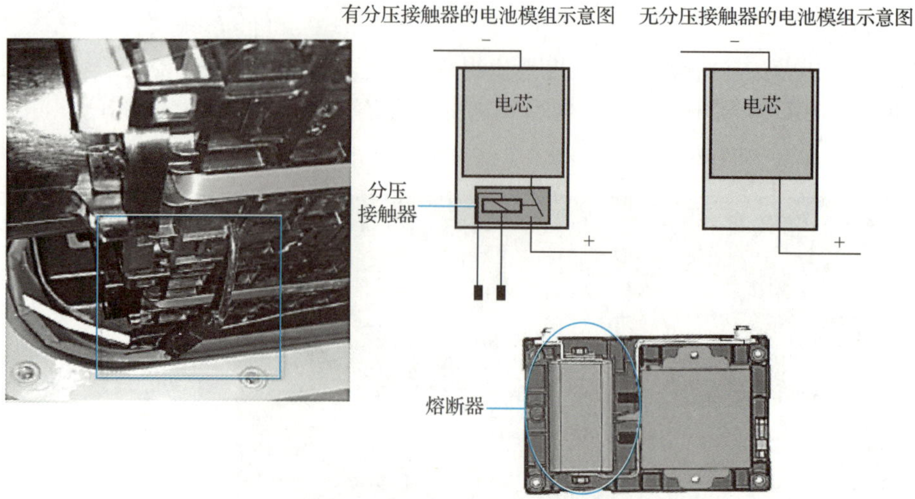

图 2-39　比亚迪 e5 的分压接触器与熔断器

图 2-40　特斯拉 Model S 动力电池组内部结构

下面对特斯拉 Model S 动力电池组的电池模组、熔断器及其控制进行介绍。

（1）电池模组

特斯拉 Model S 动力电池组由 16 个电池模组串联而成，并且每个电池模组均包括 444 个单体 18650 锂离子电池，每 74 个单体 18650 锂离子电池并联成一个单体电池包，整个电池组由 7104 个单体 18650 锂离子电池组成。特斯拉 Model S 电池模组如图 2-41 所示。

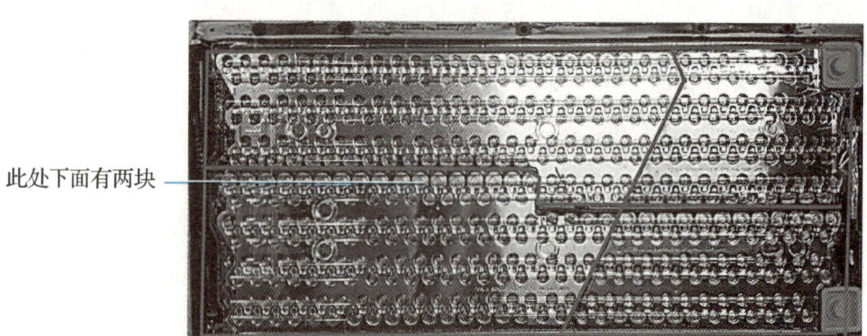

图 2-41　特斯拉 Model S 的电池模组

18650 锂离子电池即普通笔记本电脑通常所使用的电池，多个单体 18650 锂离子电池可以组成单体电池包，多个单体电池包可以组成电池模组，多个电池模组可以组成电池组，多个电池组可以构成电池板。看似简单，但实际需要解决很多连接和散热的问题。18650 锂离子电池单体都有导热的管路，并且都采用绝缘带进行包裹，以防电池和外壳发生短路。特斯拉 Model S 动力电池组的构成如图 2-42 所示。

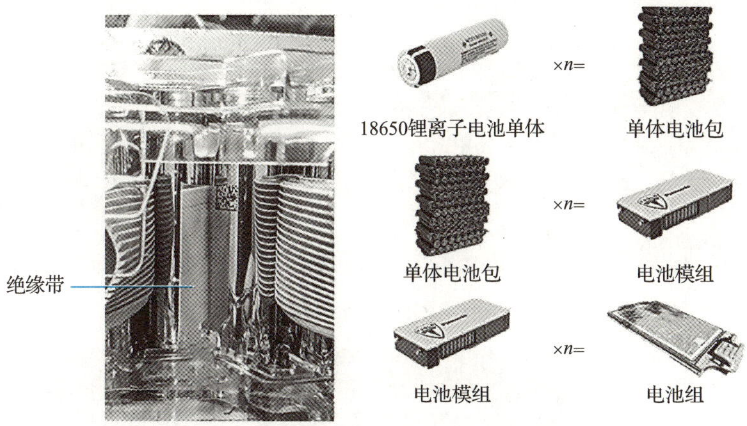

图 2-42 特斯拉 Model S 动力电池组的构成

特斯拉 Model S 的电池模组整体用透明塑料壳包裹，两侧用金属散热护板包裹，其厚度为 0.1～0.18m，属于扁长型电池模组，从而使得车辆重心大大降低。特斯拉 Model S 电池模组的外形特征如图 2-43 所示。

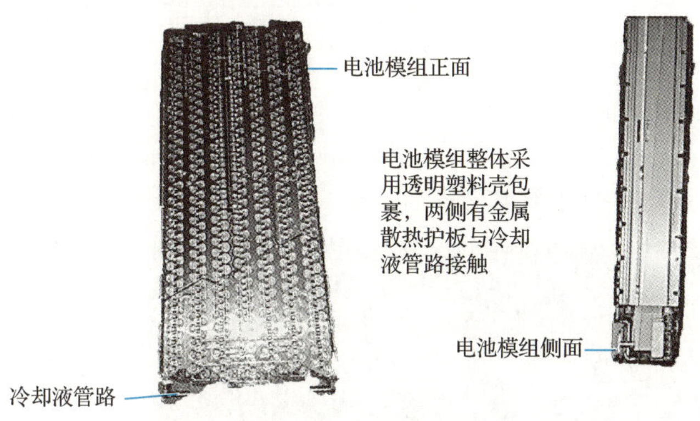

图 2-43 特斯拉 Model S 电池模组的外形特征

（2）熔断器

特斯拉 Model S 动力电池组的总熔断器位于电池组的前端，并且有外壳保护，以防受到撞击，如图 2-44 所示。该熔断器采用德国 Bussmann 公司的产品，其额定工作电流为 630A，额定电压为 690V，分断电流为 700A～200kA。

电池组内每个单体电池都与熔丝（与总熔断器相连）相连接，以防单个单体电池过热导致整个电池组过热。特斯拉 Model S 单体电池所连接的熔丝如图 2-45 所示。电池组中央用采样线束连接到电池管理器，用来监测电池组电压，从而保证电池组正常工作。

图 2-44　特斯拉 Model S 动力电池组的总熔断器

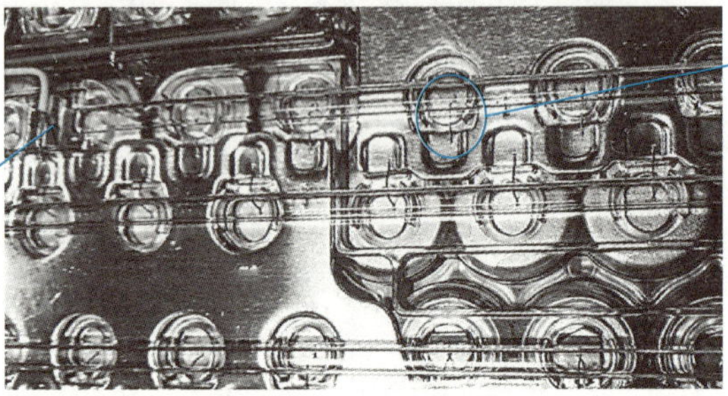

图 2-45　特斯拉 Model S 单体电池所连接的熔丝

（3）动力电池组的线路控制

所有电池模组由一条 2/0 主线串联起来，输出电流，因而 2/0 主线尤其重要。2/0 主线位于电池板中央，并且有护板覆盖，较为隐蔽，如图 2-46 所示。

图 2-46　特斯拉 Model S 2/0 主线安装位置

特斯拉采用美国 Champlain 专门为电动车生产的电缆，其最高可承受 600V 电压，并且可在−70～+150℃的环境下工作。2/0 主线由许多根铜线组成，不仅有护板保护，还有防火材料包裹。特斯拉 Model S 2/0 主线结构如图 2-47 所示。

图 2-47 特斯拉 Model S 2/0 主线结构

2/0 主线汇集电流后连接到输出端的接触器，该接触器是泰科电子有限公司专门为特斯拉生产的。特斯拉 Model S 接触器如图 2-48 所示。

BMS 是对电池组进行安全监测及有效管理，以及提高电池使用效率的装置。对电动汽车而言，通过 BMS 对电池组充放电进行有效控制可达到增加续驶里程、延长使用寿命、降低运行成本的目的，并保证电池组应用的安全和可靠。特斯拉 BMS 为其自主研发，拥有高度的知识产权，该系统能自行处理充放电及发热问题。每一个电池模组都有其独立的电池管理器，该电池管理器位于电池模组的侧面。特斯拉 Model S 电池管理器如图 2-49 所示。

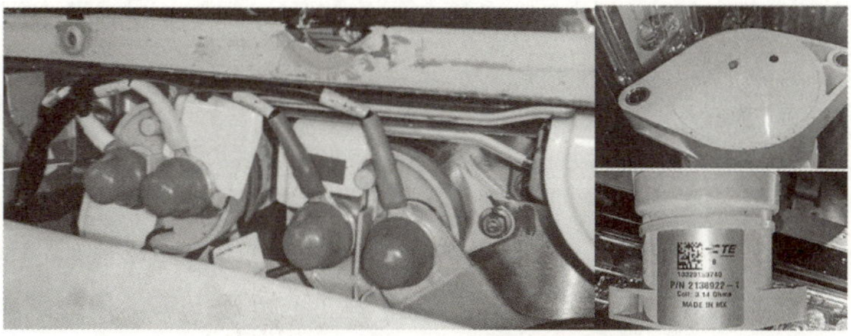

图 2-48 特斯拉 Model S 接触器

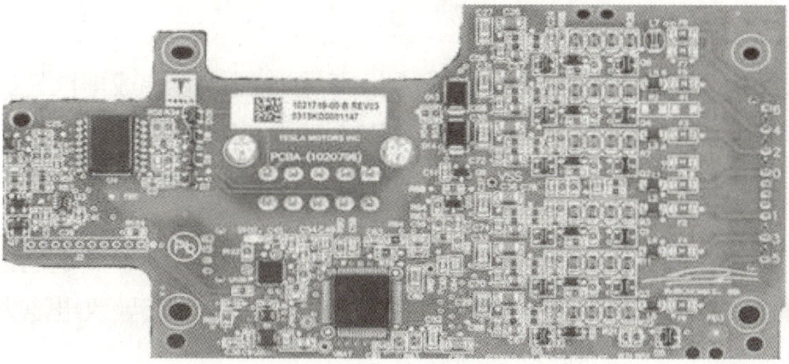

图 2-49 特斯拉 Model S 电池管理器

知识三　动力电池组常见故障

学习点拨

通过学习，会判断动力电池组故障。

1. 内部短路

内部短路是指电池内部正极与负极间发生短路的现象。内部短路主要由隔膜的破坏、混入导电性杂质、形成枝晶等造成。

电池模块的认知

电池组的认知

2. 析气

析气是指电池在充电过程中产生气体的现象。析气是由以电解质运动为特征的电解作用生成的气体造成的。析气对电池而言是一种有害副反应，它会降低电极强度，减短电池的循环寿命。因此在设计电池时，应采取相应的措施，以减少或避免析气现象的出现。

3. 热失控

热失控是指电池在充放电过程中，电流与温度之间一种累积的相互增强的作用而导致电池损坏的现象。

4. 反极

反极是指电池正常极性发生改变的现象。一种反极是指在组装电池组时，个别单体电池的极性与设计规定相反的现象。另一种反极是指多个单体电池串联组成的电池组由于过放电引起其中个别容量较小的单体电池的正极电势低于负极电势的现象。电池长期反极而不予纠正将会失效甚至引起爆炸事故。

5. 漏液

漏液是指电解质泄漏到电池外部的现象。由于电池漏液会造成电池短路，因此控制漏液技术往往成为检验电池质量和考验制造技术是否成熟的标准。

6. 过充电

过充电是指电池完全充电后仍持续充电的现象。过充电可能导致电池内压升高、电池变形、漏液等情况的发生，并导致电池的性能降低，严重时可能导致电池失效。

7. 过放电

过放电是指电池放电至低于放电终止电压的放电现象。

8. 电池的不一致性

电池的不一致性是指规格型号相同的单体电池在电压、内阻、容量等参数上存在差别。

（1）电池不一致性的形成原因

单体电池的初始不一致性来自生产环节。由于材料的不均匀性，生产制造过程中的技术工艺精度误差，以及环境温度等原因，电池在内部结构和材质上存在差别，对外即表现为初始性能参数的不一致。

（2）电池不一致性带来的影响

由于单体电池容量存在差异，因此容量小的单体电池在充电过程中会提前进入过充电状态，而在放电过程中则提前进入过放电状态。随着连续的充放电循环，对单体电池而言，每次过充电/过放电程度甚于单体电池的单独使用，而当一个单体电池特性恶化时，会引发多米诺骨牌效应，导致电池组其他单体电池特性恶化，从而使电池组提前失效，这是影响电池组寿命的重要因素。

1）内阻不一致的影响。内阻不一致会导致串联电池组在放电过程中内阻大的电池能耗更高，产生大量的热量，局部温度持续升高会导致电池变形甚至爆炸。在充电过程中，内阻大的电池提前达到允许电压限值而不得不在未充满电时即中止。并联电池组在充放电过程中，由于内阻不一致，因此单体电池分配的充放电电流不同，相应的充放电容量也不相同，从而影响电池组的能量特性和寿命。

2）电压不一致的影响。由于单体电池电压不一致，因此在串联电池组中会发生单体电池间的互充电，造成能量损耗，达不到预期的能量输出。电池的充放电都受终止电压限制，在串联电池组中，由于电压不一致，因此在充电过程中电压高的单体电池会提前达到充电终止电压，为了避免过充电，整个电池组终止充电，充电性能下降。同样，在放电过程中，电压低的单体电池会提前达到放电终止电压，电池组的放电性能也会受到影响。

3）容量不一致的影响。同一规格的电池有相同的最佳放电率，但由于容量不一致，不同电池的最佳放电电流不同，放电深度也不同。在电池组的充电过程中，容量小的单体电池将提前充满电。这样，当电池组中其他单体电池充满电时，小容量的单体电池必将过充电，充电后期充电电压偏高甚至超出单体电池电压最高限值，形成安全隐患，影响整个电池组的充电性能。

知识四 动力电池组的安全作业与拆装

学习点拨

通过学习，能按照安全作业规范正确地完成动力电池组的更换。

一、动力电池组的安全作业

混合动力汽车和纯电动汽车使用的动力电池组可能会给技术人员带来很多特殊的安全隐患。相比传统的12V电池，动力电池组的工作电压要高很多，因此必须严格按照安全操作规范进行相关作业。

车辆下电后，动力电池组内仍有电。由于安全防护措施只能阻断动力电池组的电路，而不能对电池组本身做出防护，因此，相比在汽车上进行电池相关作业，当技术人员将动力电池组从汽车上拆卸下并进行直接接触的操作时，他们与动力电池组会更加贴近，在进行操作时也更加危险。在动力电池组维护作业的各个环节，包括诊断、维修到拆卸、搬运、存储及废弃处理等，技术人员一定要全程谨慎从事，以免触电，或者造成电池组或车辆损坏。

对技术人员来说，动力电池组的电解质也是一个危险因素。大多数动力电池组的电解质对人体组织具有严重的腐蚀性，即可能化学烧伤人体组织，如人的眼睛。有些电解质还具有易燃性。

在拆卸动力电池组之前必须掌握的知识及技能如下：①混合动力汽车和纯电动汽车的驱动系统下电/断电；②目视检查、现场检测和高压绝缘手套定期质检；③根据汽车厂家规定对变频器电容进行放电；④拆卸高压维修开关时必须佩戴高压绝缘手套；⑤正确使用高压仪表和表笔测量电压等级；⑥主动查找、研究汽车厂家维修信息并复习相关维修操作步骤。

二、动力电池组拆卸的一般准备工作内容和步骤

动力电池组拆卸的一般准备工作内容和步骤为信息收集、工具设备准备、工作区准备、车辆准备。

原则上应只遵守当前汽车厂家维修说明中的规定和说明。在进行维修时，负责修理动力电池组的维修人员必须具有相应的资质，掌握诊断系统和专用工具的精准使用方法，并严格遵守维修说明。

只允许具有动力电池组修理资质的维修人员进行高压部件的拆卸工作，包括进行过“高电压本车型车辆作业专业人员”培训、高电压系统培训，特别是动力电池组修理培训的相关专业人员。

在出现故障时，应在拆卸和打开动力电池组前使用诊断系统进行故障查询。只有当符合检测计划且满足“外部没有机械损伤”前提条件时，才能打开动力电池组密封盖并根据检测计划更换损坏组件。

除更换损坏组件外，不允许对动力电池组内部进行任何修理工作。例如，导线束损坏时不允许进行维修，只能进行更换。在更换损坏组件时，必须严格遵守维修说明中的规定，按一定工作步骤进行操作。正确、合理地使用维修说明中规定的专用工具也非常重要。当维修人员满足所有上述前提条件时，通常可准确并高质量地进行动力电池组的修理。

1. 信息收集

只有在满足一些前提条件时，才允许对动力电池组进行有针对性的修理工作。这些前提条件既涉及经销商，也涉及维修人员。在拆卸动力电池组之前，技术人员应查看汽车厂

家维修信息中有关该部件的拆卸和更换内容。有些维修信息数据库单独列出了拆卸和更换程序中具体部件的注意事项。技术人员还应当查看已发布的车辆技术服务公报（technical service bulletin，TSB），并查看是否有任何 TSB 相关的最新问题可能影响拆卸和更换程序作业。

只允许在具有动力电池组维修资质的经销商处对动力电池组进行修理。在具有“基本服务”服务形式的经销商处可拆卸和安装动力电池组，但不能对动力电池组内部进行修理。如果根据诊断系统内的检测计划需要进行修理，那么必须将车辆或动力电池组运送至具有“扩展型蓄电池服务”或“全方位服务”服务形式的经销商处，并在此进行修理。

2. 工具设备准备

1）在进行部件拆卸和/或更换之前，应准备好专用维修工具（specific service tool，SST）。许多动力电池组，包括一些小型电池组，维修人员必须弯下身才能顺利拆下。而有些动力电池组则必须使用起重机或专用的带吊钩的电池组举升装置才能拆下。例如，必须使用动力电池组的维修开关作为工具才能拆卸丰田普锐斯电池模组盖上的安全按钮，然后才能拆下电池模组盖，这样的设计也保证了技术人员在拆下电池模组盖之前，高压维修开关就已经被拆除。丰田普锐斯电池模组盖拆卸工具如图 2-50 所示。

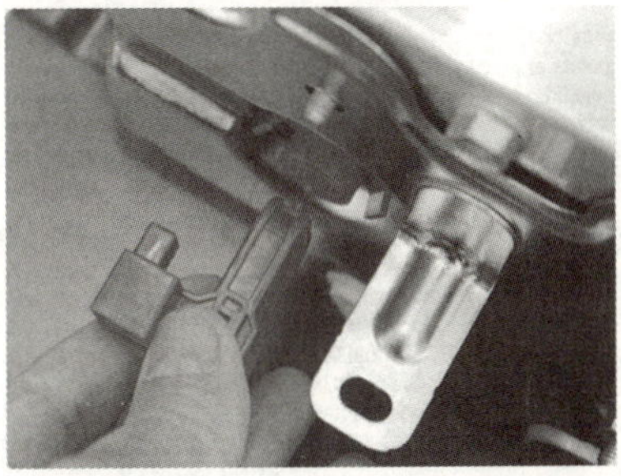

图 2-50 丰田普锐斯电池模组盖拆卸工具

2）拆卸大型动力电池组时必须使用起重设备，许多大型动力电池组必须从汽车下方进行拆卸，这是因为大型动力电池组质量往往很大，有的甚至重达 800 磅（约为 363kg）。有些起重设备可能没有足够的两侧间隙用于拆卸动力电池组，特别是宽度过大的大型动力电池组。

3）用于支撑和降落动力电池组的升降平台车必须能够完全承受动力电池组的质量。该升降平台车的平台部分要足够长、足够宽，能够支撑动力电池组。许多汽车制造商对其动力电池组适用何种规格的升降平台车都进行了明确的资料介绍。图 2-51 所示为升降平台车。

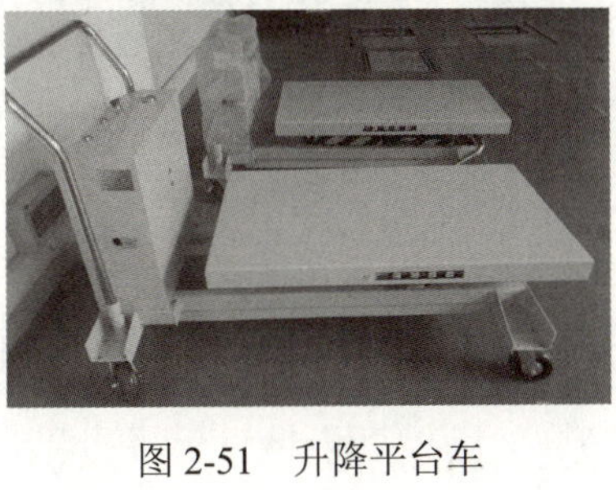

图 2-51 升降平台车

4）车辆制造商可能建议或要求在动力电池组和升降平台车之间加一个托盘，以减小拆卸和安装过程中动力电池组的挠曲变形。有很多车辆制造商都要求将动力电池组绑在升降平台车上，然后才能将其降下。在拆卸动力电池组之前，必须查看生产商关于动力电池组拆卸和存储的操作步骤。

总结而言，主要的拆卸动力电池组的专用工具如下：①升降平台车，以及用于拆卸和安装动力电池组的适配接头套件；②动力电池组的电池模组充电机；③用于修理动力电池组后进行试运行的性能测试仪；④用于拆卸和安装电池模组的起重设备；⑤用于松开动力电池组内部卡子的塑料装配楔；⑥用于整个动力电池组的起重横梁；⑦隔离带；⑧带发光条的黄色警示锥筒。

3. 工作区准备

在拆卸动力电池组之前，技术人员必须准备一个绝缘的台面用于放置拆下来的动力电池组，以免发生电解质泄漏的动力电池组通过工作台与地面短接。必要时，在工作台上铺设绝缘垫，以实现一定范围的绝缘。

如果动力电池组的冷却系统是水冷式的，那么在拆卸动力电池组之前，必须确保将其冷却回路内的冷却液尽可能完全排干。技术人员应将车辆的膨胀散热器出口封闭，使散热器中的冷却液无泄漏，并在排干动力电池组的冷却液后将其冷却回路的入口和出口封闭，以确保没有异物进入冷却液进出口。

动力电池组修理工位必须洁净（无油脂、无污物、无碎屑）、干燥（无溢出液体）且无飞溅火花（不靠近车身维修区域），必须避免工位紧靠车辆清洗场所（清洗车间）或车身修理工位，如有可能应使用活动隔板进行隔离。维修工位隔离如图 2-52 所示。

图 2-52　维修工位隔离

为了防止未经授权人员进入工位（资质不够人员、客户、到访者等），以及无法确保高电压作业安全或出现不明状态时，应使用隔离带。在离开工作区域时，建议竖立发光黄色警告提示牌。

4. 车辆准备

技术人员在准备车辆时通常应做好以下工作：①确保拉起车辆的驻车制动器；②关闭车辆的驱动系统；③断开车辆的12V辅助电池；④留出足够的时间使变频器电容充分放电；⑤拆下车辆的维修开关。

许多混合动力汽车和纯电动汽车都需要在车辆12V辅助电池断开连接之前和/或之后采取特殊的防护措施，这些防护措施包括但不限于：①车辆下电后，需要等待维修手册中规定的时间，然后才可断开12V辅助电池；②断开12V辅助电池后，需要等待规定的时间，然后才可进行车辆作业。

某些客车或货车的舱门必须保持打开状态才能将车辆的12V辅助电池重新连上，并且舱门不能用机械钥匙打开。在这种情况下，技术人员必须使舱门保持打开状态，并采取措施，以确保舱门不会无意中被关上。

温馨提示

具体的变频器电容放电所需时间需要参考汽车厂家维修信息。某些车辆要求在车辆下电且拆下维修开关之后，至少等待10min，以使变频器电容充分放电。

有些汽车制造商要求在拆卸锂离子电池组之前必须放电到规定的荷电量以下。有些制造商要求技术人员在拆卸动力电池组之前必须检查电池组温度传感器的温度反馈值，以确保电池组温度降至规定温度以下。

温馨提示

在拆卸车辆之前，技术人员必须从正在运转的车辆的数据流中收集此类信息。

三、高压部件的拆装规范及注意事项

1. 高压部件拆装安全操作规范

1）在了解部件拆卸程序（见汽车厂家维修信息）后，技术人员应检查并测试所佩戴的高压绝缘手套，确认高压仪表和表笔能够正常工作，再对测试点进行电压测量，确认无电压或电压很低。任何裸露的高压端子和连接部件在断开连接后都要立即使用绝缘胶带进行绝缘和固定。

2）掉落的紧固件、工具或其他导电物体都可能造成高压部件暴露部分出现短路问题。为了降低短路的风险，技术人员在进行车辆作业之前，应取下所佩戴首饰及金属制品。在进行车辆作业过程中，技术人员需要将所有松动零件和紧固件从车上取下并存放好。在拆卸紧固件时，应避免在棘轮上使用万向接头，因为万向接头可能意外转动触碰其他地方，从而造成短路。松动的零件和紧固件也可能导致短路。技术人员应按要求使用绝缘工具。

3）在打开的动力电池组内作业前，必须使固定在壳体内部、电池模组之间的高压导线与接口侧断开。

4）在拔下和插上BMS的绝缘监控导线时，必须特别小心，因为该导线上存在高电压。在拔下插头时，必须注意不要拉动导线。

5）在插上BMS的绝缘监控导线时，必须检查其插头是否正确锁止，以避免无法识别，出现绝缘故障。

6）在整个作业过程结束之前，技术人员如果必须离开工作区域，那么应该重新安装好部件的安全盖，关闭车辆的发动机盖和行李舱盖，并锁上车辆，带走车辆钥匙。在电池模组盖已被拆下的情况下，应盖上拆下的动力电池组的密封盖并用螺栓紧固，防止无意间打开，用隔离带隔开工作区域，车辆的动力电池组必须有人照看。

7）必须注意的是，在拆卸和安装电池模组时，不要松开电池模组上的塑料盖板，因其下面装有导电电池接触系统。

8）取下电池模组上的塑料盖板后不允许再进行组装，必须通知技术支持部门进行相应处理。

9）不要将任何工具遗忘在动力电池组壳体内，装回动力电池组密封盖前，应检查工具箱内的工具是否完整。丢失或掉落在动力电池组壳体内的小部件或螺栓务必取出。为确保在修理动力电池组时不丢失螺栓，建议使用磁力工具。

2. 机械和电气诊断

1）分析影响拆卸的因素（如双重接触器贴标）。

2）分析无法准确反映动力电池组内部状态的故障（如内部绝缘）。

3）根据诊断结果，确定修理措施并打印位置图。

4）直观检查处于安装状态的壳体、接口及排气单元是否存在污物和损坏。排气单元隔膜损坏说明电池可能损坏。如果电池已损坏，那么在打开动力电池组进行内部结构检查时需要特别小心。

5）只有完成动力电池组修理工作后，才允许删除故障码存储器记录。

3. 充电状态匹配

1）当需要更换电池模组时，应确定正常电池模组的充电状态和电压水平。

2）在更换所有电池模组时，应使用新电池模组的充电状态/电压作为参考值。将充电机/放电机连接在新电池模组上，读取充电状态/电压并将其用作所有其他电池模组的参考值。

4. 注意事项

（1）机械损伤检查处理及防范

1）在进行每项工作步骤之时、之前和之后，都应对作业组件进行直观仔细检查。例如，在拆卸某一组件时，应检查由此松开的其他组件是否损坏。

2）当壳体或内部高电压组件损坏时，必须联系技术支持部门，微小划痕除外。当壳体或内部高电压组件损坏时，为安全起见，应立即停止动力电池组作业。

3）为修理动力电池组而打开其密封盖后，应先直观检查是否存在机械损伤。

4）许多高压部件都很重，需要两个人才能将其搬离车辆，在搬运时应注意避免使高压部件产生机械损伤。有些高压部件太重而不能用手拆下，必须用特殊的设备才能拆下。

5）在高压组件或连接件上或在其附近，禁止使用带有尖锐刃口或边缘的工具或物体，如禁止使用螺钉旋具、侧面切刀、刀具等，但允许使用装配楔。在 12V 车载网络导线束上允许使用侧面切刀打开导线扎带。不允许切开高压导线上的扎带，可以松开卡子或将高压导线连同支架部件一同拆卸。

（2）电池组的清洁

1）在拆卸盖板前，应清除动力电池组盖板区域内的残留水分和粗杂质。

2）当动力电池组内部有杂质时，明确原因后应对相关部位进行仔细清洁，清洁时应使用以下清洁剂或清洁设备：①酒精，②风窗玻璃清洗液，③玻璃清洗液，④蒸馏水，⑤带塑料盖的吸尘器。

四、动力电池组的拆装及注意事项

1. 拆装前的准备工作

（1）个人安全防护、场地防护

正确穿戴并检查个人安全护具和设置场地安全防护设备。

（2）工具设备准备

准备好数字万用表、绝缘电阻表、绝缘防护用品、绝缘工具套装、常规工具套装、汽车智能诊断仪、充电桩、动力电池拆装举升设备。

（3）车辆防护

做好车辆安全防护与隔离（车内外三件套、车轮挡块、警示隔离带等）。

（4）抽吸制冷剂

如果车辆通过制冷剂进行动力电池组的冷却，那么需要抽吸制冷剂，如图 2-53 所示。

图 2-53 抽吸制冷剂

（5）高压系统断电

1）踩下制动踏板，切至 P 挡；如果无法切换到 P 挡，那么可使用驻车挡块防止车辆移动。

2）佩戴经相关机构认证的安全绝缘防护手套，断开维修开关（如有）或 HV 熔断器和 12V 辅助电池负极。维修开关的低压和高压电路可在车辆电气接线图中查到。有些汽车制造商要求技术人员在拆下维修开关后安装一个维修开关的保护盖或锁。

在拆卸维修开关时，必须佩戴高压绝缘手套。首先必须确保车辆已经断电，然后等待一定时间（一般为 10min 左右），以便车辆变频器电容放电完全，之后才能拆下维修开关。图 2-54 所示为断开比亚迪 e6 高压安全插头顺序，图 2-55 所示为丰田普锐斯高压安全插头拆装顺序。

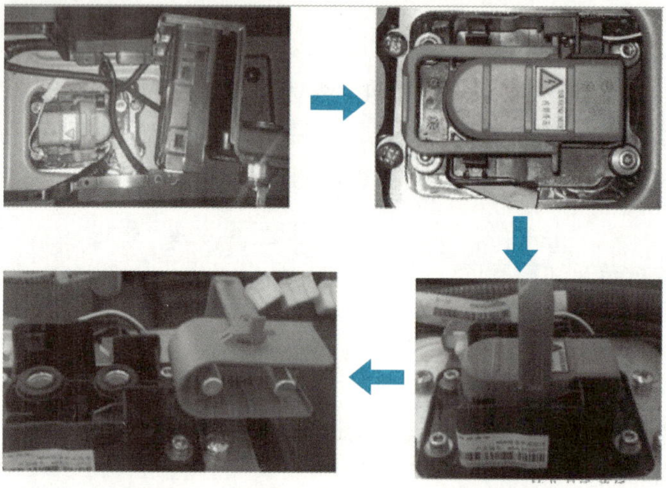

图 2-54　断开比亚迪 e6 高压安全插头顺序

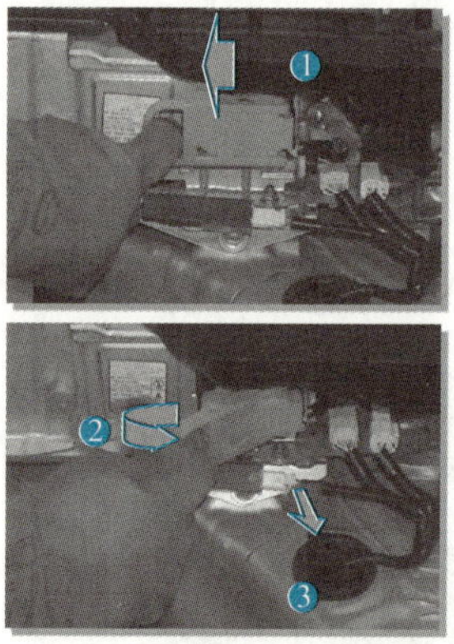

（a）拆卸步骤

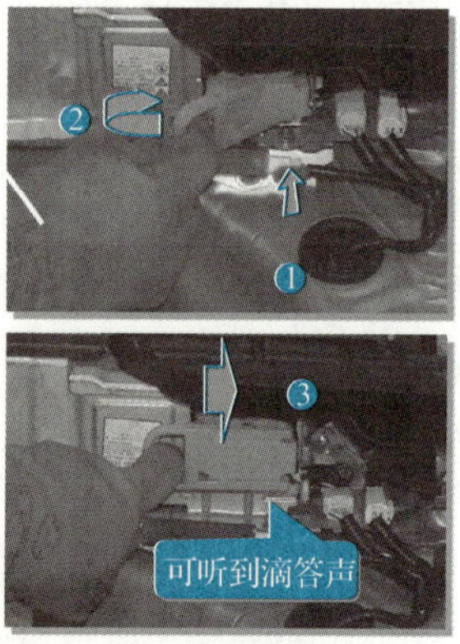

（b）安装步骤

图 2-55　丰田普锐斯高压安全插头拆装顺序

（6）确定高压系统断电

1）在开始检查前等待 10min 左右（使变频器电容充分放电）。

2）任意找一处高压插头拔出，注意不要触碰插脚，以防高压触电。

3）通过测量 12V 辅助电池电压的方式检查数字万用表的好坏。

4）若数字万用表损坏，则需要维修或更换；若数字万用表正常，则使用该数字万用表测量高压系统电压，每两个端子之间，以及每个端子与底盘接地之间的电压均应为 0。高压系统的电压测量如图 2-56 所示。

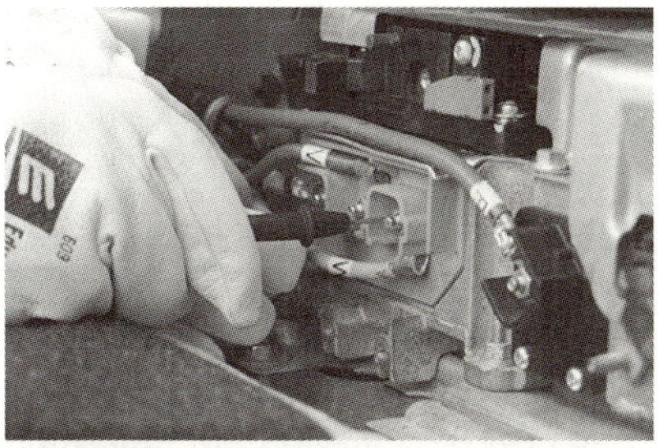

图 2-56　高压系统的电压测量

5）再次使用数字万用表测量 12V 辅助电池的电压，以检查该万用表的好坏。若数字万用表正常且端子间或端子与底盘接地间电压测量值均为 0，则说明高压系统已成功断电。

2. 动力电池组的拆卸

以动力电池组安装在底盘下方为例，拆卸动力电池组的操作步骤及注意事项如下。

1）支撑动力电池组。将车辆用举升机升起，在它下方置入升降平台车，用升降平台车支撑动力电池组。需要注意的是，在举升车辆时应确保举升机的支撑点不支撑在动力电池组上。

2）按规范要求拆卸电池防撞横梁及护板。

3）如果使用水冷式冷却系统，则断开动力电池组进出水管与动力电池组的连接。

4）断开动力电池组高压线束连接器，并做好安全防护。

5）断开动力电池组低压线束连接器。

6）检测动力电池组高压切断电压和漏电电压，并做好记录。

7）拆卸动力电池组搭铁线固定螺母，断开动力电池组搭铁线。

8）拆卸动力电池组固定螺栓。先拆卸动力电池组后部固定螺栓，再拆卸动力电池组前部固定螺栓，最后拆卸动力电池组两侧固定螺栓，如图 2-57 所示。

9）缓慢降下升降平台车，移出动力电池组，如图 2-58 所示。需要注意的是，动力电池组降下过程中升降平台车缓慢向前移动，可以避免动力电池组与后悬架的干涉。

10）使用隔离带将拆卸的动力电池组区域隔离，包括拆卸专用工具和摆放零件的工作台，如图 2-59 所示。

图 2-57　拆卸动力电池组固定螺栓

图 2-58　移出动力电池组

图 2-59　使用隔离带隔离

此时，如果需要更换单体电池，可进行如下操作：①打开动力电池组密封盖；②检查动力电池组内部的工作情况，找到需要更换的单体电池；③拆卸需要更换的单体电池；④安装相同规格的新的单体电池；⑤初步检查动力电池组的工作情况。

北汽动力电池更换　　比亚迪动力电池更换　　奔腾 EVB50 动力电池更换

3. 动力电池组的安装

（1）安装前的准备工作

在将大型动力电池组从原包装中取出前，必须确保包装良好，并且所有说明书和资料都是完整的。有些汽车制造商要求技术人员在安装动力电池组之前，对电池组外壳进行低压力测试。技术人员通常使用手泵或烟雾机进行压力测试，目的是确保动力电池组外壳不发生泄漏。有些汽车制造商使用特殊的定位销引导大型动力电池组安装到位。

在组装新电池模组前，必须使新电池模组的充电状态达到之前读取剩余电池模组充电状态水平。在更换所有电池模组时，可使用一个电池模组的电压作为所有其他电池模组的额定充电电压（使用专用设备读取），从而确保充电时间最短。将已拆卸动力电池组的电池管理器（或电池采集器）安装到新动力电池组上。

使用合适的清洁剂（如酒精、风窗玻璃清洗液、玻璃清洗液、蒸馏水）清洁、冷却通道部分和下部电池模组。当需要清洁部位存在粗杂质时，可在确定原因后使用带塑料盖的普通吸尘器进行清洁。将导热剂涂覆在露出的冷却通道部分。将新电池模组的序列号记录在位置图上，因为之后需要将其输入诊断系统内。对于带有冷却模块的动力电池组，在更换所有电池模组时，还要更换冷却模块。

此外，安装前还需要进行下列检查：①检测动力电池组绝缘电阻；②检查电源线、插头、延长线、保护器是否破裂或损坏；③检查是否有过热、冒烟、冒火花的现象；④检查是否有动力电池系统损坏（如破裂）、动力电池组漏电现象；⑤检查动力电池系统、电源线是否出现进水现象；⑥检查高低压插接件是否与说明书不一致或不能正常对接。

（2）安装电池模组

如果只需要更换其中一个电池模组，则其安装步骤如下：①使用专用工具小心抬起电池模组，包括电池管理器（或电池采集器），在操作时注意相邻部件，特别是高压导线；②使用绝缘套筒头安装电池模组的紧固螺母，并按规定力矩拧紧；③将 BMS 线束的插头与 BMS 连接在一起；④安装并固定拆下的隔板；⑤插上相关电池模组的高压插头；⑥连接电池模组与壳体上固定导线之间的高压导线。

应将新电池模组的序列号及其在动力电池组内的安装位置记录在从诊断系统中打印的单子上。在诊断系统内，有一项服务功能用于修理后进行动力电池组试运行，在此必须将新电池模组的序列号输入 BMS 内。

（3）安装动力电池组的密封盖

先检查动力电池组密封盖下部的密封面并清除可能存在的污物，然后两人协力小心放上密封盖，在此必须注意不要让尖锐棱边接触密封垫。

由于采用自攻螺栓，因此在使用工具继续工作前必须用手小心安装，否则存在密封盖下部螺纹损坏危险。不允许使用电动螺钉旋具，否则可能导致螺栓/螺纹断开。

按规定力矩拧紧螺栓。将单独提供的警告信息贴纸粘贴在密封盖上。

（4）将动力电池组安装到车上

1）清洁和检查动力电池组外表面。

2）用万用表测试更新的动力电池组母线是否有电压输出。

3）安装动力电池组定位销。

4）举升动力电池组。利用升降平台车小心使动力电池组移回车辆下方，缓慢举升升降平台车，调整升降平台车位置，使动力电池组上的安装孔与车身上的安装孔对齐，如图 2-60 所示。

5）按规定力矩安装并紧固动力电池组固定螺栓（如比亚迪 e5 动力电池组的拧紧力矩规定为 135N·m），先安装动力电池组后部固定螺栓，再安装动力电池组前部固定螺栓，最后安装动力电池组两侧固定螺栓，如图 2-61 所示。

图 2-60 举升动力电池组

图 2-61 安装并紧固固定螺栓

6）安装动力电池组搭铁线，紧固动力电池组搭铁线固定螺母。

7）安装动力电池组低压线束连接器，插接时注意“一插、二响、三确认”。

8）安装动力电池组高压线束连接器，插接时注意“一插、二响、三确认”。

9）连接动力电池组进出水管（如有）。

10）安装动力电池组护板及防撞横梁。

11）移除动力电池组升降平台车。

4. 动力电池组性能测试

（1）动力电池组装车前的性能测试

为确保一次安装成功，部分新能源汽车在动力电池组装车前，需要使用专用测试仪进行最终测试，以宝马新能源车为例，其专用测试仪如图 2-62 所示。

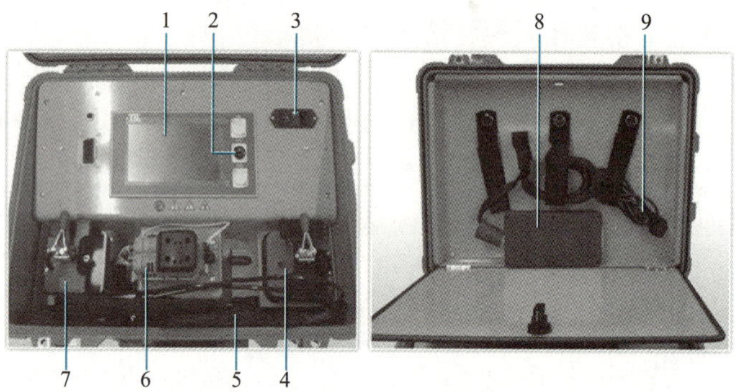

1—触摸屏；2—USB 接口；3—网络电缆和主开关接口；4—i3 加压钟形罩；
5—连接电缆；6—高压插头；7—i8 加压钟形罩；8—用于高压测试的继电器盒；9—网络电缆。

图 2-62 宝马新能源车专用测试仪

在进行性能测试前，应先连接好测试线路：安装适用于排气单元的检测适配器，连接适配压力接口、高压插头和 12V 车载网络插头的检测接口。动力电池组上的接口如图 2-63 所示。

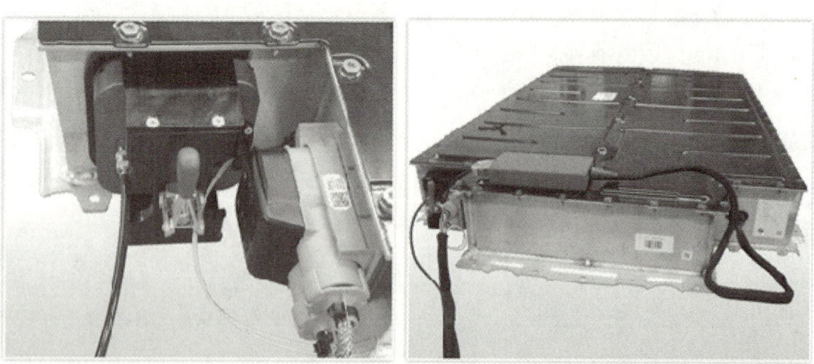

图 2-63 动力电池组上的接口

完成测试线路的连接后，即可进行整体性能测试。首先进行密封性测试，随后进行耐压强度、绝缘电阻和绝缘监控测试。然后读取故障码存储器记录，如果没有故障，那么会输出测试码。当识别出故障码存储器记录时，如果是从车上拆下动力电池组前便存在这些故障，则可在诊断系统内重新将其调出。如果增加了新的故障码存储器记录，那么必须为了明确识别及出于安全原因将动力电池组装入车内，从而通过诊断功能调出相关故障并进行故障排除。整体性能测试如图 2-64 所示。

图 2-64 整体性能测试

（2）动力电池组装车后的性能测试

1）系统上电前安全检查：有效检查动力电池组及机舱内高压部件高压线束连接器。

2）移除维修开关盖。

3）安装高压维修开关。

4）安装 12V 辅助电池负极并紧固。

5）移除高压警示标识。

6）查询故障信息：①将点火开关置于“start”挡，查看仪表盘有无异常报警；②使用解码仪进入整车查看有无故障码，若无，则表示运行正常，若有，则需要根据实际情况进行再次检查；③如实记录仪表信息和 BMS 故障码。

7）升起驾驶人员侧车窗并关闭启动开关。

8）拆卸翼子板布、格栅布。

9）拆卸车内四件套（座椅套、脚垫、转向盘套和变速杆套）。

10）恢复工具设备并清洁工作场地。

（3）动力电池组装车后的容量标定

有些新能源汽车在更换电池模组或电池管理器时，必须使用诊断设备在 BMS 中写入该电池模组的实际容量及电荷量，否则将引起行驶过程中掉电快、电荷量跳变等问题。在更换电池模组时，根据电池模组出货检验报告单上的数据标定电池容量和荷电量；在更换电池管理器时，根据原车动力电池组数据标定电池容量和荷电量。图 2-65 和图 2-66 分别为比亚迪 e5 动力电池组的出货检验报告单和容量标定界面。

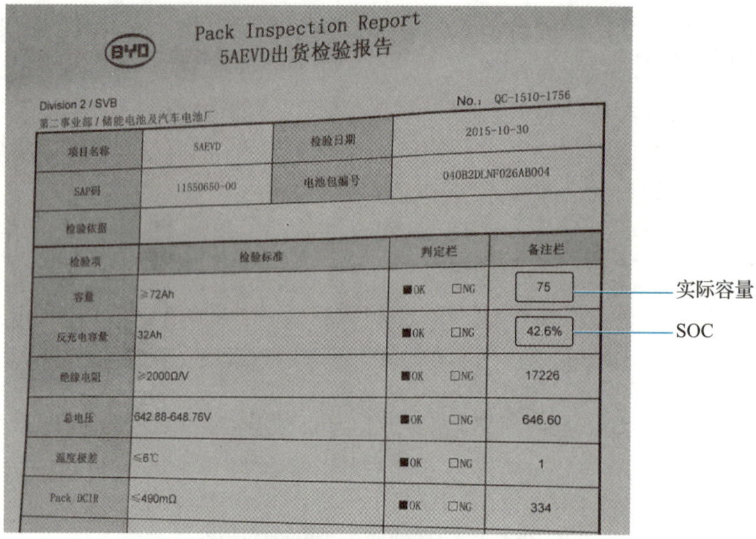

Pack Inspection Report
5AEVD出货检验报告

Division 2 / SVB
第二事业部 / 储能电池及汽车电池厂

No.: QC-1510-1756

项目名称	5AEVD	检验日期	2015-10-30
SAP码	11550650-00	电池包编号	040B2DLNF026AB004
检验依据			
检验项	检验标准	判定栏	备注栏
容量	≥72Ah	■OK □NG	75
反充电容量	32Ah	■OK □NG	42.6%
绝缘电阻	≥2000Ω/V	■OK □NG	17226
总电压	642.88-648.76V	■OK □NG	646.60
温度极差	≤6℃	■OK □NG	1
Pack DCIR	≤490mΩ	■OK □NG	334

图 2-65　比亚迪 e5 动力电池组出货检验报告单

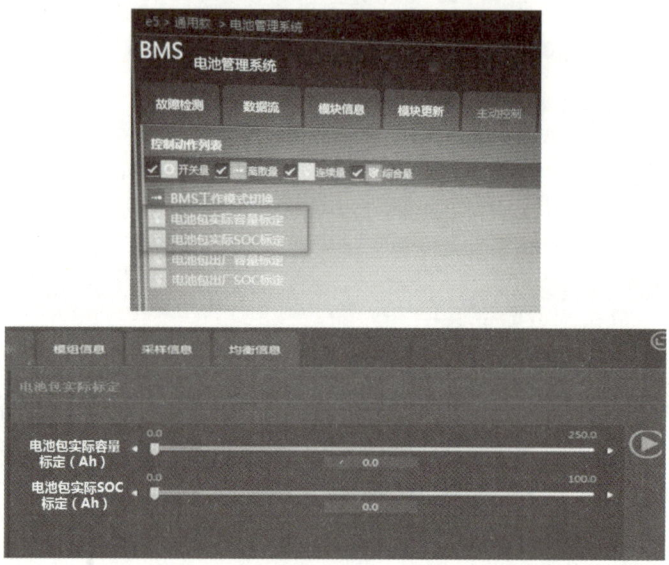

图 2-66　比亚迪 e5 动力电池组容量标定界面

任务实施

任务一　动力电池系统内部结构与部件认知

一、任务要求

认识动力电池系统内部结构与部件。

二、任务实施

（1）认识动力电池系统内部结构

动力电池系统主要由电池模组、BMS、动力电池箱及辅助元器件组成。

电池模组放置在一个密封且被屏蔽的动力电池箱中，动力电池系统使用可靠的高低压接插件与整车相连接。动力电池系统内的 BMS 实时采集各电芯的电压值、各温度传感器的温度值、电池系统的总电压值、总电流值和绝缘电阻值等数据，根据 BMS 中设定的阈值判定动力电池系统工作是否正常，并对故障进行实时监控。动力电池系统使用 CAN（controller area network，控制器局域网络）通过 BMS 与 VCU 或充电机进行通信，从而对动力电池进行充放电等综合管理。动力电池箱的作用是承载并保护动力电池组及其内部的电气元器件，因此要求动力电池箱体具有较高的强度和刚度，并且防尘防水。动力电池箱体的防护等级为 IP67。辅助元器件主要包括动力电池系统内部的电子元器件，如熔断器、继电器、分流器、接插件、紧急开关、烟雾传感器等，还包括密封条、绝缘材料等。

图 2-67 所示为北汽 EV160 动力电池系统安装位置，该系统由 10 个电池模组、两个 BMS，以及主控盒、高压控制盒、继电器、维修开关、传感器等辅助元器件组成。

（2）认识动力电池系统部件

图 2-68 所示为北汽 EV160 电池模组及辅助元器件实物图，图 2-69 所示为北汽 EV160 BMS，图 2-70 所示为北汽 EV160 高压维修开关。

图 2-67　北汽 EV160 动力电池系统安装位置

图 2-68　北汽 EV160 电池模组及辅助元器件实物

图 2-69　北汽 EV160 BMS

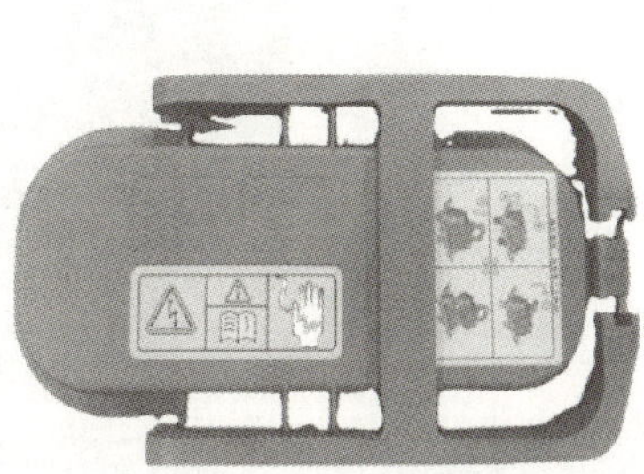

图 2-70　北汽 EV160 高压维修开关

（3）动力电池系统部件认知强化

查找资料，完成如图 2-71～图 2-73 所示部件名称的填写。

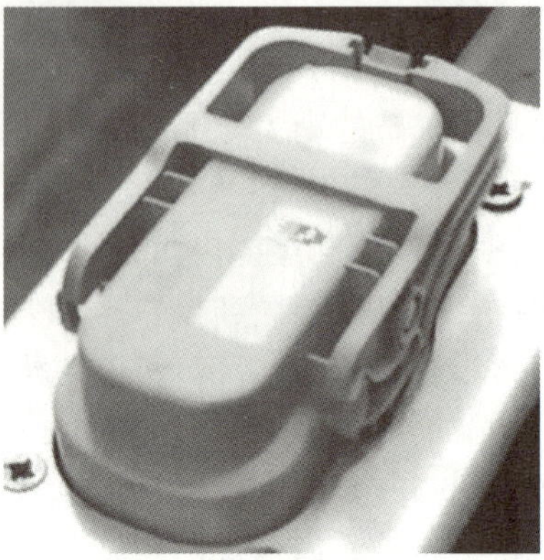

图 2-71　接插件

图 2-72　动力电池系统主要构成部件

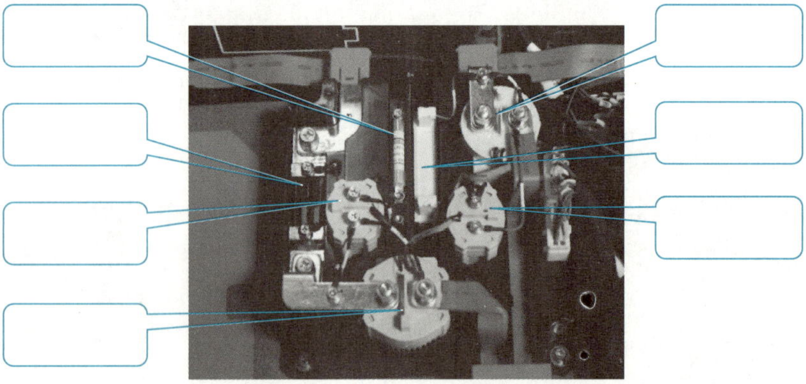

图 2-73　高压控制盒主要构成部件

三、任务评价

按表 2-5 进行考核评价。

表 2-5 考核评价表

序号	评价内容	分数	自评	组评	师评
1	理解工作内容及要求	5			
2	安全防护与仪表设备准备	15			
3	会查阅相关技术手册	5			
4	操作的安全性、规范性与高效性*	50			
5	完成工作页*	15			
6	7S 管理	10			
总分		100			
综合评分（自评分×20%+组长或教师评分×80%）：					
小组长签名：		教师签名：			
学习体会	签名： 日期：				

注：评价内容栏中，标*的为教师评分项，其他的为自评及组长评分项。

任务二 电池模组的拆卸

一、任务要求

按照操作规范要求进行电池模组的拆卸。

二、任务实施

（1）动力电池组外观检测与评估

具体检测与评估项目如下。

1）电池组密封盖密封是否完好、无变形破损；

2）电池组接线盒盖是否正常，接插件及引出线束是否正常、无损坏；

3）电池组外表面是否无斑点、锈蚀、油污；

4）电池组连接器装配是否正确，总正、总负是否有明确的标识或防呆设计；

5）动力电池组安装孔尺寸公差是否满足 GB/T 6414—2017《铸件 尺寸公差、几何公差与机械加工余量》中的有关规定；

6）动力电池组外部是否有强电指示，并且有铭牌。

（2）清理工位

动力电池组盖打开前，做好工位准备工作：检查工位上有无工具或其他物体；使工位远离溢出液体；保证附近没有飞溅火花，否则应竖起相应隔板。

建议使用独立空间，从空间上与其他工位隔开或使用隔离带进行空间隔离。

（3）拆卸动力电池组的密封盖

在拆卸密封盖时，按以下规定步骤进行。

1）清除密封盖上的所有污物和可能存在的水分。在此可使用的清洁剂包括酒精、玻璃清洗液、蒸馏水，可使用的清洁装置包括带塑料盖的吸尘器等。

2）松开密封盖的螺栓并将其小心取下。每次取下密封盖后都必须更换新的密封盖，从而确保动力电池组密封效果。在新密封盖上必须贴上新的警告提示牌。拆卸动力电池组密封盖如图 2-74 所示。

图 2-74　拆卸动力电池组密封盖

（4）将电池模组从电池组壳体中拆出

下面只是列出了一般的工作内容和步骤，原则上应只遵守当前适用维修说明的规定。

1）在拆卸电池模组或电池管理器前，必须打印诊断系统位置图。

2）严格根据安全规定断开电池模组与壳体上之间的高压导线。

3）在此必须按照诊断系统位置图使用防水销对所有电池模组和电池管理器进行编号。

4）拆下相关电池模组上的螺栓并取下隔板。如有必要可松开大范围的电池管理器环形导线束，在松开时可根据需要使用专用工具，切勿使用带有尖锐棱边的工具。

5）拔下相关电池模组的高压插头并将其稍微弯向一侧，从而确保能够顺畅地抬出电池模组。

6）使用磁套筒头拆下电池模组上的螺母，小心抬出电池模组（包括电池监控装置）。为了便于操作，可使用专用工具抬出电池模组，此时要注意观察电池模组之间的高压导线能否顺畅通过。

7）使电池模组底部朝下，以防滑防倒方式将其放置在洁净平面上。

三、任务评价

按表 2-6 进行考核评价。

表 2-6　考核评价表

序号	评价内容	分数	自评	组评	师评
1	理解工作内容及要求	5			
2	安全防护与仪表设备准备	15			
3	会查阅相关技术手册	5			
4	操作的安全性、规范性与高效性*	50			
5	完成工作页*	15			
6	7S 管理	10			
总分		100			
综合评分（自评分×20%+组长或教师评分×80%）：					
小组长签名：		教师签名：			
学习体会	签名：　　日期：				

注：评价内容栏中，标*的为教师评分项，其他的为自评及组长评分项。

任务三　动力电池组单体电池的检测与拆卸

一、任务要求

对单体电池（这里采用锂离子电池）进行检测及故障诊断，并进行拆卸。

二、任务实施

1. 准备工作

操作前，准备好个人安全防护用品、场地安全防护设备及仪器仪表。

2. 实施步骤

（1）高压下电

高压下电通常有两种方式，即利用电源开关或应急开关进行高压下电，可根据实际情况选用。

1）利用电源开关进行高压下电，如图 2-75 所示。

图 2-75　利用电源开关进行高压下电

2）利用应急开关进行高压下电，如图 2-76 所示。

（2）单体电池的检测

实训室所配备的 BMS 台架的动力电池组共有 12 个锂离子电池单体，这些锂离子电池单体通过串联方式组成电池模组，每个锂离子电池单体的电压为 3.7V，串联后动力电池组对外输出总电压约为 45V。可以用万用表对锂离子电池单体进行电压检测，在检测过程中可判断每个锂离子电池单体电压是否均衡，从而找到有故障的锂离子电池单体。具体实施步骤如下：

1）检测前准备。准备安全防护设备；准备拆装工具，佩戴好安全防护用品，如图 2-77 所示。

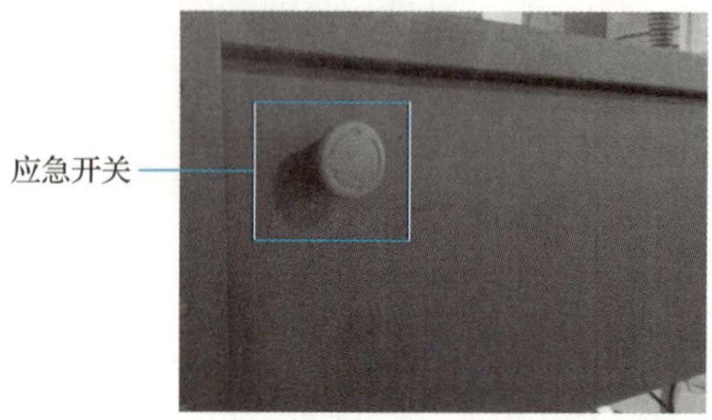

图 2-76　利用应急开关进行高压下电

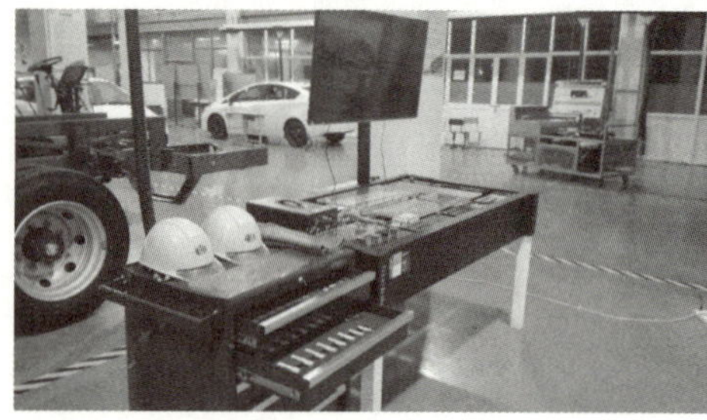

图 2-77　检测前准备

2）通过检测面板上的检测端口找到对应的锂离子电池单体进行电压检测，并记录每个锂离子电池单体电压。在检测过程中，一定要正确使用万用表，以确保检测面板端口号与所测锂离子电池一一对应，如图 2-78 所示。

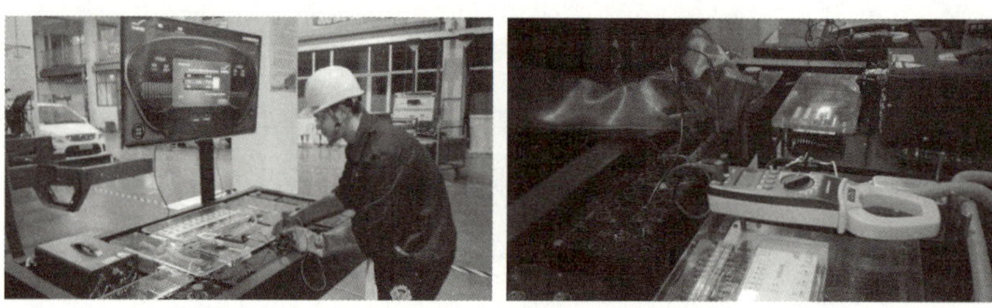

图 2-78　锂离子电池单体的电压检测

3）检测完毕，将检测所得数据进行对比，找到异常锂离子电池单体。同时根据检测数据答题，题目答完后查看结果，根据数据分析电池故障，如图 2-79 所示。

图 2-79　检测数据分析

（3）单体电池的拆卸

1）拆卸动力电池组盖板，如图 2-80 所示。

图 2-80　拆卸动力电池组盖板

2）拆卸动力电池组线束，如图 2-81 所示。在拆卸前，需要对线束连接部位做好标记，以确保线束与桩头一一对应，防止在装配过程中装错线束，拆开的线束及桩头需要用绝缘胶带进行绝缘处理。

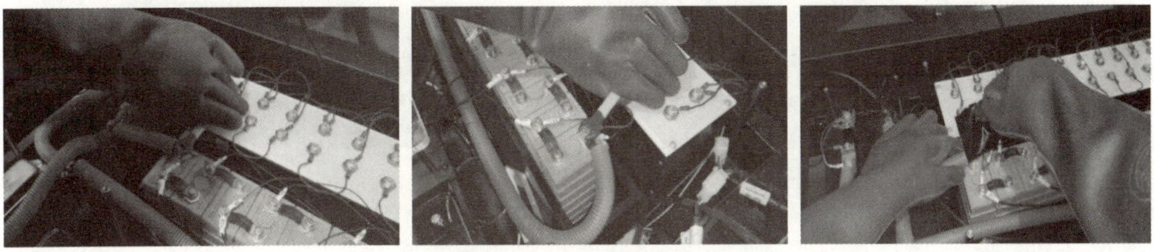

图 2-81　拆卸动力电池组线束

3）取出动力电池组，如图 2-82 所示。取出动力电池组过程中应避免碰擦及倾斜，取下的动力电池组要放在安全稳固的台面上。

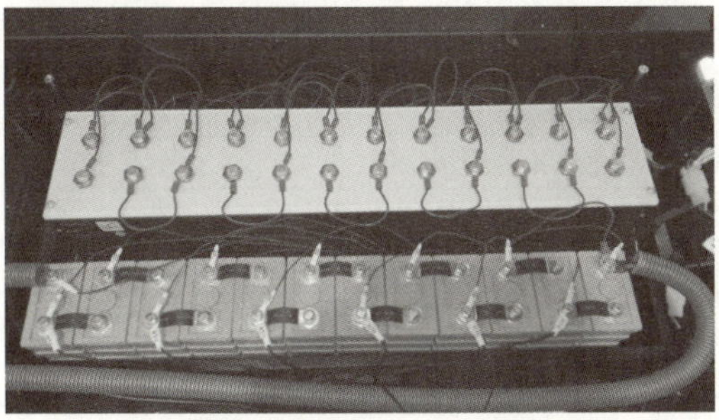

图 2-82　取出动力电池组

4）拆卸锂离子电池单体连接线束并做好标记，拆下的线束需要用绝缘胶带包扎，如图 2-83 所示。

5）拆卸锂离子电池单体间的连接片，如图 2-84 所示。

6）取出损坏的锂离子电池单体。取出过程中应注意使电池保持平稳，以防碰擦损坏电池，如图 2-85 所示。

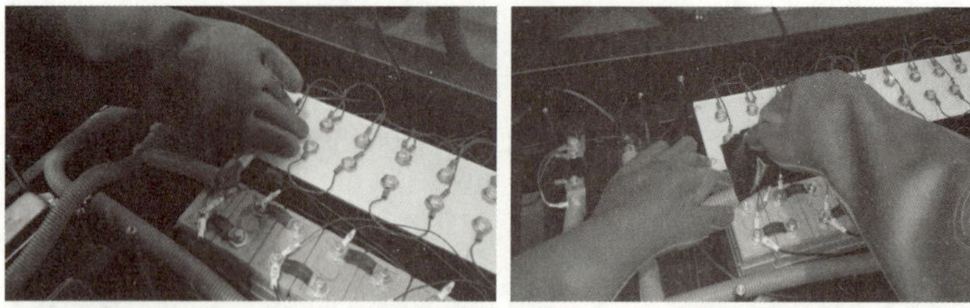

图 2-83　拆卸锂离子电池单体连接线束

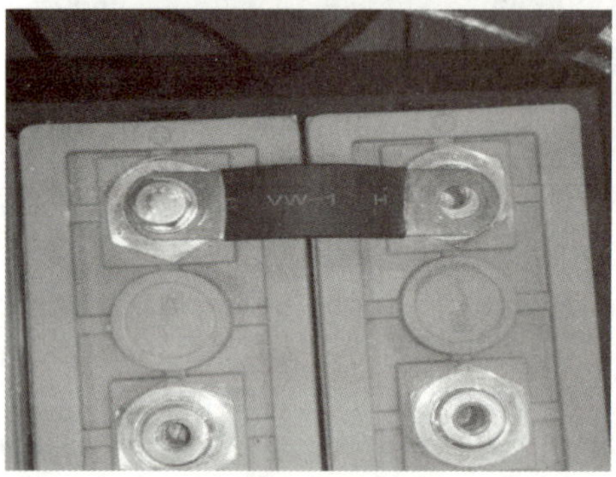

图 2-84　拆卸锂离子电池单体间的连接片

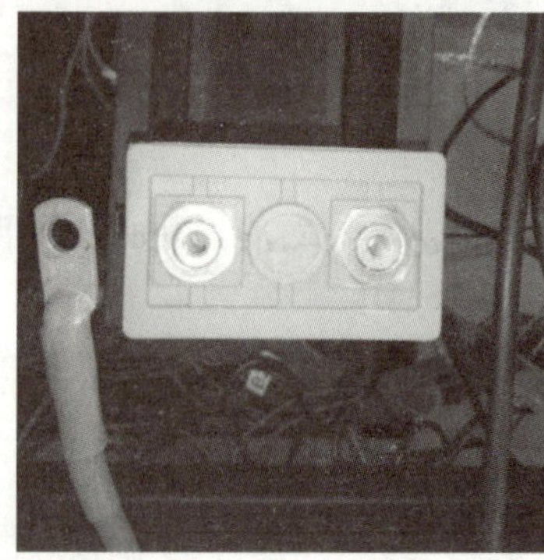

图 2-85　取出损坏的锂离子电池单体

三、任务评价

按表 2-7 进行考核评价。

表 2-7　考核评价表

序号	评价内容	分数	自评	组评	师评
1	理解工作内容及要求	5			
2	安全防护与仪表设备准备	15			
3	会查阅相关技术手册	5			
4	操作的安全性、规范性与高效性*	50			
5	完成工作页*	15			
6	7S 管理	10			
总分		100			
综合评分（自评分×20%+组长或教师评分×80%）：					
小组长签名：		教师签名：			
学习体会	签名：　　日期：				

注：评价内容栏中，标*的为教师评分项，其他的为自评及组长评分项。

任务四 动力电池组接触器的检测

一、任务要求

根据动力电池组接触器的控制逻辑，对接触器进行检测。

二、任务实施

1. 准备工作

操作前，准备好个人安全防护用品、场地安全防护设备及仪器仪表。

2. 实施步骤

（1）认识 BMS 台架接触器控制模块结构与组成

实训室所配备的 BMS 台架配有预充电接触器、正极接触器、充电接触器、预充电电阻及绝缘监控电阻等，如图 2-86 所示。

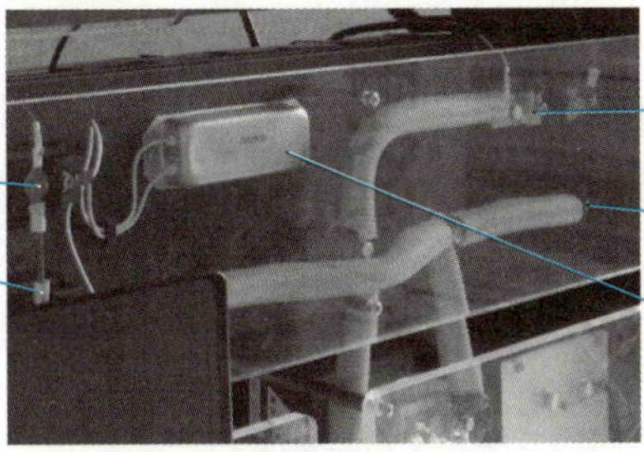

图 2-86 BMS 台架接触器控制模块

（2）机械损伤检查

检查接触器及电阻表面有无破损，各紧固件有无松动，线束接头有无氧化锈蚀。

（3）性能检测

在进行性能检测前，将线束连接插头拔掉，做好标记，并用绝缘胶带做好绝缘处理。

1）阻值检测：用数字万用表欧姆挡分别检测接触器线圈及预充电电阻的阻值，确保它们在正常范围内，如图 2-87 和图 2-88 所示。

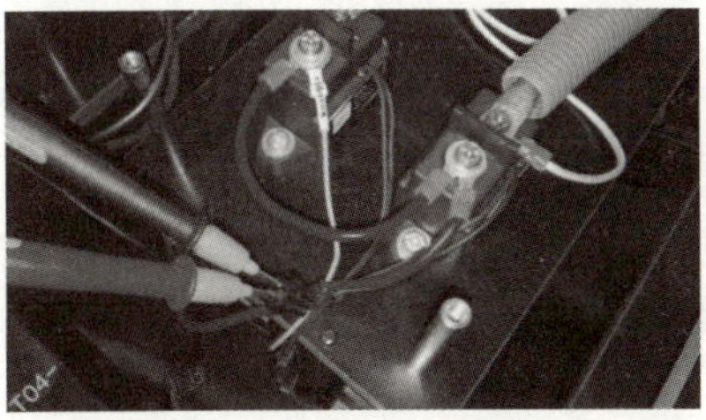

图 2-87 接触器线圈阻值检测

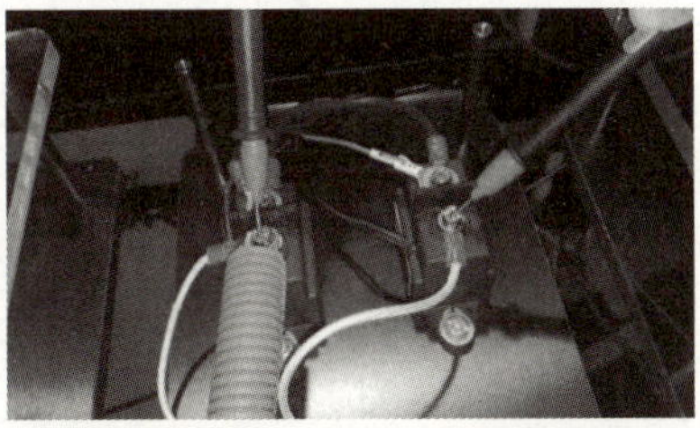

图 2-88 预充电电阻阻值检测

2）绝缘性能检测：用绝缘测试仪检测接触器及电阻连接插头对 BMS 台架壳体间的绝缘电阻值，确保其大于 55MΩ，如图 2-89 所示。

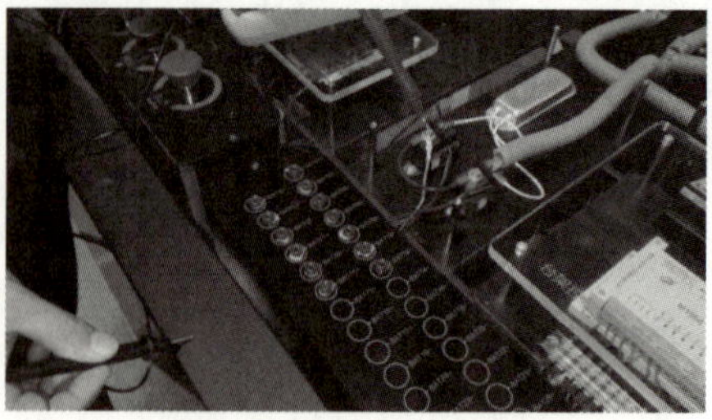

图 2-89　绝缘性能检查

（4）填写工作页

接触器检测数据表如表 2-8 所示。

表 2-8　接触器检测数据表

检测对象	检测项目	参考值	实测值
预充电接触器	线圈电阻	不超过 1.0 Ω	
	绝缘电阻	不低于 5.0 MΩ	
正极接触器	线圈电阻	不超过 1.0 Ω	
	绝缘电阻	不低于 5.0 MΩ	
充电接触器	线圈电阻	不超过 1.0 Ω	
	绝缘电阻	不低于 5.0 MΩ	

三、任务评价

按表 2-9 进行考核评价。

表 2-9　考核评价表

序号	评价内容	分数	自评	组评	师评
1	理解工作内容及要求	5			
2	安全防护与仪表设备准备	15			
3	会查阅相关技术手册	5			
4	操作的安全性、规范性与高效性*	50			
5	完成工作页*	15			
6	7S 管理	10			
总分		100			
综合评分（自评分×20%+组长或教师评分×80%）：					
小组长签名：		教师签名：			
学习体会	签名：　　　日期：				

注：评价内容栏中，标*的为教师评分项，其他的为自评及组长评分项。

任务五　动力电池组故障诊断

一、任务要求

根据相关规范，对动力电池组故障进行诊断。

二、任务实施

1. 准备工作

操作前，准备好个人安全防护用品、场地安全防护设备及仪器仪表。

2. 实施步骤

1）打开点火开关，如图 2-90 所示。

2）连接故障诊断仪，如图 2-91 所示。

图 2-90　打开点火开关

图 2-91　连接故障诊断仪

3）打开故障诊断仪，进入 BMS，如图 2-92 所示。

4）读取数据流，根据数据判断系统是否存在故障，如图 2-93 所示。

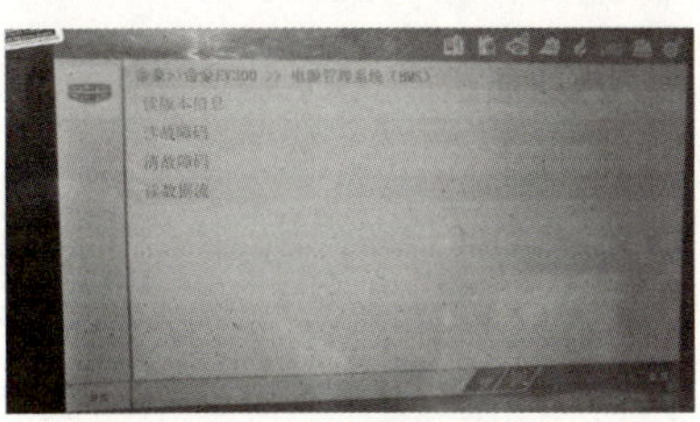

图 2-92　进入 BMS

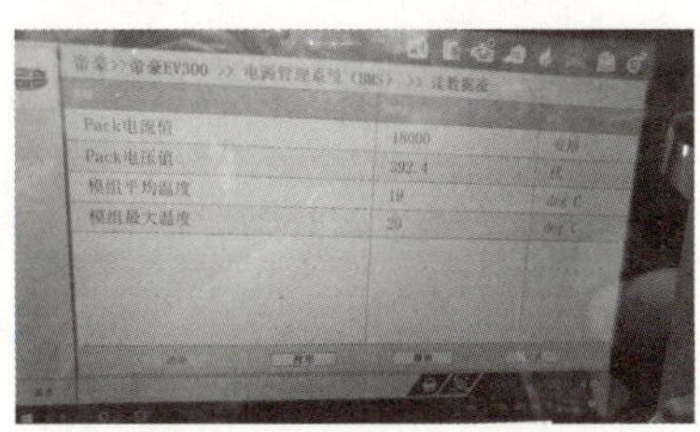

图 2-93　读取数据流

5）读取故障码，初步确定故障部位，如图 2-94 所示。

6）确定故障原因及故障点。

7）排除故障。

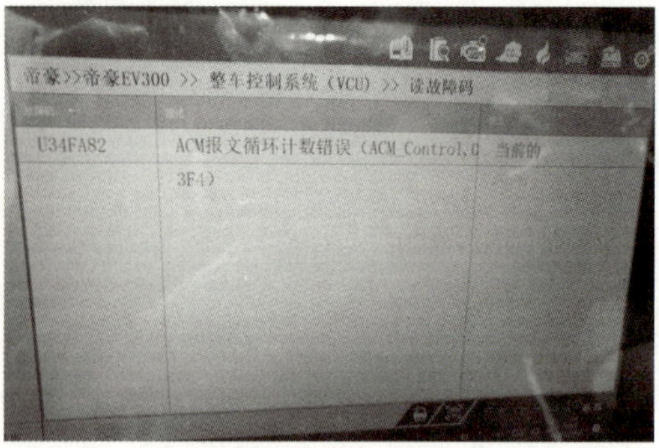

图 2-94　读取故障码

三、任务评价

按表 2-10 进行考核评价。

表 2-10　考核评价表

序号	评价内容	分数	自评	组评	师评
1	理解工作内容及要求	5			
2	安全防护与仪表设备准备	15			
3	会查阅相关技术手册	5			
4	操作的安全性、规范性与高效性*	50			
5	完成工作页*	15			
6	7S 管理	10			
总分		100			
综合评分（自评分×20%+组长或教师评分×80%）：					
小组长签名：			教师签名：		
学习体会	签名：　　日期：				

注：评价内容栏中，标*的为教师评分项，其他的为自评及组长评分项。

任务六　动力电池组的拆装

一、任务要求

按照规范拆装吉利帝豪 EV300 动力电池组。

二、任务实施

1. 准备工作

（1）车辆断电

1）将变速杆置于 N 挡位置，拉起驻车制动器，如图 2-95（a）所示。

2）关闭点火开关并妥善保管钥匙，如图 2-95（b）所示。

3）使用工具断开 12V 辅助电池负极，如图 2-95（c）所示。

（a）（b）（c）

图 2-95　车辆断电

（2）车辆放电

1）放置高压作业维修标识，如图 2-96（a）所示。

2）使用放电仪在快充口处放电，1min 后使用万用表测量快充口高压端子是否处于无电状态，如图 2-96（b）所示。

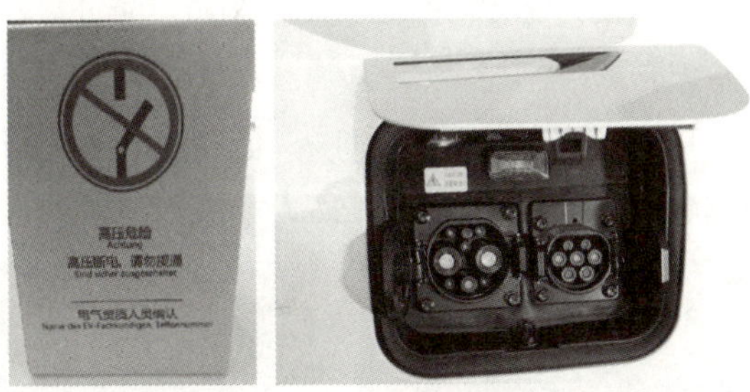

（a）（b）

图 2-96　车辆放电

2. 拆卸步骤

1）举升车辆。使用举升机将车辆举升到合适位置，如图 2-97 所示。

图 2-97　举升车辆

2）拆卸防撞横梁及护板，如图 2-98 所示。

3）置入升降平台车，用升降平台车支撑动力电池组，如图 2-99 所示。

图 2-98　拆卸防撞横梁及护板

图 2-99　用升降平台车支撑动力电池组

4）断开动力电池组进出水管与动力电池组（2017 款）的连接，如图 2-100 所示。

5）断开动力电池组高低压线束连接器，如图 2-101 所示。

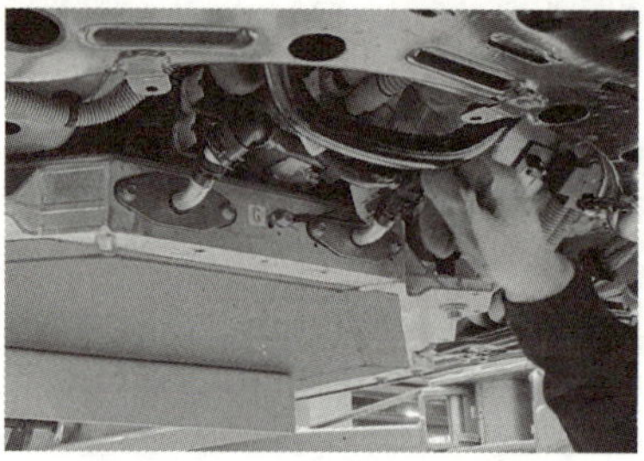

图 2-100　断开动力电池组进出水管与动力电池组的连接

图 2-101　断开动力电池组高低压线束连接器

6）检测动力电池组高压切断电压和漏电电压，如图 2-102 所示。

7）拆卸动力电池组搭铁线固定螺母，断开动力电池组搭铁线，如图 2-103 所示。

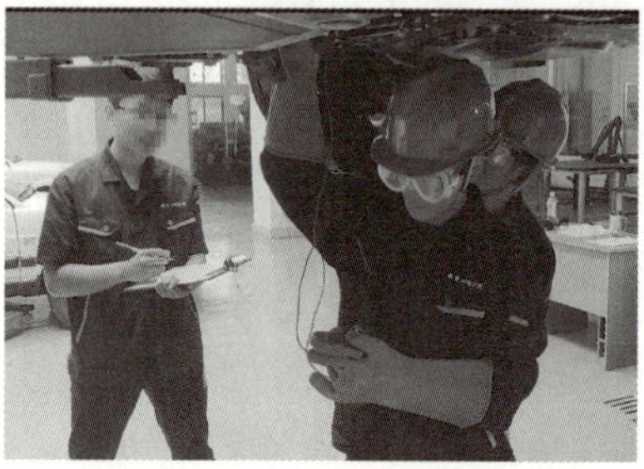

图 2-102　检测动力电池组高压切断电压和漏电电压

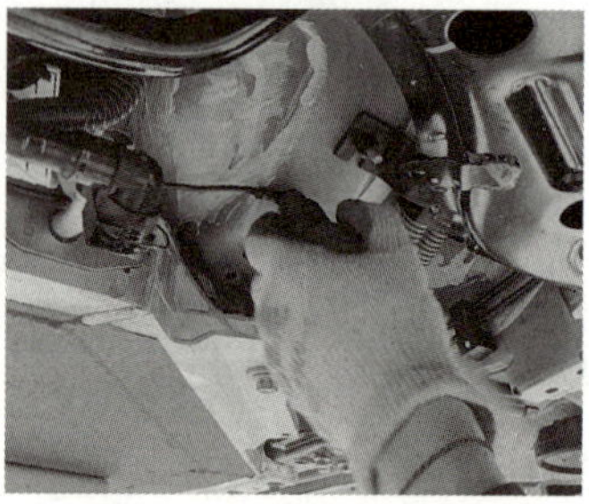

图 2-103　断开动力电池组搭铁线

8）拆卸动力电池组固定螺栓，将动力电池组与车身分离，如图 2-104 所示。

9）缓慢降下升降平台车，移除动力电池组，如图 2-105 所示。

图 2-104　拆卸动力电池组固定螺栓

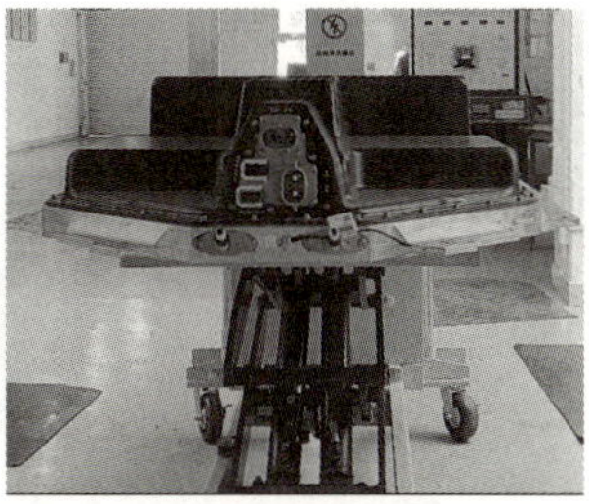

图 2-105　移除动力电池组

3. 安装步骤

1）清洁和检查动力电池组表面。

2）用万用表测试动力电池组母线是否有电压输出。

3）安装动力电池组定位销。

4）利用升降平台车将动力电池组平稳、安全地移回车辆下方，缓慢举升升降平台车，调整升降平台车位置，使动力电池组上的安装孔与车身上的安装孔对齐。

5）安装并紧固动力电池组固定螺栓，先安装动力电池组后部固定螺栓，再安装动力电池组前部固定螺栓，最后安装动力电池组两侧固定螺栓。

6）安装动力电池组搭铁线，紧固动力电池组搭铁线固定螺母。

7）安装动力电池组高低压线束连接器，插接时注意“一插、二响、三确认”。

8）连接动力电池组进出水管（2017 款）。

9）安装动力电池组护板及防撞横梁。

10）螺栓拧紧及力矩检查。使用 95～105N·m 的力矩检查动力电池组与车身螺栓的紧固情况，如图 2-106 所示。

11）外观检查，如图 2-107 所示。外观检查项目如下：①检查插接件破损情况；②检查电池箱插头电缆和前机舱插头破损情况；③检查相应的卡口卡紧情况；④检查 12V 辅助电池负极连接情况。

图 2-106　螺栓拧紧及力矩检查

图 2-107　外观检查

12）移除升降平台车。

13）仪表检查，如图 2-108 所示。具体检查项目如下：①检查 12V 辅助电池故障指示灯；②检查动力电池组故障指示灯；③检查动力电池组断开指示灯；④检查系统故障灯。

图 2-108　仪表检查

14）整理工位。具体项目如下：①将车辆防护装置收回并整理整齐；②将个人安全防护用品收回并整理整齐；③将仪器工具收回并放回原处；④清扫作业场地。

三、任务评价

按表 2-11 进行考核评价。

表 2-11　考核评价表

序号	评价内容	分数	自评	组评	师评
1	理解工作内容及要求	5			
2	安全防护与仪表设备准备	15			
3	会查阅相关技术手册	5			
4	操作的安全性、规范性与高效性*	50			
5	完成工作页*	15			
6	7S 管理	10			
总分		100			
综合评分（自评分×20%+组长或教师评分×80%）：					
小组长签名：			教师签名：		
学习体会	签名：　　　日期：				

注：评价内容栏中，标*的为教师评分项，其他的为自评及组长评分项。

任务七　动力电池组的更换

一、任务要求

根据规范更换吉利帝豪 EV300 动力电池组。

二、任务实施

1. 准备工作

操作前，准备好个人安全防护用品、场地安全防护设备及仪器仪表。

2. 实施步骤

1）登记车辆信息：记录品牌、车型、车辆识别码等。

2）安装车辆防护用品：翼子板布、格栅布、车内四件套。

3）高压断电及检查：将变速杆置于 N 挡→拉起驻车制动器→关闭点火开关并妥善保管钥匙→断开 12V 辅助电池负极→断开维修开关→放置高压作业维修标识牌→使用放电仪放电→使用万用表检测系统电压。

4）拆卸动力电池组：用升降平台车支撑动力电池组→拆卸电池防撞横梁及护板→拆卸动力电池组高低压线束连接器→检测动力电池组高压切断电压和漏电电压→拆卸动力电池组搭铁线→拆卸动力电池组固定螺栓→移除动力电池组。

5）安装动力电池组：清洁和检查动力电池组→安装动力电池组定位销→举升动力电池组→安装动力电池组固定螺栓→安装动力电池组搭铁线→安装动力电池组高低压线束连接器→安装动力电池组护板及防撞横梁→移除动力电池组升降平台车。

6）性能检测及场地恢复：系统上电前安全检查→移除维修开关盖→安装维修开关→安装 12V 辅助电池负极→移除高压警示标识牌→查询故障信息→升起驾驶人员侧车窗玻璃→拆卸翼子板布、格栅布及车内四件套→整理场地。

三、任务评价

按表 2-12 进行考核评价。

表 2-12　考核评价表

序号	评价内容	分数	自评	组评	师评
1	理解工作内容及要求	5			
2	安全防护与仪表设备准备	15			
3	会查阅相关技术手册	5			
4	操作的安全性、规范性与高效性*	50			
5	完成工作页*	15			

续表

序号	评价内容	分数	自评	组评	师评
6	7S 管理	10			
总分		100			
综合评分（自评分×20%+组长或教师评分×80%）：					
小组长签名：		教师签名：			
学习体会	签名： 日期：				

注：评价内容栏中，标*的为教师评分项，其他的为自评及组长评分项。

任务八 动力电池组的检修

一、任务要求

按照规范正确完成比亚迪 e5 动力电池组的检修。

二、任务实施

1. 准备工作

操作前，准备好个人安全防护用品、场地安全防护设备及仪器仪表。

2. 实施步骤

（1）故障诊断

1）把车开进维修车间。

2）检查 12V 辅助电池电压，电压标准值为 12～14V，如果电压值低于 12V，则需充电或更换 12V 辅助电池。

3）对接好接插件，整车上电（ON 挡），进入 BMS 故障码诊断系统。

4）确认故障。

（2）更换动力电池

当确定动力电池有问题需要维修时，按以下步骤更换电池：

1）将车辆退电至 OFF 挡，妥善保管钥匙，等待 5min，拆下 12V 辅助电池负极。

2）拆下维修开关，如图 2-109 所示。

3）用举升机将整车举升至合适高度。

4）使用升降平台车托举动力电池组，如图 2-110 所示。

5）拔掉动力电池组的电池信息采样线束，并拔掉直流母线接插件。

6）使用 M18 的套筒拆卸托盘周边紧固件，卸下动力电池组，如图 2-111 所示。

7）用万用表测试更新的动力电池组母线是否有电压输出，若没有电压输出，则更换装车。

8）将新的动力电池组放到升降平台车上。

9）安装托盘的紧固件，力矩为135N·m，如图2-112所示。

10）接动力电池组直流母线接插件，然后接电池信息采样线束接插件。

11）上电，检测动力电池系统问题是否解决，若无问题，更换结束。

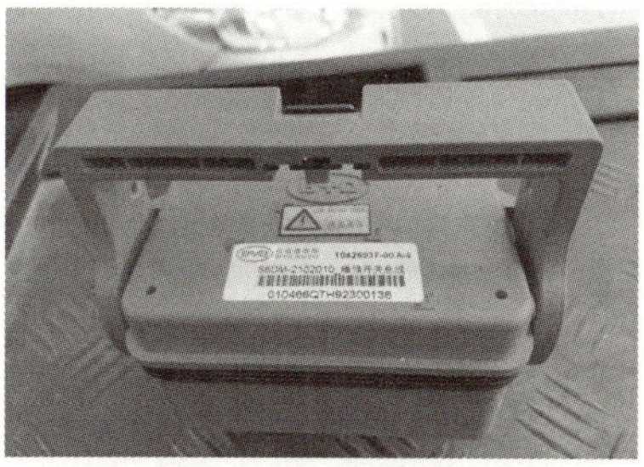

图2-109 拆下维修开关

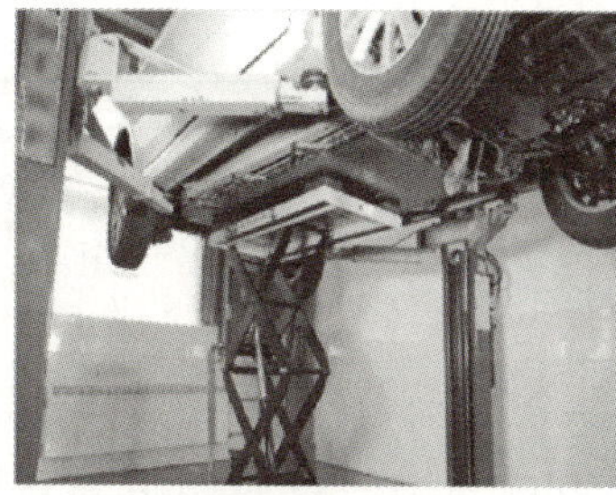

图2-110 使用升降平台车托举动力电池组

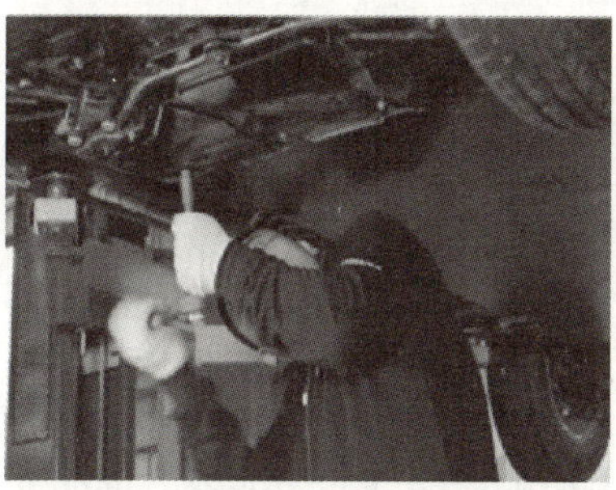

图2-111 拆卸托盘周边紧固件

图2-112 安装托盘紧固件

三、任务评价

按表2-13进行考核评价。

表2-13 考核评价表

序号	评价内容	分数	自评	组评	师评
1	理解工作内容及要求	5			
2	安全防护与仪表设备准备	15			
3	会查阅相关技术手册	5			
4	操作的安全性、规范性与高效性*	50			
5	完成工作页*	15			
6	7S管理	10			
总分		100			
综合评分（自评分×20%+组长或教师评分×80%）：					

续表

小组长签名：	教师签名：
学习体会	签名：　　日期：

注：评价内容栏中，标*的为教师评分项，其他的为自评及组长评分项。

思考与练习

一、填空题

1．北汽 EV160 动力电池组的额定电压为________。

2．比亚迪 e5 动力电池组的连接方式是________。

3．丰田普锐斯使用的动力电池为________，其容量为________，电池组总电压为________。

4．比亚迪 e5 高压电控总成包括________、DC/DC 变换器________。

5．吉利帝豪 EV300 使用的动力电池为________，其容量为________，电池组总电压为________。

6．比亚迪 e5 的高压互锁电路包括________、电机控制器和________等。

7．电动汽车中用于监测电池组传感器测量数据和电池性能的模块称为________。

8．________有时被用于估计传统汽车的电池荷电量。

9．丰田普锐斯内置温度传感器的热敏电阻的阻值随动力电池组温度的变化而变化。动力电池组温度越低，热敏电阻的阻值________；反之，温度越高，其阻值________。

10．丰田普锐斯动力电池组电流传感器安装在动力电池组的________电缆一侧。

11．比亚迪 e5 动力电池组的正极接触器在________号模组，负极接触器在________号模组。

12．特斯拉 Model S 动力电池组由________个电池模组串联而成，并且每个电池模组均由________个锂离子电池单体并联形成。

二、单选题

1．（　　）时需要更换动力电池组。

A．整车控制器故障　　B．DC/DC 故障

C．动力电池组内部故障　　D．电机故障

2．拆卸动力电池组前应（　　）。

A．断开充电机　　B．关闭点火开关

C．断开动力电池组连接线束　　D．断开 12V 辅助电池负极

3. 吉利帝豪 EV300 动力电池组固定螺栓的拧紧力矩为（　　）N·m。
A. 80　　B. 95～105　　C. 95　　D. 125

4. 北汽 EV160 高压部分线束的颜色为（　　）。
A. 黑色　　B. 白色　　C. 橙色　　D. 红色

5. 影响动力电池组循环寿命的重要因素是（　　）。
A. 电池组的连接方式　　B. 电池组的运输方式
C. 电池组使用时间　　D. 单体电池的不一致性

6. 丰田普锐斯混合动力汽车动力电池采用的是（　　）。
A. 铅酸电池　　B. 镍氢电池　　C. 锂离子电池　　D. 燃料电池

7. 北汽 EV160 动力电池组的额定电压为（　　）V。
A. 300.6　　B. 320　　C. 240　　D. 336

8. 以下不影响规格型号相同的单体电池一致性的是（　　）。
A. 容量　　B. 内阻　　C. 电压　　D. 颜色

9. 电池的开路电压一般（　　）电源电动势。
A. 小于　　B. 大于　　C. 等于　　D. 大于或等于

10. 不包含完整电池管理功能的电池组通常被称为（　　）。
A. 单体电池　　B. 电池模组　　C. 电池包　　D. 电池系统

11. 丰田普锐斯动力电池组上面有（　　）个温度传感器。
A. 3　　B. 4　　C. 5　　D. 6

12. 比亚迪 e5 电流传感器电池放电时显示电流为（　　），充电时显示电流为（　　）。
A. 负、正　　B. 正、负　　C. 都可以

13. 比亚迪 e5 动力电池组内部含有（　　）个接触器。
A. 3　　B. 4　　C. 5　　D. 6

三、多选题

1. 动力电池组相比单体电池可以实现的是（　　）。
A. 增大电压　　B. 增大电流　　C. 增大容量　　D. 增强安全性

2. 比亚迪 e5 高压电控总成包括（　　）。
A. 电机控制器　　B. DC/DC 变换器　　C. 低压蓄电池　　D. 高压配电箱

3. 单体电池的初始不一致性来自（　　）。
A. 生产环节　　B. 材料的不均匀性
C. 生产制造过程中的技术工艺精度误差　　D. 环境温度

4. 单体电池的不一致性包括（　　）。
A. 内阻　　B. 电压　　C. 容量　　D. 规格

5. 动力电池组的连接方式有（　　）。
A. 单纯串联　　B. 单纯并联　　C. 串并联的组合　　D. 内联

6. 动力电池组拆卸步骤是（　　）。

A. 车辆断电→车辆放电→举升车辆→拆卸动力电池组附件→拆卸动力电池组固定螺栓→拆卸动力电池组高低压线束→放置动力电池组

B. 车辆放电→车辆断电→举升车辆→拆卸动力电池组附件→拆卸动力电池组高低压线束→拆卸动力电池组固定螺栓→放置动力电池组

C. 车辆断电→车辆放电→举升车辆→拆卸动力电池组附件→拆卸动力电池组高低压线束→拆卸动力电池组固定螺栓→放置动力电池组

D. 举升车辆→车辆断电→车辆放电→拆卸动力电池组附件→拆卸动力电池组高低压线束→拆卸动力电池组固定螺栓→放置动力电池组

7. 高压主接触器的功能包括（　　）。

A. 汽车上电时，将动力电池组连接到变频器

B. 汽车上电时，监测动力电池组和变频器之间的高压电路

C. 允许高压电流在动力电池组和变频器之间流通

D. 驱动系统关闭时，断开动力电池组与变频器的连接

8. BMS 在（　　）时需要使用动力电池组温度。

A. 计算动力电池组 SOC　　B. 检测动力电池组温度是否过低

C. 评估动力电池组冷却系统的性能　　D. 计算充电功率

四、简答题

1. 简述吉利帝豪 EV300 动力电池组的结构。

2. 试述动力电池组常见故障及其危害。

3. 简述高压系统断电操作流程。

4. 电池的不一致性带来的影响有哪些？

5．简述更换动力电池组的步骤。

6．动力电池组装车后的性能检测包括哪些内容？

7．比亚迪 e5 动力电池组的电气接口由哪些部分组成？它们各有什么作用？

项目三

动力电池管理系统认知与检测

项目导读

动力电池组作为电动汽车的核心部件，其稳定性、可靠性和安全性的高低是衡量电动汽车性能好坏的关键性指标。电池管理系统是用来防止电池出现过充电和过放电，延长电池循环寿命，监控电池状态的一种系统。动力电池组如何稳定运行，如何将故障率降至最低，如何在故障发生前预警，这些都是动力电池管理系统需要重点解决的问题。为确保电动汽车的良好使用体验，按照规范定期对动力电池组进行维护保养，必要时对其进行更换。

本项目主要学习内容如下：

相关知识	实践活动
1. 动力电池管理系统认知。 2. 动力电池管理系统的数据采集。 3. 动力电池管理系统的安全管理及状态监测。 4. 动力电池状态估算。 5. 动力电池管理系统的均衡管理	1. 动力电池管理系统外部低压连接口认知。 2. 动力电池组绝缘检测。 3. 动力电池管理系统的更换

学习目标

通过本项目的学习达成如下学习目标：

知识目标	能力目标	思政要素和职业素养目标
1. 了解动力电池管理系统的概念和工作原理。 2. 熟悉动力电池管理系统的几种状态监测。 3. 掌握电池管理器外部低压连接口的定义	1. 会正确使用检测工具、仪器对动力电池管理系统进行检测。 2. 会正确更换动力电池管理系统	1. 严格执行汽车检修技术标准与工艺规范，养成科学、严谨的工作态度。 2. 增强安全意识、质量意识和责任感。 3. 树立正确的学习观、价值观，自觉践行行业道德规范
对接《智能新能源汽车职业技能等级标准》“新能源汽车动力驱动电机电池技术”模块——电池管理控制器检测维修		

知识准备

知识一 动力电池管理系统认知

学习点拨

通过学习，了解动力电池管理系统的结构组成及作用原理。

一、BMS 概念

BMS 是用来对动力电池组进行安全监控及管理，提高动力电池组使用效率的装置。对电动汽车而言，通过 BMS 对动力电池组进行有效控制，可以保证动力电池组应用的安全性和可靠性，从而达到增加续驶里程、延长使用寿命、降低运行成本的目的。BMS 已经成为电动汽车不可缺少的核心部件之一。

BMS 与电池紧密结合在一起，对电池的电压、电流、温度进行实时监测，同时进行绝缘检测、热管理、电池均衡管理、报警提醒、剩余容量计算、放电功率检测、SOC 及 SOH（state of health，健康状态）估计。此外，BMS 还可以根据电池的电压、电流及温度，用算法控制其最大输出功率，以使车辆获得最大行驶里程，以及用算法控制充电机进行最佳电流的充电，通过 CAN 总线接口与车载总控制器、电机控制器、能量控制系统、车载显示系统等进行实时通信。

二、电池管理的必要性

作为储能装置的蓄电池，即人们通常所说的二次电池，无论是使用历史悠久、应用广泛的铅酸电池，还是近些年发展起来的更具有发展空间的高性能锂离子电池，在使用过程中面临的最大挑战都是过充电和过放电。一旦过充电、过放电，电池的容量就会减小，循环寿命就会缩短，严重时还会发生爆裂和起火燃烧。尤其是锂离子电池，它通常所发生的爆燃现象均是由电池过充电、过放电引起的。因此，在使用电池时，哪怕是一节电池，也要对它进行电池管理，并为它配置 BMS，这是保障电池使用安全、提升使用性能和延长循环寿命必不可少的措施。

单体电池在成组使用时，更容易发生过充电、过放电的现象，其根源在于电池的一致性存在误差。由于电池组中的单体电池制造和使用条件不同，因此其使用特性，即电池的电压、容量、内阻等参数，在不同温度、充放电倍率、荷电状态等使用条件下也存在差异。这些差异如果在充放电过程中没有得到应有的控制，将进一步加大，导致部分电池发生过充电、过放电现象，造成电池容量减小和循环寿命缩短，最终引起严重事故，这是动力电池在使用过程中面临的一大难题。

电动汽车上使用的动力电池在使用过程中会出现各种问题，因此电动汽车上必须具备BMS，以加强对动力电池组的监控与管理。

1. 汽车动力电池采用大容量锂离子电池单体容易产生过热

由于锂离子电池单体容量过大，容易产生高温，诱发不安全因素，因此大容量电池必须通过串并联的方式形成电池组。单体电池本身的不一致性和使用环境的细微差别均会造成电池循环寿命的差别，进而影响整个电池组的循环寿命和性能。BMS 作为实时监控、自动均衡、智能充放电的电子部件，具有保障安全、延长循环寿命、估算剩余电量等重要作用，是动力电池组和储能电池组中不可缺少的重要部件。

单体电池有一定的温度耐受范围，如果在实际应用中体积过大，则会产生局部过热问题，从而影响电池的使用安全和性能。因此，单体电池的体积受到限制，动力电池和储能电池不可能采用体积超大的单体锂离子电池。研究表明，在苛刻的使用环境下，110mm×110mm×25mm 的 20A·h 锂离子电池局部最高温度为 135℃；而 110mm×220mm×25mm 的 50A·h 锂离子电池局部最高温度为 188℃，更容易出现安全问题。大容量锂离子电池使用过程中的局部过热如图 3-1 所示。

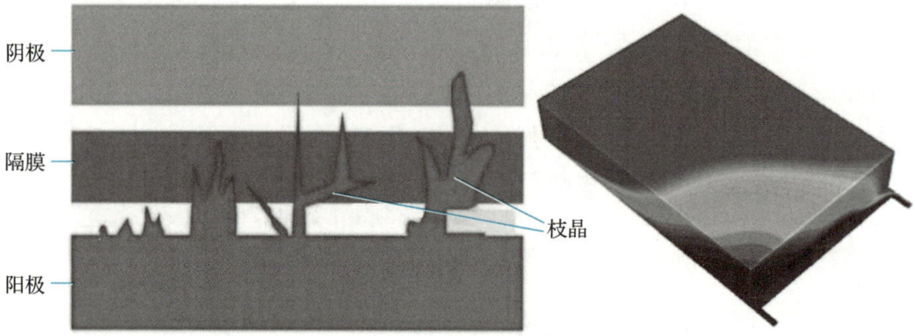

图 3-1　大容量锂离子电池使用过程中的局部过热

2. 电池性能的不一致易引发安全问题

基于现有的正极材料和电池制造水平，单体电池间尚不能实现性能的完全一致，在通过串并联方式组成大功率、大容量动力电池组后，苛刻的使用条件也易诱发局部偏差，从而引发安全问题。因此，为确保电池具有良好性能，延长电池的循环寿命（延长 50%以上），必须使用 BMS 对电池组进行合理有效的管理和控制。生产和使用过程均会造成电池性能不一致，如表 3-1 所示。

表 3-1　生产和使用过程中造成的电池性能不一致

生产过程	使用过程	产生差异的部分
生产工艺、材质有细微差异	长时间使用时，材质老化不同步，差异逐渐变大	电压、内阻、容量
生产的批次不同	—	容量、内阻
个别电池内部短路	电池自放电	电流、内阻

续表

生产过程	使用过程	产生差异的部分
—	电池组内不同区域温度变化不同	电压、内阻、电流承受能力
—	串并联充放电	工作电流、电压分布不均匀
—	系统局部漏电	SOC 变化不同

3. 电池成组后易引发的问题

1）过充电、过放电。串联的电池组在充电或放电时，部分单体电池可能先于其他单体电池充满电或放完电，继续充电或放电就会造成过充电、过放电，锂离子电池的内部副反应将导致电池容量下降、热失控和内部短路等问题。

2）电流过大。并联、老化、低温等情况会导致部分电池中流过的电流超过其承受能力，缩短电池的循环寿命。

3）温度过高。局部温度过高会使电池的各项性能下降，最终导致电池内部短路和热失控，产生安全问题。

4）短路或漏电。振动、湿热、灰尘等因素会造成电池短路或漏电，威胁驾乘人员的人身安全。

三、BMS 的组成和功能

比亚迪 e5 电池管理系统

1. BMS 的组成

典型的 BMS 一般由主控模块（中央处理单元）、采集模块、CAN 模块、均衡模块等多个模块构成，并通过内部CAN总线实现模块之间的数据交换。简化的 BMS 结构如图 3-2 所示。

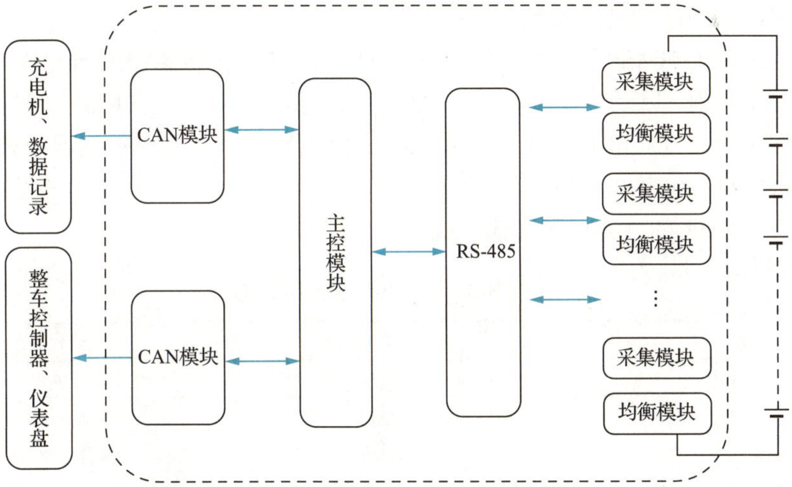

图 3-2 简化的 BMS 结构

BMS 实物及内部结构如图 3-3 所示。

图 3-3　BMS 实物及内部结构

1）主控模块（中央处理单元）：完成对电池组总电压、总电流的检测，对采集的数据进行分析和处理，并通过 CAN 总线与采集模块、均衡模块、显示单元（或车载仪表系统）及充电机等通信。

2）采集模块：采集电池状态数据信息，包括电压、电流、温度等。

3）CAN 模块：通过总线参与车辆状态的控制。

4）均衡模块：根据电池组内单体电池的充放电状态进行电池能量均衡，包括充电均衡和放电均衡。

2. BMS 的功能

BMS 俗称电池保姆或电池管家，主要作用是对电池进行智能化管理及维护，监测电池的状态，防止电池出现过充电和过放电现象，延长电池的循环寿命。BMS 不仅要保证电池可以安全可靠的使用，还要充分发挥电池的能力和延长电池的循环寿命。作为电池、整车控制器与驾驶人员沟通的桥梁，BMS 通过控制接触器来控制动力电池组的充放电，并向整车控制器上报电池系统的基本参数及故障信息。

动力电池组内的 BMS 实时采集各电芯的电压值、各温度传感器的温度值、电池系统的总电压值和总电流值，以及电池系统的绝缘电阻值等数据，并根据 BMS 中设定的阈值判定电池系统工作是否正常。电池系统通过 BMS 利用 CAN 总线与整车控制器或充电机进行通信，对电池系统进行充放电等综合管理。

总结而言，BMS 的主要任务及输入/输出如表 3-2 所示。

表 3-2　BMS 的主要任务及输入/输出

任务	传感器输入的信号	执行元器件
防止过充电	电池电压、电流、温度	充电机
避免过放电	电池电压、电流、温度	电动机功率转换器
温度控制	电池温度	冷热空调、风扇等
电池组电压和温度的均衡	电池电压、温度	平衡装置
预测电池的 SOC 和剩余可行驶里程	电池电压、电流、温度	显示装置
动力电池诊断	电池电压、电流、温度	非在线分析装置

BMS 的工作原理可简单归纳为：采集模块采集电池状态信息数据后，由 ECU 进行数据处理和分析，然后 BMS 根据分析结果向电池系统的相关功能模块发出控制指令，并向外界传递参数信息。BMS 的功能主要包括数据采集、电池状态估计、能量管理、安全管理、热管理、均衡控制、通信和人机交互，如图 3-4 所示。

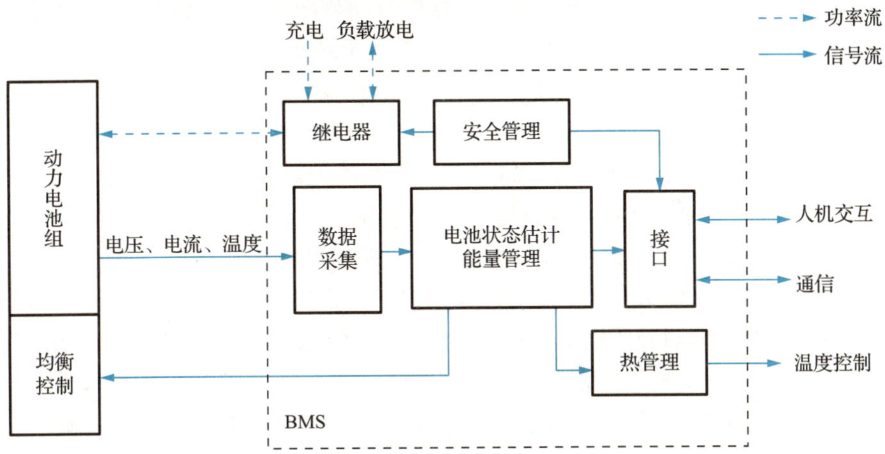

图 3-4 BMS 功能图

1）数据采集：BMS 的所有算法都是以采集的动力电池数据为输入。采样速率、精度和前置滤波特性是影响电池系统性能的重要因素。电动汽车 BMS 的采样速率一般要求大于 200Hz（50ms）。

2）电池状态估计：包括电池组荷电状态（SOC）和电池组健康状态（SOH）两方面。SOC 用来提示动力电池组剩余电量，是计算和估计电动汽车续驶里程的基础。SOH 用来提示电池技术状态，预计可用寿命等健康状态的参数。

3）能量管理：主要包括以电流、电压、温度、SOC 和 SOH 为输入进行充电过程控制，以 SOC、SOH 和温度等参数为条件进行放电功率控制两部分。

4）安全管理：监视电池组电压、电流、温度是否超过正常范围，防止电池组过充电、过放电。在对电池组进行整组监控的同时，多数 BMS 可以对极端单体电池的过充电、过放电等安全状态进行管理。

5）热管理：在电池工作温度超高时进行冷却，低于正常工作温度下限时进行电池加热，使电池处于合适的工作温度范围，并在电池工作过程中保持单体电池温度均衡。对于大功率放电和高温条件下的电池，电池的热管理尤其重要。

6）均衡控制：电池的一致性差异所导致的电池组工作状态是由最差单体电池决定的。在电池组各单体电池之间设置均衡电路，实施均衡控制，是为了使各单体电池充放电的工作情况尽量一致，提高整个电池组的工作性能。

7）通信和人机交互：通过 BMS 实现电池参数和信息与车载设备或非车载设备通信，为充放电控制、整车控制提供数据依据是 BMS 的重要功能之一。根据应用需要，数据交换可采用不同的通信方式，如模拟信号、PWM 信号、CAN 总线或 PC 串行接口。人机交互接口根据设计的需要设置信息显示窗口，以及控制按键、旋钮等。

四、BMS 发展现状及前景

BMS 是推动电动汽车发展的关键技术，如何有效分配电池的能量，延长电池循环寿命，是 BMS 面临的主要问题，其性能的高低在很大程度上影响着整车性能的好坏。BMS 已成为电动汽车的核心竞争力之一，BMS 研发具有重要的战略意义。例如，当前特斯拉电动汽车 BMS 采用的是自主核心技术，仅围绕这一技术就申请了一百多项世界专利。由此可见，在纯电动汽车的技术发展中，BMS 的研究与开发占有重要的位置。

（1）BMS 发展现状

1）BMS 行业近年来发展迅猛，产品需求量不断扩大。BMS 作为动力电池组的核心装置，向来是各电池企业争相发展的核心部分，也是整车企业最为关注的环节之一。我国 BMS 企业主要分布在江、浙、沪、皖地区，大致分为专业 BMS 企业、动力电池企业和整车厂 3 类。其中，专业 BMS 企业约占 42%，动力电池企业约占 37%，整车厂约占 21%。业务模式也分为 3 类：兼做电池组及 BMS，只做电池组，只做 BMS。国内兼做电池组及 BMS 的企业有合肥国轩高科动力能源有限公司、深圳市沃特玛电池有限公司等电池企业，以及比亚迪股份有限公司、安徽江淮汽车集团股份有限公司等车企；做电池组的企业有山东威能环保电源有限公司、天津力神电池股份有限公司等；其余厂家则只做 BMS。国际上专业生产 BMS 的企业包括日本电装公司、德国的罗伯特·博世有限公司、大陆集团和海拉公司，以及韩国的 LG 集团等。

2）目前，BMS 市场竞争激烈，技术上两极分化严重。随着新能源汽车话题和市场的火爆，电池管理技术在我国受到的关注也越来越多，有不少专业厂家、动力电池企业和整车厂商开始从事这方面的研究和生产。在国内，BMS 厂商众多，并且多数都是民营企业，呈现出非常激烈的竞争态势。从技术上来看，BMS 市场存在严重的两极分化。部分企业通过自身研究或收购，掌握了先进的 BMS 技术，如宁波均胜电子股份有限公司，而多数初创公司仅能开发低端的 BMS 产品。目前，各主机厂家对 BMS 的选择多有不同，这也给广大 BMS 厂商带来了发展机遇。

3）从全球新能源汽车企业来看，特斯拉在 BMS 方面占据领先优势。特斯拉利用其强大的 BMS 可以有效实现超过 7000 个 18650 锂离子电池的一致性管理，达到高安全性和可靠性目标。目前，特斯拉在电池冷却、安全、电荷平衡等与 BMS 相关的领域申请的核心专利远超其他品牌企业。

4）目前，锂离子电池过热、过充电问题在动力电池热失控方面占比较大。考虑到当前动力电池技术已比较成熟，安全问题频发的主要原因除了电池本身设计与制造方面的缺陷，更大程度上在于 BMS 的设计缺陷及工作稳定性不佳。目前，动力电池的评价指标主要包括单体电池、BMS、电池系统和外壳四大部分，评价关注点在于基本性能、循环性能和安全性能，BMS 已成为电池评价的重要组成部分。

（2）BMS 发展前景

1）随着新能源汽车销量的增长，BMS 的市场规模快速增长。大力发展新能源汽车已成为各国共识，世界很多国家（如美国、中国、日本、德国、韩国、英国等）都纷纷建立了各自的新能源汽车产业规划，BMS 将拥有可期的市场规模。

2）目前 BMS 的价格还较高，未来随着生产规模的扩大有望降低。目前，BMS 的价格与电池组中的单体电池数量有关，BMS 的成本约占电池组总成本的 30%。考虑到 BMS 的电路板和芯片设计尚处于初期阶段，后期产品的复杂程度、更新换代速度和量产规模都将逐步提升，因此预计主流的 BMS 价格将呈现缓慢下降的趋势。

3）可以预见的是，带主动式均衡功能的 BMS 产品将逐渐成为市场的主流。

主动式均衡 BMS 的优势：无损均衡，能量利用率高。目前，国外流行的 BMS 产品多采用主动式均衡功能设计，全球主流电动汽车大都采用主动式均衡 BMS，但该产品价格较高。而国内基本采用被动式均衡功能和不带均衡功能的 BMS 产品，价格低、功能简单。未来，随着电动汽车的规模化生产，国内车企对 BMS 的技术要求必然随之提升。随着国内外竞争的日趋白热化，BMS 行业发展面临巨大挑战的同时，也将迎来宝贵的发展机遇。

4）在新能源汽车快速放量的推动下，锂离子电池的安全标准将进一步完善。BMS 作为提升锂离子电池安全性的重要途径，将迎来更多政策扶持，市场需求也有望获得大幅增加。另外，BMS 国标的后续出台，有利于行业龙头市场份额增加，拥有技术优势的相关企业的发展机遇将更为明显。

知识二 动力电池管理系统的数据采集

学习点拨

通过学习，掌握动力电池管理系统的数据采集原理，并能通过电压、电流、温度等的检测值判断电池的健康状况。

比亚迪 e5 信息采集器　　吉利帝豪 EV300 信息采集器　　电池管理系统电压采集

BMS 的主要功能是检测动力电池组信息，估算剩余电量，对电池进行均衡和故障处理。根据这些功能，可将 BMS 分为两部分：顶层电池管理单元和底层采集板。顶层电池管理单元实现车载电池组总电压和总电流的检测，通过继电器给底层采集板上电及进行绝缘性能检测。底层采集板主要完成车载电池组的单体电池的电压检测、温度检测，并对检测得到的数据进行处理，以执行相应的操作，如风扇控制、均衡控制等。除此之外，底层采集板还通过 CAN 总线与顶层电池管理单元、均衡板进行通信，接收来自顶层电池管理单元和均衡板的请求命令，发送相应的数据。

一、动力电池组单体电池电压采集方法

单体电池电压采集模块是 BMS 中的重要部分，其性能好坏或精度高低决定了系统对电

池状态信息判断的准确程度，并进一步影响后续的控制策略能否有效实施。常用的单体电池电压检测方法有继电器阵列法、恒流源采集法、隔离运放采集法、压频转换电路采集法和线性光耦合放大电流采集法。

1. 继电器阵列法

基于继电器阵列的单体电池电压采集电路如图 3-5 所示。

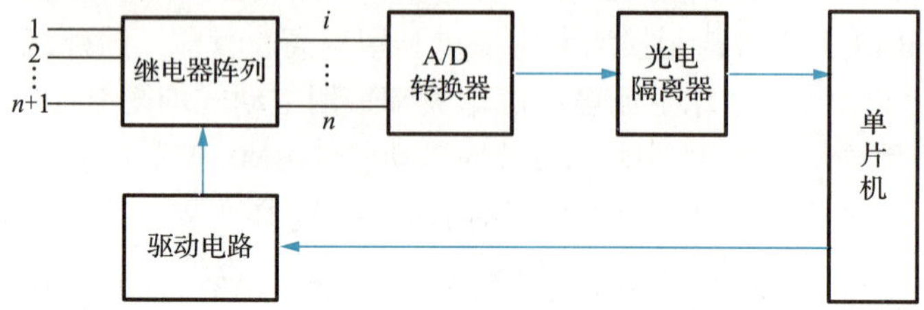

图 3-5　基于继电器阵列的单体电池电压采集电路

整个采集电路由继电器阵列、A/D 转换器、光电隔离器、单片机、驱动电路等部分组成。如果需要测量由 n 个单体电池组成的电池组中各单体电池的端电压，就需要将 n+1 根导线引入电池组中各节点。继电器分为机械继电器和光耦继电器[大功率 MOSFET（metal-oxide-semiconductor field-effect transistor，金氧半场效晶体管）]，二者各有优缺点：机械继电器内阻小、电流大的优势较为明显，但在触点吸合的瞬间会有抖动，使信号检测不稳定；光耦继电器具有光电隔离性，无干扰，但由于 MOSFET 的存在，其在工作时会产生随正向电流增加的正向压降，如东芝 TLP350 的正向压降为 1.4～1.8V，会严重影响电压的检测。由于电池电压属于慢变化量，一般采样周期超过 1s，而触点吸合的动作时间和抖动时间一般不超过 10ms，远小于采样周期，因此在控制继电器吸合后，在软件上设置 20ms 左右的安全延时再进行采样即可避开继电器触点吸合抖动造成的影响。继电器阵列法一般使用灵敏度较高的信号级继电器。

继电器阵列法适用于所需检测的单体电池电压较高且对精度要求高的场合。

2. 恒流源采集法

恒流源电压采集电路原理图如图 3-6 所示。该电路利用差动放大电路对共模信号的抑制原理实现对长串电池组单体电池电压的检测，把被检测的电压差（单体电池端电压）转换成电流的形式进行长距离传输，不受外界干扰，并且传输精度较高。恒流源采集法适用于不同电压级别的微机接口电路，可以方便地进行数据采集和转换。

图 3-6 中的电路以运算放大器为核心，二极管用来保护运算放大器的内部电路，被检测电压差取自每个电池的正负极输出端，即单体电池电压 U_{bat} 为

$$U_{\text{bat}} = U_1 - U_2$$

由于运算放大器的输入端电压差近似等于 0，因此可得

$$U_- = U_+ = U_2$$

根据欧姆定律，流过电阻 R_1 的电流为

$$I = (U_1 - U_2) / R_1 = U_{\text{bat}} / R_1$$

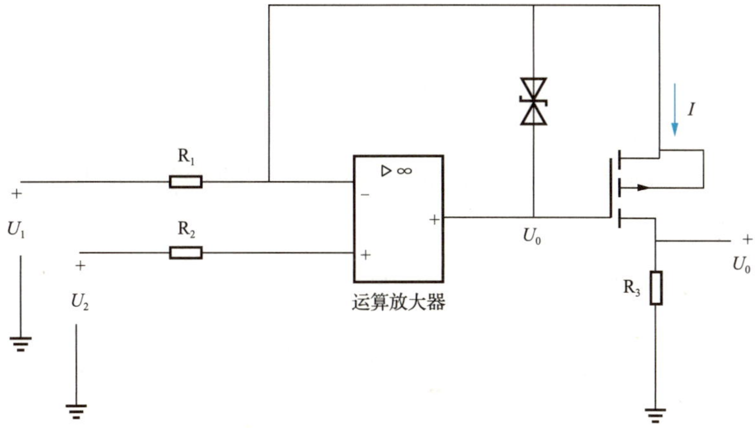

图 3-6 恒流源电压采集电路原理图

所以最终输出电压为

$$U_0 = I \times R_3 = R_3 \times U_{bat} / R_1$$

由以上公式可以看出，流过负载电阻 R_3 的电流与单体电池的电压 U_{bat} 成正比，而与负载电阻 R_3 的阻值无关。这样，只要改变 R_3 的阻值，就可以把电流转换成不同级别的电压，从而满足不同单片机接口的需要。

3. 隔离运放采集法

隔离运放采集电路原理图如图 3-7 所示。该电路由多个相同的隔离运放电路组成，其优点是检测精度高，缺点是成本高。

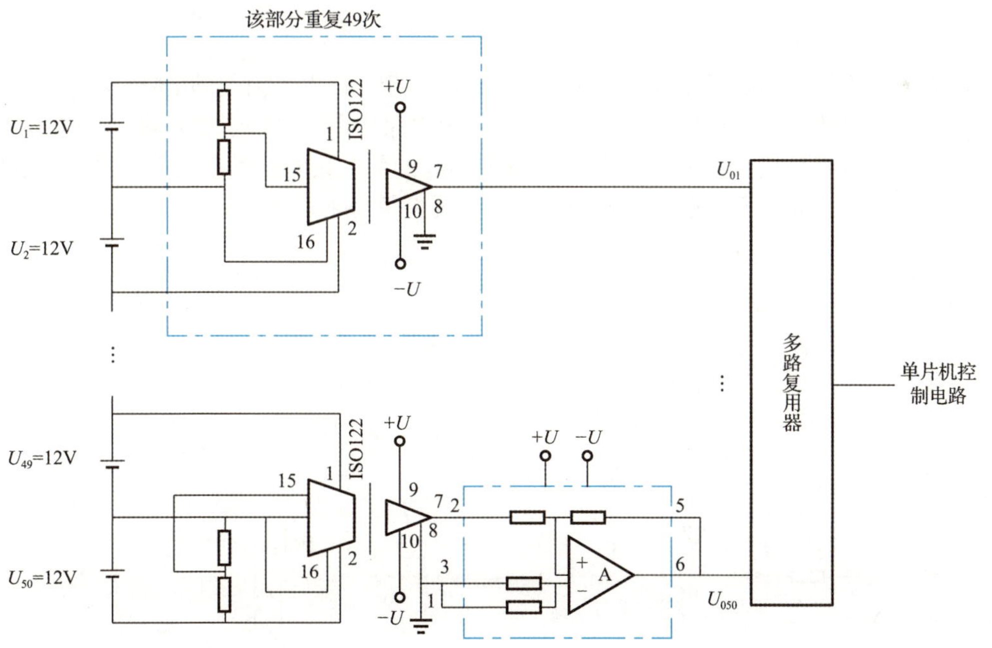

图 3-7 隔离运放采集电路原理图

4. 压频转换电路采集法

压频转换采集电路原理图如图 3-8 所示。该电路把单体电池电压转换成频率输出，不需要 A/D 转换器，并且电路中的压频转换器具有良好的精度、线性度，并且可以实现积分输入，可以消除信号波动带来的影响。该电路的缺点是压控振荡器中的电容会影响检测精度。

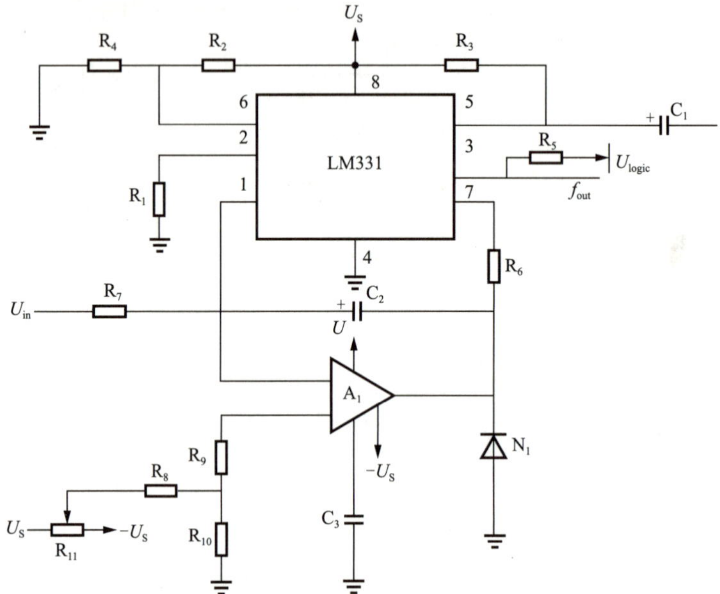

图 3-8　压频转换采集电路原理图

5. 线性光耦合放大电流采集法

线性光耦合放大电流采集电路原理图如图 3-9 所示。该电路由红外 LED 照射分叉配置的隔离反馈光二极管和一个输出光二极管组成。该电路采用特殊制造技术进行 LED 时间和温度特性的非线性补偿，使输出信号与 LED 发出光的伺服光通量具有线性关系。该电路具有很强的隔离能力和抗干扰能力，模拟信号可以保持良好的线性度。

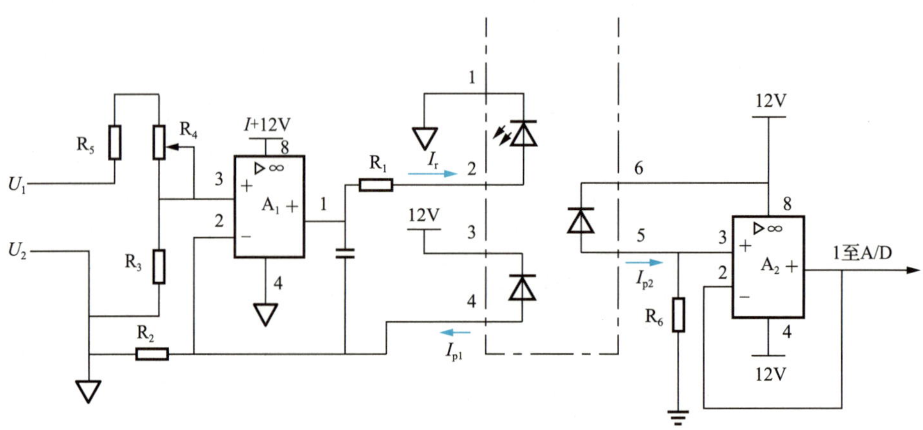

图 3-9　线性光耦合放大电流采集电路原理图

二、动力电池组温度采集方法

电池管理系统
温度采集

电池的工作温度不仅影响电池的性能，还直接关系到电动汽车使用的安全性，因此准确采集温度参数显得尤为重要。温度采集的关键是如何选择合适的温度传感器。目前，常用的动力电池温度采集方法有热敏电阻采集法、热电偶采集法、集成温度传感器采集法等。

1. 热敏电阻采集法

热敏电阻采集法的原理是：利用热敏电阻的阻值随温度变化而变化的特性，将一个定值电阻和一个热敏电阻串联构成分压器，从而把温度信号转化为电压信号，再通过 A/D 转换得到温度的信息。热敏电阻成本低，但线性度不好，并且制造误差一般较大。

2. 热电偶采集法

热电偶采集法的原理是：双金属体在不同温度下会产生不同的热电动势，根据采集到的电动势的值，通过查表即可得到温度的信息。由于热电动势的值仅与材料有关，因此热电偶的准确度很高。但由于热电动势都是毫伏等级的信号，需要进行放大，所以外部电路比较复杂。一般来说，金属的熔点都比较高，所以热电偶一般用于高温测量。

3. 集成温度传感器采集法

集成温度传感器是采用硅半导体集成工艺制成的，因此也称硅传感器或单片集成温度传感器。它是一种常用的温度传感器，具有线性度好、精度适中、灵敏度高、体积小、使用方便等优点，可以有效弥补传统温度传感器的响应速度慢、热惯性大、线性度不好等缺陷，广泛应用于多个领域。图 3-10 所示为集成温度传感器 DS1820。

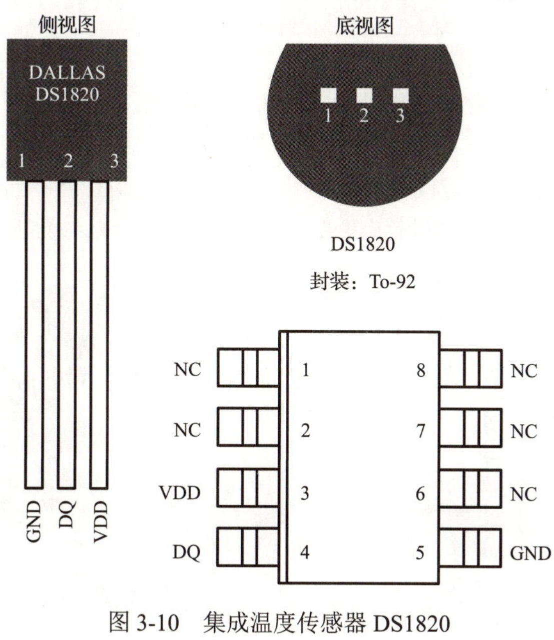

图 3-10 集成温度传感器 DS1820

集成温度传感器采集法基于热敏电阻，精度媲美热电偶采集法，直接输出数字量，适合在数字系统中使用。

三、动力电池组电流采集方法

电流是估算电池 SOC 的主要依据，因此对它采样的精度、抗干扰能力、零漂、温漂和线性度误差的要求都很高。动力电池组电流采集方法常见的有分流器采集法、电流互感器采集法、霍尔电流传感器采集法和光纤传感器采集法等。

电池管理系统
电流采集

1. 分流器采集法

分流器采集法的原理是：在电路中接入分流器，测量分流器两端的电压，再根据欧姆定律，用测得的电压值除以分流器的电阻值就可以得到电路中的电流值。由于这种测量方法使用设备少，操作方便、快捷，因此得到了广泛应用，成为采集电流的主要方法。特别是采用数字化测量技术后，以测量电压为对象的 A/D 转换器的大量应用，使得用分流器采集电流的方法更流行，更普遍。分流器采集法具有成本低、频响好的优点，但是必须接入电流回路，使用麻烦。

2. 电流互感器采集法

电流互感器是根据电磁感应原理制成的。电流互感器是由闭合的铁心和绕组组成的，它的一次侧绕组匝数很少，串联在需要测量电流的线路中，因此一次侧回路中经常有线路的全部电流流过；二次侧绕组匝数较多，串联在测量仪表和保护回路中。电流互感器在工作时，它的二次侧回路始终是闭合的，因此测量仪表和保护回路串联线圈的阻抗很小，电流互感器的工作状态接近短路。电流互感器工作原理示意图如图 3-11 所示。

电流互感器仅用于交流电流的测量。

3. 霍尔电流传感器采集法

霍尔电流传感器是基于磁平衡式霍尔原理制成的。根据霍尔效应，从霍尔电流传感器的控制电流端通入电流 I_c，并在霍尔电流传感器平面的法线方向上施加磁场强度为 B 的磁场，那么在垂直于电流和磁场方向（霍尔输出端之间）将产生一个电势 U_H，称其为霍尔电势，其大小正比于控制电流 I 与磁场强度 B 的乘积。图 3-12 所示为霍尔电流传感器实物图。

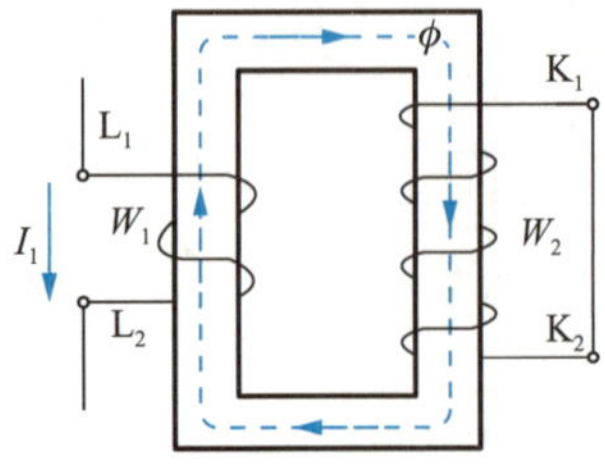

图 3-11　电流互感器工作原理示意图

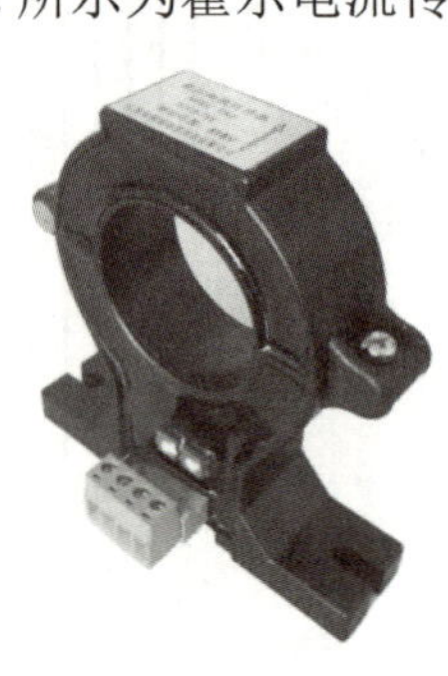

图 3-12　霍尔电流传感器实物图

霍尔电流传感器性能好，使用方便，目前在电动汽车BMS电流采集与监测方面应用较多。

4. 光纤传感器采集法

光纤传感器的基本工作原理是：将来自光源的光信号通过光纤送入调制器，使待测参数与进入调制区的光相互作用，从而使光的光学性质（如光的强度、波长、频率、相位、偏振态等）发生变化，成为被调制的信号源，再经过光纤送入光探测器，经解调后，获得被测参数。图3-13所示为光纤传感器实物图。

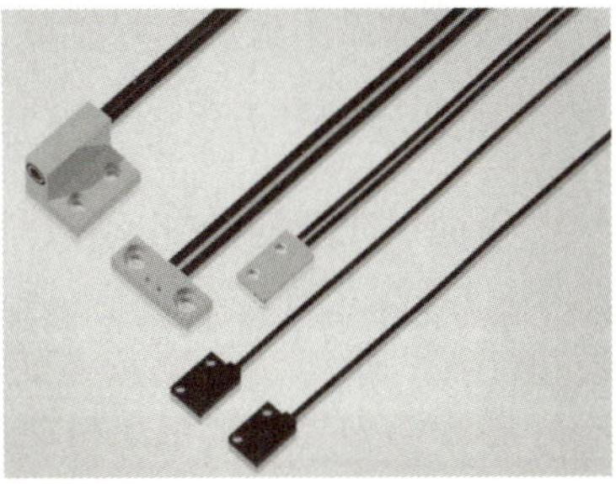

图3-13 光纤传感器实物图

光纤传感器的缺点是价格昂贵，这也是它在控制领域应用受限的主要原因。

四、动力电池组烟雾采集方法

车辆在行驶过程中，路况复杂，并且电池本身的工艺存在局限性，可能由于过热、挤压和碰撞等原因导致电池出现冒烟或着火等严重事故，若不能及时发现并进行有效处理，势必导致事故进一步扩大，对周围电池、车辆及车上人员构成威胁，严重影响车辆运行的安全。为防患于未然，近年来烟雾监测被引入BMS的监测中，并越来越受到重视。

根据检测原理的不同，烟雾传感器可以分为如下三大类：①利用物理、化学性质的烟雾传感器，如半导体烟雾传感器、接触燃烧烟雾传感器等；②利用物理性质的烟雾传感器，如热导烟雾传感器、光干涉烟雾传感器、红外传感器等；③利用电化学性质的烟雾传感器，如电流型烟雾传感器、电势型气体传感器等。

烟雾的种类繁多，一种类型的烟雾传感器并不能检测所有的气体，通常只能检测某一种或两种特定性质的烟雾。例如，氧化物半导体烟雾传感器主要用于检测各种还原性烟雾，如CO、H_2、C_2H_3OH、CH_3OH等；固体电解质烟雾传感器主要用于检测无机烟雾，如O_2、CO_2、H_2、Cl_2、SO_2等。对于动力电池组，需要在了解电池燃烧产生的烟雾构成的基础上进行烟雾传感器的选择。一般电池燃烧产生大量的CO和CO_2，因此可以选择对这两种气体敏感的烟雾传感器。烟雾传感器在结构上需要适应车辆长期应用的振动工况，防止由于振动而产生误动作。

动力电池组BMS中烟雾报警的报警装置应安装于驾驶控制台，在接收到报警信号时，能迅速发出声光报警并进行故障定位，保证驾驶人员能及时发现警情，能接收报警装置发出的报警信号。例如，北京理工大学开发的北京奥运电动客车中应用的电池系统烟雾报警传感器采用9V碱性或碳性电池供电，保证其24h都能工作，报警系统采用车上24V蓄电池供电，该路电源单独供应，保证了报警系统工作的独立性。分散的报警器通过内部的烟雾传感器监测烟雾浓度。当烟雾浓度未达到阈值时，报警装置内部控制器控制继电器输出为开路；当烟雾浓度超过阈值时，报警装置内部控制器控制继电器输出为短路，将24V电源迅速引入显示板，与显示板上的-24V 电源形成报警回路，发出声光报警信号。

五、BMS 检测动力电池组电压、电流、温度和碰撞漏电数据的报警条件及措施

下面以比亚迪 e5 电动汽车为例，介绍故障报警的触发条件及措施。

1. 基于动力电池组电压检测的报警条件及措施

基于动力电池组电压检测的报警条件及措施如表 3-3 所示。

表 3-3 基于动力电池组电压检测的报警条件及措施

名称	电池工作状态	报警级别	报警条件	措施
动力电池组电压	放电状态	严重报警	$U \leqslant 2.5V$	大功率设备（主电机、空调压缩机、PTC 加热器）停止放电
				延迟 10s 切断主接触器，断开负极接触器
				仪表灯亮
				仪表显示报警信息
		一般报警	$2.5V < U < 2.75V$	大功率设备（主电机、空调压缩机、PTC 加热器）降低当前电流，限功率工作
				仪表显示报警信息
				电压为 2.5V 时，SOC 修正为 0
	充电状态	一般报警	$3.8V \leqslant U < 3.9V$	禁止动力电池进行充电
				仪表显示报警信息
				电压为 3.75V 时，SOC 修正为 100
				电机能量回馈禁止
		严重报警	$U \geqslant 3.9V$	延迟 10s，断开充电接触器，断开负极接触器，禁止充电
				仪表灯亮
				仪表显示报警信息

注：PTC 是指 positive temperature coeficient，中文名称为正温度系数。

2. 基于动力电池组电流检测的报警条件及措施

基于动力电池组电流检测的报警条件及措施如表 3-4 所示。

表 3-4 基于动力电池组电流检测的报警条件及措施

名称	电池工作状态	报警类型	报警条件	措施
动力电池组电流	放电状态	过电流报警	$I \geqslant 360A$	要求大功率用电设备（主电机、空调压缩机、PTC 加热器）减小电流，限功率工作
				如果在过电流报警信号发出后，电池组依然在过电流状态并持续 10s，那么断开主接触器，禁止放电
	正常充电状态		$I \leqslant -100A$（负号表示充电）	电池组在过电流状态持续 10s，断开主接触器，禁止充电

续表

名称	电池工作状态	报警类型	报警条件	措施
动力电池电流	回馈充电状态	过电流报警	$I \leqslant -100A$（负号表示充电）	要求电机控制器限制回馈充电电流
				如果过电流报警信息发出后，电池依然处于过电流状态并持续超过 10s，那么断开主接触器

3. 基于动力电池组温度检测的报警条件及措施

基于动力电池组温度检测的报警条件及措施如表 3-5 所示。

表 3-5　基于动力电池组温度检测的报警条件及措施

名称	电池工作状态	报警级别	报警条件	措施
动力电池组温度	充放电状态	严重报警	$T_{max} \geqslant 75℃$	关闭充电设备，直到报警解除
				大功率设备（主电机、空调压缩机、PTC 加热器）停止用电
				延迟 10s 切断主接触器，负极接触器
				仪表灯亮
				仪表显示报警信息
		一般报警	$65℃ \leqslant T_{max} < 70℃$	充电设备减小当前充电电流
				大功率设备（主电机、空调压缩机、PTC 加热器）减小当前电流
				仪表显示报警信息
		一般报警	$-20℃ \leqslant T_{min} < -10℃$	限功率充电
				仪表显示报警信息
		严重报警	$T_{min} < -20℃$	限功率充电
				仪表灯亮

4. 基于动力电池组碰撞、漏电数据检测的报警条件及措施

基于动力电池组碰撞、漏电数据检测的报警条件及措施如表 3-6 所示。

表 3-6　基于动力电池组碰撞、漏电数据检测的报警条件及措施

名称	电池工作状态	报警类型	报警条件	措施
碰撞保护	充放电状态	碰撞报警	接收碰撞信号	立即断开主接触器、分压接触器
动力电池组漏电		正常（无报警）	$R > 500\Omega/V$	—
		一般漏电报警	$100\Omega/V < R \leqslant 500\Omega/V$	仪表灯亮，报动力系统故障
		严重漏电报警	$R \leqslant 100\Omega/V$	行车中：仪表灯亮，立即断开主接触器、分压接触器。 停车中：禁止上电；仪表灯亮，报动力系统故障。 充电中：断开交流充电接触器、分压接触器；仪表灯亮，报动力系统故障

漏电传感器具有 CAN 通信功能，主要用于监测与动力电池组输出端相连接的正负母线与车辆底盘之间的绝缘电阻阻值，据此判断高压系统是否存在漏电问题。漏电传感器将漏电数据信息以 CAN 信号形式发送给电池管理器、电机控制器，以实现相应保护。

知识三　动力电池管理系统的安全管理及状态监测

学习点拨

通过学习，熟悉动力电池管理系统的安全管理及状态监测功能，同时能够进行动力电池组的绝缘检测及故障诊断。

充电监控　　放电监控　　过充电过放电监控　　绝缘监控

一、安全管理及状态监测的作用

安全管理及状态监测主要用于监测动力电池组电压、电流、温度、SOC、绝缘电阻等是否超出正常范围，防止动力电池组出现过充电、过放电、过温、漏电等故障，保证动力电池组工作在正常范围内。目前，在对动力电池组进行整组监测的同时，多数 BMS 已经可以对极端单体电池进行过充电、过放电、过温等安全管理。

安全管理系统可实现的功能主要包括烟雾报警、绝缘检测、自动灭火、过电压和过电流控制、过放电控制、过温控制、在发生碰撞的情况下关闭电池等功能。

常用的电动汽车动力电池系统电压一般为数百伏，已经大大超出了人体可以承受的安全电压范围，因此电气绝缘性能是电安全管理的一项重要内容。电气绝缘性能的好坏不仅关系到电气设备和系统能否正常工作，更重要的是关系到人身生命财产安全。另外，动力电池组的 SOC 控制、过温控制对于动力电池组的性能、安全及寿命都有重要意义。

二、动力电池组的绝缘检测

1. 定义

我国制定的关于电动汽车的国家标准与国际标准是一致的，标准中规定电动汽车的绝缘状况用绝缘电阻来衡量。动力电池组的绝缘电阻定义：动力电池组与地（车辆底盘）之间的某一点短路时，最大泄漏电流所对应的电阻。

准确、实时地检测高压电气系统对车辆底盘的绝缘性能，对于保证乘客安全、电气设备正常工作和车辆安全运行具有重要意义。对电动汽车绝缘电阻的研究方法有很多，这些方法的原理大同小异：在直流母线正负极和车辆底盘之间接入电阻，通过电子开关或高压继电器接通电阻和车辆底盘，然后测量这些电阻上的电压或电流，再计算得到绝缘电阻。这些方法都需要使用电子开关或高压继电器，以及电流传感器或电压传感器。

因为纯电动汽车的绝缘电阻各支路都是由动力电池组供电的，所以电动汽车直流高压母线（包括各支路）的绝缘电阻完全可以引用上述定义。实际上，直流母线正负两极分别有各自的对地电阻，整车绝缘电阻按照动力电池组绝缘电阻的定义取二者中的较小者。这是因为，如果高压回路的一端与车辆底盘短接，那么产生的电流取决于另一端子的对地电阻，显然，这个对地电阻越小，允许流过的电流越大，产生的危害就越大。参考电动汽车国家标准，如果人或其他物体构成高压电路与地之间的外部电路，那么最坏的情况下，泄漏电流不允许超过 2mA。虽然正常情况下电动汽车的绝缘电阻是很大的，但事实上，高压母线两端子对地线的绝缘电阻是有限的，而且一般认为它们是不等的，只是理论上存在以下两种极限情况。

1）理想绝缘：如果直流高压回路完全绝缘，任何一点对地短接都不会产生电流，那么可以认为绝缘电阻是无限大的。

2）绝缘短路：直流高压回路一端与车辆底盘短接的情况下，若会有电流流过外部电路，且电流的大小此时仅取决于外部电阻，则此时绝缘电阻为零。

电动汽车绝缘性能检测装置主要实现测量、预警、显示和通信 4 种功能。为实现整车功能控制和高压自动切断保护，在电动汽车的高压系统中必须配置可自动切断主回路的接触器。根据整车设计需要，有些电动汽车的主回路中甚至有两个以上的高压接触器，如果高压接触器发生闭合失效或断开失效，并且不能及时采取有效措施，那么轻则出现不能实现正常控制的情况，重则产生重大安全事故，所以对高压接触器的执行状态进行有效、实时的监控，对电动汽车的安全、可靠运行具有十分重要的意义。

接触器或继电器的状态监测方法有两种：一种是监测其线圈的得电情况；另一种是对其触点进行监测。前一种方法简单，但对监测对象来说，得电状态是间接反映；后一种方法直接，但实现有一定难度。

2. 常用的绝缘检测方法

（1）漏电直测法

在直流系统中，漏电直测法是一种最简单、最实用的绝缘检测方法。将置于电流挡的万用表串联在电池组正极与设备壳（或地）之间，可检测到电池组负极与设备壳体之间的漏电流；也可以将万用表串联在电池组负极与设备壳体之间，检测电池组正极与设备壳体之间的漏电流。该方法简单易行，常用于现场故障检测、车辆例行检查。

（2）绝缘电阻表测量法

绝缘电阻表测量法是指用绝缘电阻表测量绝缘电阻。绝缘电阻表俗称兆欧表，其大多采用手摇发电机供电，故又称摇表。绝缘电阻表的刻度是以绝缘电阻为单位的，是电工常用的一种测量仪表。该仪表的工作原理是：用某一电压激励被测装置或网络，然后测量激励所产生的电流，根据欧姆定律测量出绝缘电阻。绝缘电阻表主要由两部分构成：一部分是手摇发电机，另一部分是磁电式比率表。通过摇动手柄，手摇发电机产生交流高压，经二极管整流后提供用于测量直流高压，再用磁电式比率表测量电压线圈和电流线圈中的电流比值，用指针指示器指明电阻刻度。

（3）辅助电源法

在某些电动汽车采用的漏电检测器中，配有一个直流 110V 的检测用辅助蓄电池，该蓄电池正极与待测高压直流电源的负极相连，其负极与汽车壳体实现一点连接。在待测系统绝缘性能良好的情况下，蓄电池没有电流回路，漏电流为零；在电源电缆线绝缘层老化或环境潮湿情况下，蓄电池通过电缆线绝缘层形成闭合回路，产生漏电流，漏电检测器根据漏电流的大小进行报警，并在发出报警信息的同时关断待测系统的电源。这种检测方法需要直流 110V 的辅助电源，会增加系统结构的复杂程度，而且难以区分绝缘故障源是来自电源的正极引线还是负极引线。

（4）电流传感法

霍尔电流传感器是用于高压直流检测的一种常见方法。将电池系统的正极引线和负极引线同方向一起穿过霍尔电流传感器：当没有漏电流时，从电池系统正极流出的电流等于返回电源负极的电流，因此穿过霍尔电流传感器的电流为零，检测输出电压为零；当发生漏电现象时，霍尔电流传感器的输出电压不为零，根据该电压的正负可以进一步判断该漏电电流是来自电源正极还是负极。但是应用这种检测方法的前提是待测动力电池组必须处于工作状态，要有工作电流的流入和流出。由此可见，这种方法无法在电源系统空载的情况下评价电池系统对地的绝缘性能。

在目前的一些电动汽车研发产品中，通常采用母线电压在“直流正极母线～底盘”和“直流负极母线～底盘”之间的分压来表征直流母线相对于车辆底盘的绝缘程度。但是这种电压分压法只能表征直流正负极母线对车辆底盘的相对绝缘程度，无法判别直流正负极母线随车辆底盘绝缘性能同步降低的情况。同时，在直流正负极母线对底盘绝缘电阻差异较大的情况下，采用该方法会出现绝缘性能下降的误判。严格来说，对于电动汽车，只有定量地分别检测直流正极母线和负极母线对车辆底盘的绝缘性能，才能保证电动汽车的电气安全性。

在以上 4 种检测方法中，常用于泄漏电流检测的方法是辅助电源法和电流传感法。

三、常用传感器

1. 漏电传感器

漏电传感器主要用于车上动力电池组的漏电检测。当动力电池组漏电时，漏电传感器发出信号给电池管理器，电池管理器接收到漏电信号后，进行相关保护操作并报警，防止动力电池组的高压电外泄，造成人或物的伤害和损失。图 3-14 所示为比亚迪 e5 漏电传感器总成。

图 3-14　比亚迪 e5 漏电传感器总成

漏电传感器的工作原理是：漏电传感器检测动力电池组负极与地之间的漏电电流，将检测到的信号传递给电池管理器，若检测到漏电和严重漏电，则电池管理器发出警告，整车的其他控制模块可以根据具体故障内容启动相应的故障处理机制。

2. 水温传感器

水温传感器的结构如图 3-15 所示。

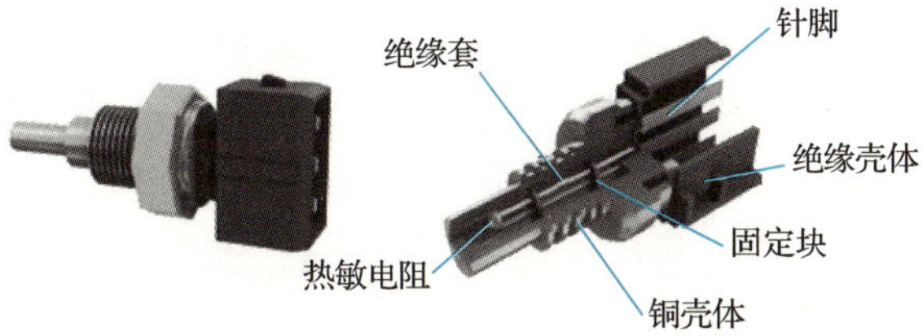

图 3-15 水温传感器的结构

水温传感器的工作原理是：采用负温度系数热敏电阻，其阻值随冷却液温度的变化而变化（温度越低阻值越高，温度越高阻值越低）；同时，在水温传感器输出端输出不同的电压信号至主控制器。

3. 烟雾传感器

烟雾传感器如图 3-16 所示。

图 3-16 烟雾传感器

烟雾传感器的工作原理是：在探测到烟雾后，烟雾信号经过放大器放大后传递给烟雾控制器，从而发出警报。

四、BMS 状态监测

以丰田普锐斯为例，它由 BMS 进行 SOC 控制、蓄电池冷却风扇控制和绝缘异常检测，其 BMS 状态监测如图 3-17 所示。动力电池组中通常有多个温度传感器，基于这些温度传感器，鼓风机可实现合理的占空比控制，以此来维持或将温度调整到特定范围。BMS 基于电流传感器和电压传感器的信息计算充电状态。如果空调正对车厢冷却，鼓风机就处于停转或低挡工作状态，因为进气来自车厢内部。

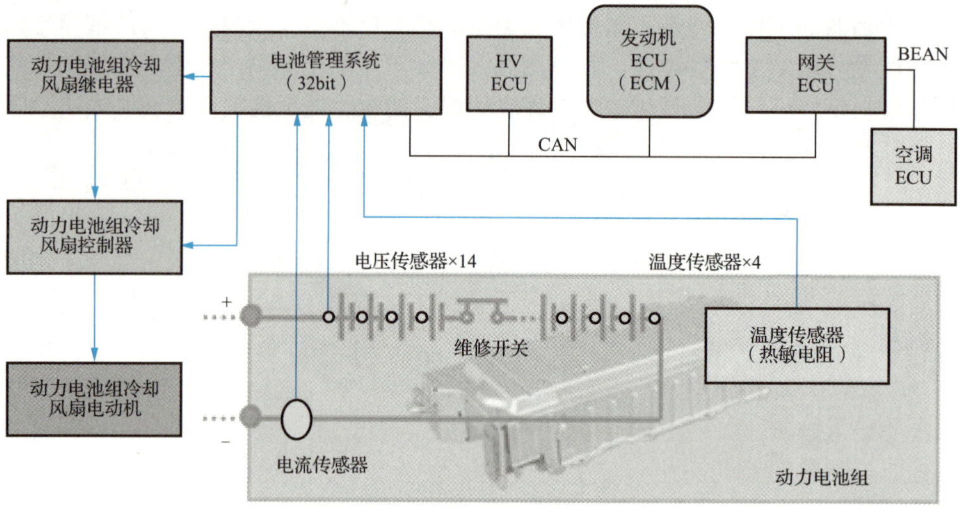

注：ECM 是指引擎控制模块（engine control module）；BEAN 是指车身电子局域网络（body electronic area network）。

图 3-17　丰田普锐斯 BMS 状态监测

1. SOC 控制

SOC 指示动力电池组的充电状况，即充电率，通常是根据动力电池组电压、电流和温度这 3 个参数来进行计算的。SOC 用百分比表示，SOC 为 0%时表示动力电池组完全放电，SOC 为 100%时表示动力电池组处于满电状态。动力电池组的控制系统必须能够确保电池组既不过充电也不过放电。

不同车辆的 SOC 范围有所不同，典型的传统（非插电式）混合动力汽车 SOC 的范围下限约为 40%，上限约为 70%。带充电系统的新能源汽车，无论是插电式混合动力汽车还是插电式电动汽车，其下限为 15%～25%，上限为 85%～95%。这些数值可以通过适当的解码器查看。有些数据流还会显示不同电池组 SOC 之间的差值或增量，这种差值或增量可以帮助技术人员辨认出电池组 SOC 是否均衡。

动力电池组会经过反复的充电/放电循环，在加速过程中放电，在减速过程中利用再生制动功能充电。电池管理器始终根据计算出的充电/放电值进行充电/放电控制，以使 SOC 一直接近目标水平。SOC 充电示例如图 3-18 所示，SOC 的控制目标值约为 60%，最大值约为 80%（通常控制上限约为 75%），最小值约为 20%（通常控制下限约为 30%），可以通过故障诊断仪查看。

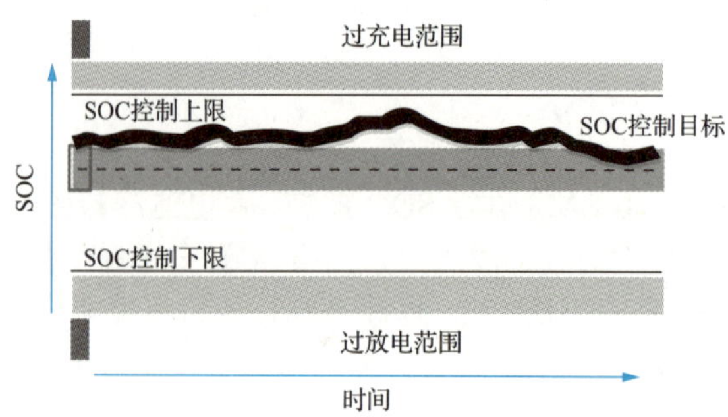

图 3-18　SOC 充电示例

（1）计算 SOC 所需参数

BMS 一般根据动力电池组电流、电压和温度计算 SOC，如图 3-19 所示。

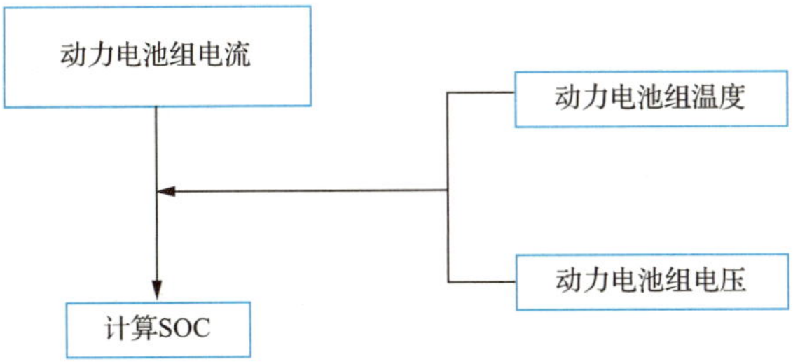

图 3-19 计算 SOC 所需参数

（2）计算电池组 SOC 并判断有无差异

BMS 可根据电池管理器（1 个单元包含两个电池模组）计算电池组 SOC，如图 3-20 所示，并在不同电池模组的 SOC 有差别时设定 DTC。各电池模组的电压和 ΔSOC 也可通过故障诊断仪的 ECU 数据表查看。

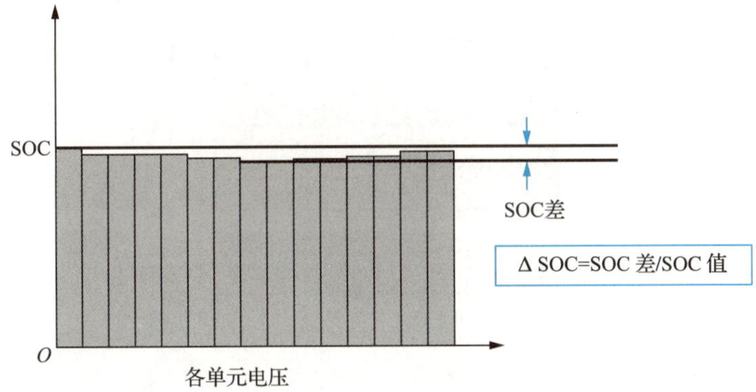

图 3-20 BMS 根据电池管理器计算电池组 SOC

（3）SOC 显示（能源监视器）

很多混合动力汽车和纯电动汽车都设置了动力电池组 SOC 信息显示界面。但这种显示界面为用户做了简化，其显示的 SOC 数据并不一定准确。除非汽车厂家维修手册另有说明，否则技术人员必须通过参考故障诊断仪数据来确定动力电池组的 SOC。丰田普锐斯 SOC 显示在能源监视器上，如图 3-21 所示。SOC 显示根据车型的不同而不同。

图 3-21 丰田普锐斯的能源监视器

SOC 用 8 个线框表示，分别用不同的颜色显示，如表 3-7 所示。

表 3-7　SOC 显示

颜色	线框的数量/个
绿色	7～8
蓝色	3～6
紫色	1～2

相关注意事项如下：①8 个线框≠SOC100%；②0 个线框≠SOC0%；③输出的功率由动力电池组的温度控制（不是根据 SOC）。

SOC 的显示如图 3-22 所示。SOC 显示使用时滞，以防动力电池组充电级别发生改变而导致充电级棒图闪烁。因此，由于时滞影响，SOC 在 IG 切换至 OFF 前后的显示可能不同。例如，SOC 为 56%时，IG 切换至 OFF 前显示 6 个线框，IG 再次切换至 ON 后显示 5 个线框。

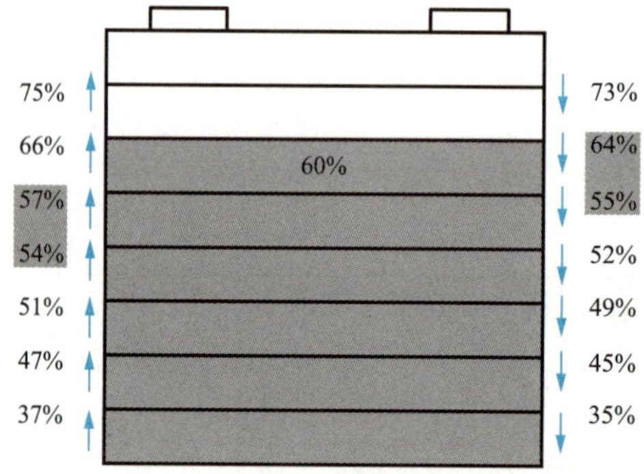

图 3-22　SOC 的显示

2. 动力电池组冷却风扇的控制

电池管理器通过检查动力电池组温度并在温度升高时适当控制冷却风扇，将动力电池组温度控制在适当水平。由于动力电池组安装在车内，车辆静止时使冷却风扇高速运转将产生很大噪声，因此可通过电池管理器控制冷却风扇的转速，将噪声降至最低级别。动力电池组冷却风扇的控制如图 3-23 所示，控制方式根据车型的不同而不同。

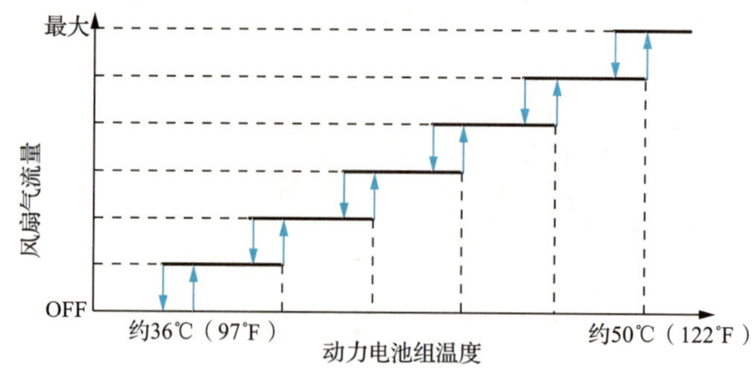

图 3-23　动力电池组冷却风扇的控制

3. 绝缘电阻的监控

为安全起见，新能源汽车高压电路与车身搭铁绝缘。内置于电池管理器的绝缘检测电路持续监视高压电路和车身搭铁之间的绝缘电阻并使其保持不变，如图 3-24 所示。

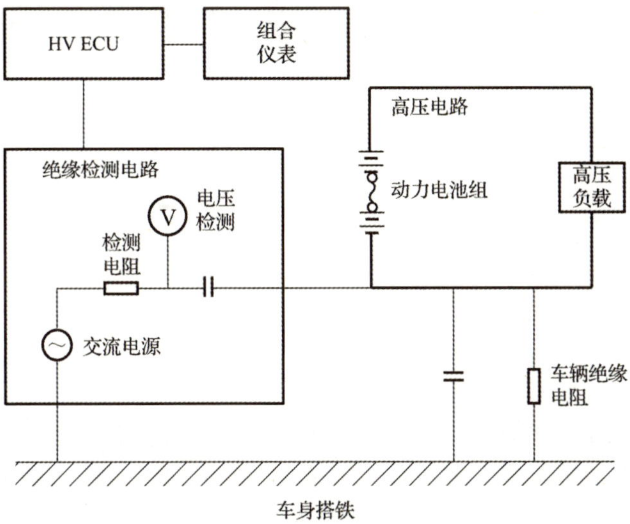

图 3-24　绝缘电阻的监控

判定标准：正对地绝缘阻值及负对地绝缘阻值均大于等于 500Ω/V 为合格，小于 500Ω/V 为不合格。

绝缘检测电路通常位于混合动力汽车或纯电动汽车的电池管理器中。一个典型的绝缘检测电路（图 3-25）中基本需要包含一个交流电源、一个电压表（用于电压检测）和一个含有大电阻的电路，交流电流流经检测电阻、电容及车身搭铁。该大电阻电路需要连接低压底盘接地和高压直流电路的最低电位点（负极端口）。电池管理器（图 3-25 中 HV ECU）对绝缘检测电路进行监测，实时监测该电路中的电阻变化并判断是否出现绝缘故障。在通常情况下，生成诊断故障码的电阻阈值大约是 400kΩ。

有些混合动力汽车和纯电动汽车会一直监测高压电路，而有的车辆只在车辆上电或下电时监测高压电路。有些车辆只用单个绝缘检测电路来监测所有的高压电路，而有的车辆可能会使用一个以上的绝缘检测电路对所有高压电路进行监测。

绝缘故障的一个常见诊断故障码是 P0AA6（混合动力汽车/纯电动汽车电池电压系统绝缘故障）。虽然从这个代码的名字来看它似乎是动力电池组的绝缘故障，但实际上这个故障可能是由其他高压部件引起的。有些混合动力汽车和纯电动汽车制造商采用厂家专用的诊断故障码来识别高压绝缘故障。技术人员通常被要求根据制造商规定的维修检测操作步骤对绝缘故障进行检测和处理。有些车辆可能具有自诊断功能，能够识别绝缘故障的根源，通常这种自诊断功能在汽车的维修手册中有详细介绍。

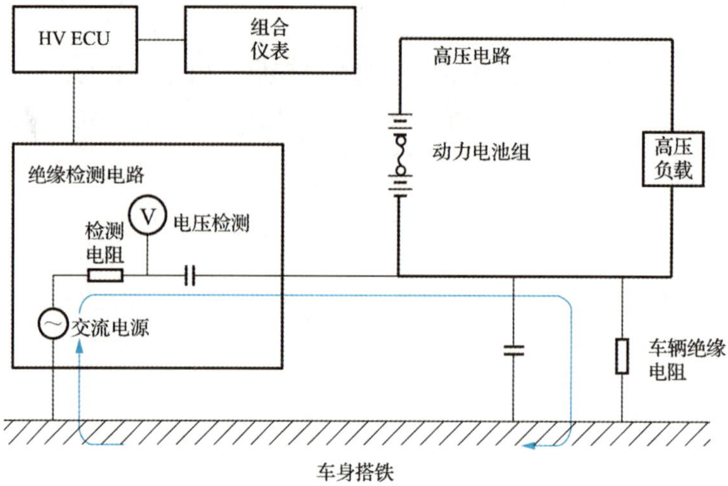

图 3-25 一个典型的绝缘检测电路

车辆绝缘电阻越小，检测电阻的电压越低，交流波也越低，因此可根据交流波的波幅来检测绝缘电阻。绝缘电阻减小转换为 ECU 数据“Short Wave Highest Val”，该数据由 HV ECU 内的绝缘检测电路进行检测，其值为 0～5V，可通过故障诊断仪的 ECU 数据表查看，如图 3-26 所示。

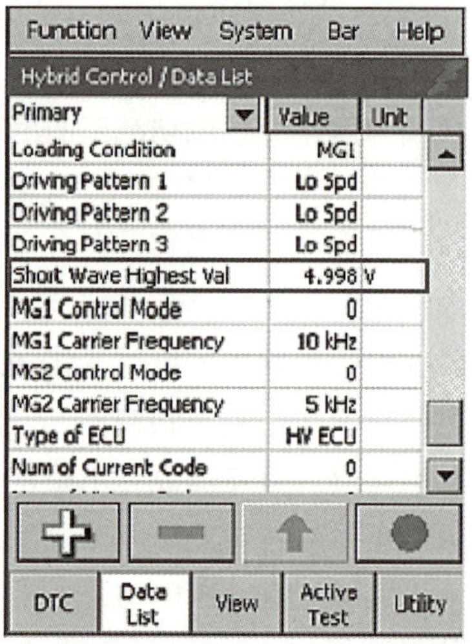

图 3-26 故障诊断仪的 ECU 数据表

图 3-27 所示为“Short Wave Highest Val”的特性。车辆维持上电状态一段时间后，需要进行绝缘检测电路工作情况检查，通常此时的“Short Wave Highest Val”约降至 2V。因为“Short Wave Highest Val”在增压时可能降至 0V，所以在未进行增压时做出绝缘电阻减小的判断。

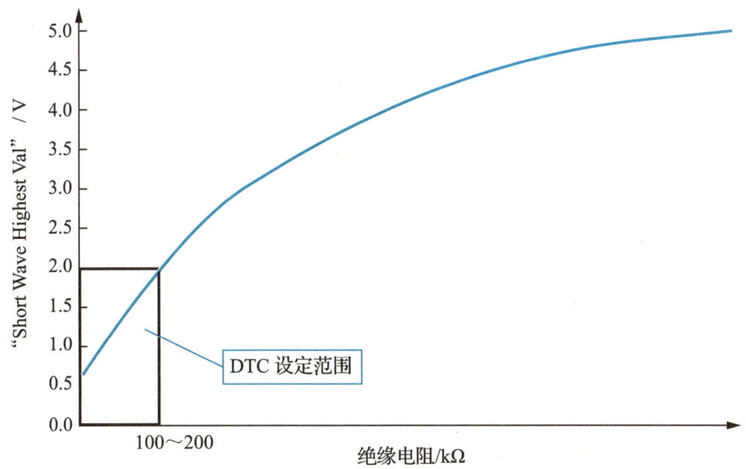

图 3-27 "Short Wave Highest Val"的特性

知识四 动力电池状态估算

学习点拨

通过学习，掌握动力电池 SOC、SOP（state of power，功率状态）、SOH 的估算原理与方法。

BMS 的重要任务之一是通过电池特性、电压、电流、电池内阻、温度等参数准确估算动力电池状态，保证动力电池组工作在安全高效的区间，从而达到延长动力电池组循环寿命和提高其整体效能的目的。电池状态估算包括 SOC 估算、SOP 估算和 SOH 估算。

1. SOC 估算

SOC 是当前动力电池组剩余电量/容量的简称，汽车通过 SOC 掌握目前的荷电状态，即电池还剩下多少电。SOC 是 BMS 中极为重要的参数，其他参数都是以 SOC 为基础的，所以它的精度和鲁棒性（也称纠错能力）极其重要。如果没有精确的 SOC，那么再多的保护功能也无法使 BMS 正常工作，因为电池会经常处于被保护状态，更无法延长电池的循环寿命。

此外，SOC 的估算精度也是十分重要的。对于相同容量的电池，SOC 的估算精度越高，它可提供的续驶里程越长。所以，高精度的 SOC 估算可以有效降低电池成本。例如，克莱斯勒的菲亚特 500e BEV 可以一直放电至 SOC=5%，成为一定时期续驶里程最长的电动汽车。如果没有准确的 SOC 估算，那么可能导致下列情况的发生：①过充电、过放电，导致电池循环寿命缩短、"趴窝"等；②均衡的一致性效果不理想，输出功率降低，动力性能减弱；③为了避免"趴窝"，需要设置冗余电量，从而导致整体能量输出减少。

由此可见，SOC 的精确估算意义重大，同时，其算法也是相关企业的核心竞争力。对驾驶人员而言，SOC 直接反应的是当下的电量状态，他们据此可知车辆还能行驶多远距离，以确保能顺利抵达目的地。对电池本身而言，SOC 的估算受到开路电压、瞬时电流、充放电倍率、环境温度、电池温度、停放时间、自放电率、库伦效率、电阻特性、SOC 初值、DOD 等的非线性影响，并且这些外在特性彼此影响，同时也受不同材料、不同工艺等的影响。

（1）SOC 算法现状

目前 SOC 主流算法有放电法、安时积分法、开路电压法、神经网络法、卡尔曼滤波法等。

1）放电法：用电池进行放电实验，以放出电量的多少作为电池容量，但实际行车剩余电量是用来使车辆行驶的，无法单纯将放电结果作为电量预估标准。

2）安时积分法：通过初始 SOC 与工况状态下电流和时间积分的和来计算当前电量，其计算公式为

$$\mathrm{SOC}(t)=\mathrm{SOC}(t_0)+\frac{1}{C_N}\int_{t_0}^{t}\eta i\mathrm{d}t$$

式中，C_N 为电池额定容量，η为充放电效率，i 为电池电流。

当前安时积分法估算 SOC 精度主要依赖初始 SOC 和瞬时电流的精度，但是随着时间的延长，误差累计严重，并且无法单独修正。

3）开路电压法：根据采用不同材料、工艺电池的开路电压与 SOC 的对应关系来计算 SOC，如图 3-28 所示。

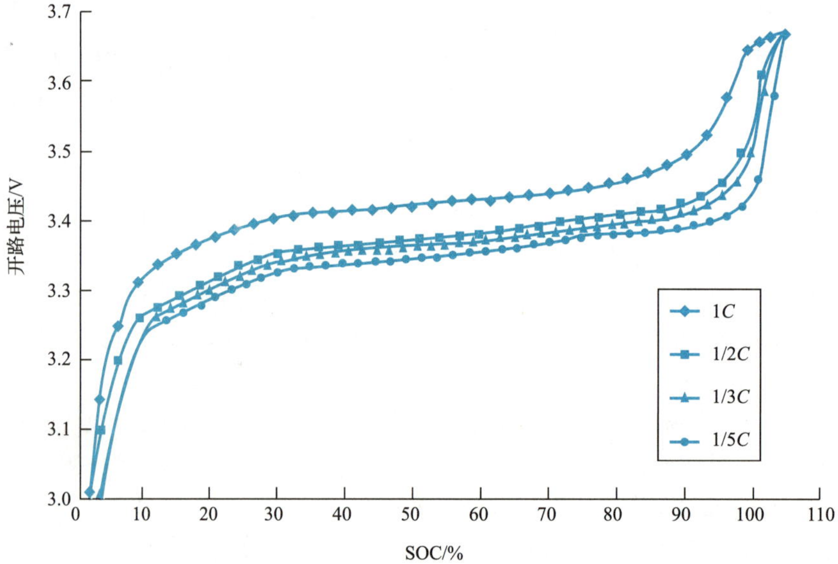

图 3-28　开路电压与 SOC 的对应关系

准确的开路电压需要静置一段时间来恢复，这是因为充电和放电过程会使电池内部化学反应在断电后持续一段时间，延长部分极化状态，形成极化电势，提高或降低瞬时开路

电压，使单纯的开路电压在实际工况下受到行车干扰而不准确。因此，工况下测得的开路电压并不是真实开路电压，只能作为参考。

4）神经网络法：由局部电压、电流、温度、内阻等各种瞬时数据形成输入层，自动归纳规则以形成隐层，经系统模型输出层的收敛和优化形成瞬时 SOC。神经网络法中的各层互不通信，且无联系，但目前还没有达到商业标准的收敛、优化、建模技术，所需成本高，稳定性差，相关技术还处于研发阶段。

5）卡尔曼滤波法：匈牙利的 R.E.Kalman 在 1960 年提出的基于最小均方差的数字滤波算法，用于最优估算动态系统状态。该方法的优点是对 SOC 的初始误差有很好的修正作用；缺点是需要较强的数据处理能力，准确度由电池模型决定。目前，该算法的研究热度很高。

总结来说，神经网络法太难，卡尔曼滤波法的研究热度很高，但并不知道实际技术运行数据，放电法无法实际运用，安时积分法和开路电压法单独使用时误差很大。目前主流的方法是安时积分法与开路电压法相结合，应用较为容易。惠州市亿能电子有限公司、深圳市科列股份有限公司和宁德时代新能源科技股份有限公司等的乘用车 SOC 估算误差基本可以实现不超过 5%。

影响安时积分法和开路电压法的因素非常多，分析这些因素对深入了解电池特性非常有帮助，有助于不断提高和改进 SOC 估算精度。

（2）SOC 影响因素

SOC 的准确性与动力电池组密切相关，即使利用安时积分法和开路电压法，也需要其他影响因素的修正系数。开路电压、瞬时电流、环境温度、停放时间、库伦效率、SOC 初值、放电深度（DOD）、内阻，以及材料特性和工艺等因素彼此相关，共同决定和影响 SOC。

1）开路电压：由于开路电压稳定值与 SOC 的大小存在曲线对应关系，因此特定的电池批次产品能通过拟合开路电压与 SOC 的数值关系来判定 SOC，但实际运行过程中温度越高，开路电压越高。这是因为温度升高，电解液黏度降低，介电常数增大，欧姆内阻减小，电压升高。同时，电极活性材料利用率提高，电化学极化降低，锂离子迁移阻力减小，容量和放电功率增大。温度降低则情况相反。图 3-29 所示为磷酸铁锂电池内阻与 SOC 的关系。

电池在充电时，开路电压升高，受到电极极化影响，电化学反应速率不及充电电荷传递速率，形成极化电势，从而使充电过程中和结束后一段时间内开路电压高于稳定值。充电倍率越高，电化学极化越大，瞬时电压与真实电压误差越大（这也是大电流充电电量不经用的原因，高倍率充电状态的电压值短时间偏大导致 SOC 值偏大，此时 SOC 值如果未计入高倍率充电误差系数，将会失真严重），放电情况则相反。

2）瞬时电流：瞬时充电电流大，此时电子迁出但锂离子还未迁出，负极电势升高；正极得到电子但锂离子还未嵌入，正极电势降低。在这两种情况共同作用下，开路电压降低。充电倍率越高，开路电压降低越明显，瞬时充电则相反。

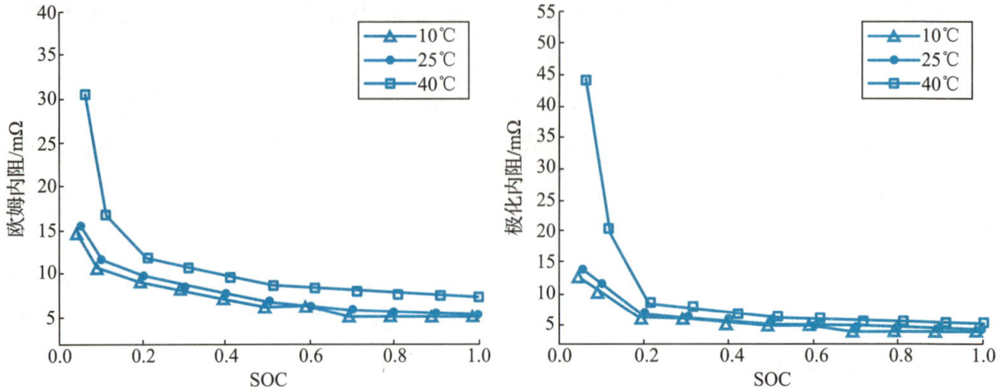

（a）欧姆内阻　（b）极化内阻

图 3-29　磷酸铁锂电池内阻与 SOC 的关系

3）环境温度：温度越高，内阻越低，电解液离子迁移速率越快，电极活性越大，相对可以增大电池的容量和提高输出功率。实际 SOC 因温度升高而变大，因温度降低而变小。

4）停放时间：当停放时间足够长时，它与自放电率的乘积便是电量修正减值。极化电势的衰减和自放电导致的电量降低会影响停放时间。

5）库伦效率：放出电量与充入电量的比值。库伦效率越高，电池稳定性越好，容量折损越少，循环寿命越长。库伦效率与温度、放电倍率、放电深度、循环次数等有关。

6）SOC 初值：直接影响通过安时积分法和开路电压法计算得到的瞬时 SOC，一般在电池均衡后用于准确性标定，其影响因素与 SOC 的影响因素相同。

7）放电深度（DOD）：放电深度不同，稳定开路电压也不同，如果过充电/过放电，则会造成电池不可逆的容量损失，即减小电池整体容量。

8）内阻：分为交流内阻和直流内阻。功率和容量主要受到直流内阻影响。直流内阻分为欧姆内阻和极化内阻。欧姆内阻受到电极材料、电解液、隔膜等影响；极化内阻分为欧姆极化内阻、活化极化内阻、浓差极化内阻，极化内阻与材料、工艺和工作条件密切相关。

9）材料特性：正极材料特性、电解液的温度特性，以及隔膜的浸润性、孔隙率、厚度等，这些特性都会影响 SOC 的估算。

10）工艺：一方面，散热工艺、电解液体系、压实密度等直接影响材料特性和环境温度；另一方面，工艺也直接影响电池的一致性，电池的一致性越好，SOC 的标定越准确。

由于 SOC 的以上影响因素是非线性互相作用的，因此精确标定 SOC 非常困难。精确标定的 SOC 能延长电池循环寿命，提高电池输出功率和经济性，降低维护成本。

2. SOP 估算

SOP 是下一时刻（如下一个 2s、10s、30s）及持续大电流时电池能够提供的最大放电和充电的功率。这里还应考虑持续大电流对熔断器的影响。

SOP 的精确估算可以最大限度地提高电池的利用效率。例如，在制动时可以尽量多地吸收回馈的能量而不伤害电池，在加速时可以提供更大的功率以获得更大的加速度而不伤害电池。SOP 的精确估算也可以保证汽车在行驶过程中不会因为欠电压或过电流保护而失去动力，即使是在 SOC 很低时。对于低温、旧电池及很低的 SOC，精确的 SOP 估算尤其重要。例如，对于一组均衡很好的电池模组，在 SOC 较大时，电芯彼此间 SOC 可能相差很小，如为 1%～2%，但当 SOC 很低时，会出现某个电芯电压急速降低的情况，这个电芯的电压甚至可能比其他电芯电压低 1V。若要保证每一个电芯电压始终不低于电池供应商给出的最低电压，则 SOP 必须精确估算出下一时刻电压急速降低的电芯的最大输出功率，以限制电池的使用，从而保护电池。估算 SOP 的核心是实时在线估算电池的每一个等效阻抗。

3. SOH 估算

SOH 是指电池的健康状态，它包括安时容量和功率变化两部分内容。一般认为，当安时容量衰减 20%或输出功率衰减 25%时，电池的循环寿命就结束了，但这并不是指汽车不能行驶了。对纯电动汽车来说，安时容量的估算更重要，因为它与续驶里程有直接关系，而功率限制只在低 SOC 时才重要。对混合动力汽车或插电式混合动力汽车来说，功率的变化更为重要，这是因为电池的安时容量较小，可以提供的功率有限，尤其是在低温情况下。SOH 既要有高精度也要有鲁棒性，没有鲁棒性的 SOH 是没有意义的。精度低于 20%的 SOH 也没有意义。SOH 的估算也是基于 SOC 估算的。SOH 估算算法是 BMS 的核心，其他算法都是为这个算法服务的。

知识五　动力电池管理系统的均衡管理

学习点拨

通过学习，了解电池均衡方法及其应用。

一、电池均衡管理的意义及均衡原则

1. 电池均衡管理的意义

电动汽车的动力电池组为了满足汽车的容量需求，一般都是由单体电池经过复杂的串并联连接在一起组成的。由于单体电池在制造过程中存在不一致性，并且在使用过程中反复地在不同状态下充放电，因此单体电池的 SOC、自放电率、内阻及容量等参数存在不一致性，这种不一致性会使整个动力电池组的容量减小甚至损坏电池组。为了更好地利用动力电池组，BMS 必须对单体电池进行均衡管理，尽量使单体电池的 SOC 相等。

电池的不一致性是指同一电池组内单体电池的容量、内阻、端电压等出现差异，这是由电池的本质决定的。电池的离散度是指同一电池组内单体电池的容量、内阻、端电压等参数与平均水平的差异，是电池组内单体电池的一种状态。电池的离散度是电池不一致性的表现。导致电池不一致性的原因很多：组成电池的材料本身是不完全一致的，在生产工艺过程中也无法保证每个电池在任何细节上都一样；电池制造完成后，在使用过程中受到外部环境的影响，如受到温度、电位均衡等的影响，会有不同程度的变化。此外，电池之间存在自放电率的差异。不同程度的过充电/过放电等，受此影响，电池之间的不一致性会进一步加剧。通常可以用电压的标准差来衡量电池组内单体电池的离散度：离散度不超过2%时，不影响电池组的使用；离散度为2%～8%时，电池组在高倍率、大功率条件下使用时性能明显受到影响；离散度在大于8%时，电池组能够提供正常功能的工况已经很少。

2. 均衡原则

在没有单体电池损坏的情况下，可以认为电池组的离散主要是由不均衡引起的，可以通过均衡来降低离散度，从而让电池组在更宽的参数范围内发挥作用。

电池组的均衡原则是：向单体电池添加电荷或从单体电池移走电荷，使它们始终处于一种类似的荷电状态。主动式均衡和被动式均衡是电动汽车BMS业界争论的热点之一。主动式均衡BMS的优势在于可实现无损均衡和高能量利用率，但是该产品价格较高，结构复杂。被动式均衡BMS的价格低、功能简单，至今仍被广泛使用。就原理而言，如果将电池组比作木桶，电量低的电池是组成木桶的短板，电量高的是长板，那么被动式均衡做的工作就是“截长不补短”，主动式均衡做的工作是“截长补短”。对于一些所装配电池容量较小的车型，如乘用车和物流车等，其采用的被动式均衡技术已十分成熟，成本也较低。例如，特斯拉电动汽车、宝马i系列汽车和通用汽车公司的某些汽车等采用的就是被动式均衡技术。但是中国企业大多采用主动式均衡方案，即将少量电荷从较大SOC的电池中移走，补充给其他电池。除了日常由维修技师使用电压表和电源手动操作，在静态和开路状态下手动向SOC较小的电池中添加一些电荷，或者从SOC较大的电池中释放一些电荷，此时需要借助复杂的电子设备。

二、电池均衡方法

根据均衡过程中电路对能量消耗情况的不同，均衡方法可分为能量耗散型和能量非耗散型两大类。能量耗散型方法将多余的能量全部以热量的方式消耗掉，能量非耗散型方法将多余的能量转移或转换到其他电池中。根据均衡电路中均衡元器件的不同，均衡方法主要有电阻消耗均衡法、开关电容法、双向DC/DC变流器法、多绕组变压器法、多模块开关选择均衡法、开关电感法等。

（1）电阻消耗均衡法

电阻消耗均衡法通过与单体电池连接的电阻将某单体电池高于其他单体电池的能量释放，以实现各单体电池的均衡。电阻消耗均衡法电路结构示意图如图3-30所示。

每个单体电池均通过一个晶体管与一个电阻相连接，通过控制晶体管的导通与关断实现单体电池对电阻的放电。这种结构控制简单，放电速度快，可实现多个单体电池的同时放电。但其缺点也很明显，能量消耗大，只能对单体电池放电而不能对它充电，并且其他单体电池要以电压最低的单体电池为标准才能实现均衡，效率较低。

（2）开关电容法

在开关电容法电路中，每两个相邻的电池之间添加一个开关元器件，电池利用该开关元器件与电容并联，如图 3-31 所示。开关电容法通过控制开关元器件驱动信号 PWM 的占空比实现相邻两个电池之间能量的传递。例如，当单体电池 B_1 的容量大于单体电池 B_2 的容量，G_1、G_3、G_5 接通，G_2、G_4、G_6 关断时，电容 C_1 通过 G_1、G_3 和单体电池 B_1 并联，单体电池 B_1 将能量传递给 C_1；当 G_1、G_3、G_5 关断，G_2、G_4、G_6 接通时，电容 C_1 和单体电池 B_2 并联，C_1 将能量传递给单体电池 B_2，完成这个周期内的能量传递。以此类推，利用电容，通过控制开关元器件的接通与关断，实现能量的逐级传递。

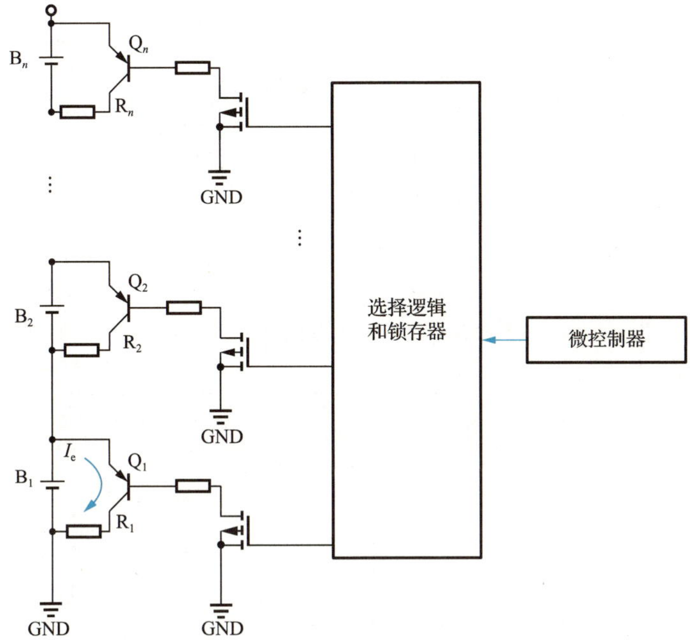

图 3-30 电阻消耗均衡法电路结构示意图

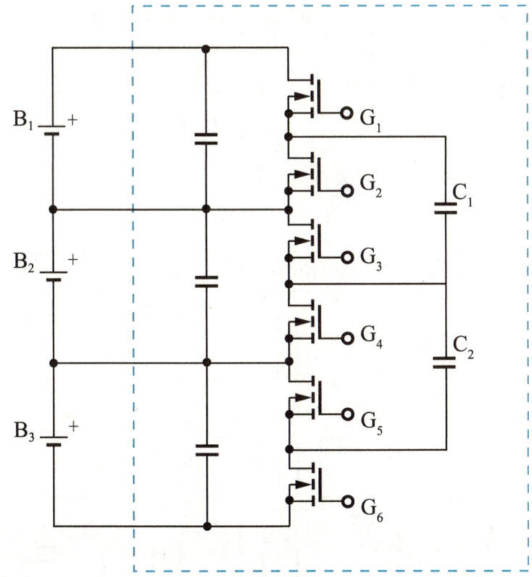

图 3-31 开关电容法电路结构示意图

开关电容法控制简单，可实现充电和放电均衡，但由于能量传递是逐级进行的，因此均衡速度较慢，可以通过改变开关元器件的开关频率和电容容量改变充放电电流。

（3）双向 DC/DC 变流器法

在双向 DC/DC 变流器法电路中，每个单体电池均需先连接一个双向 DC/DC 变流器后再串联，如图 3-32 所示。由于单体电池电压较低，因此一般情况下将单体电池作为低压侧。

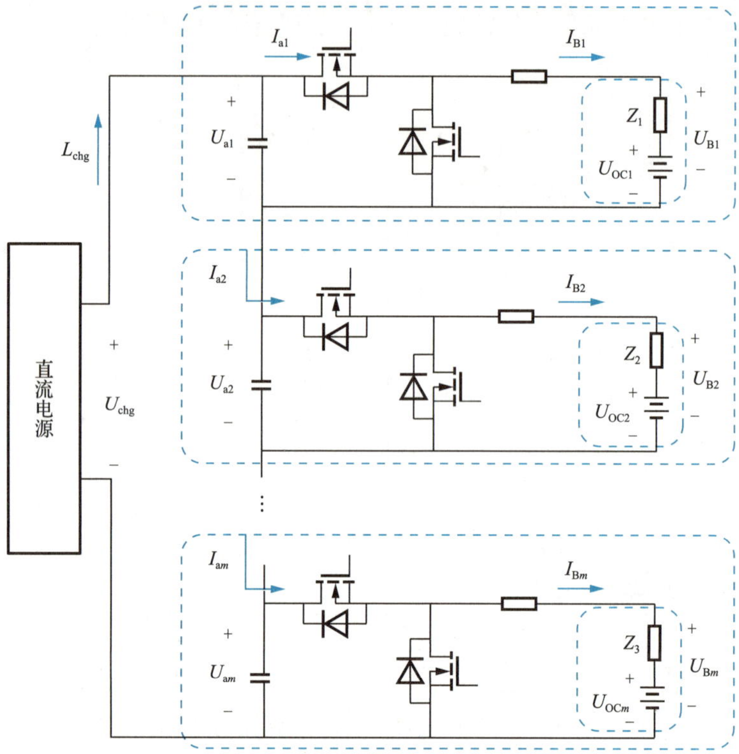

图 3-32　双向 DC/DC 变流器法电路结构示意图

双向 DC/DC 变流器法可以同时对所有单体电池进行充放电，并针对不同单体电池的容量情况控制充放电电流。此方法控制灵活，充放电均衡时间短，但由于每个单体电池都需要连接一个双向 DC/DC 变流器，因此成本较高。

（4）多绕组变压器法

在多绕组变压器法电路中，每个单体电池都连接到变压器的一个副边，如图 3-33 所示。

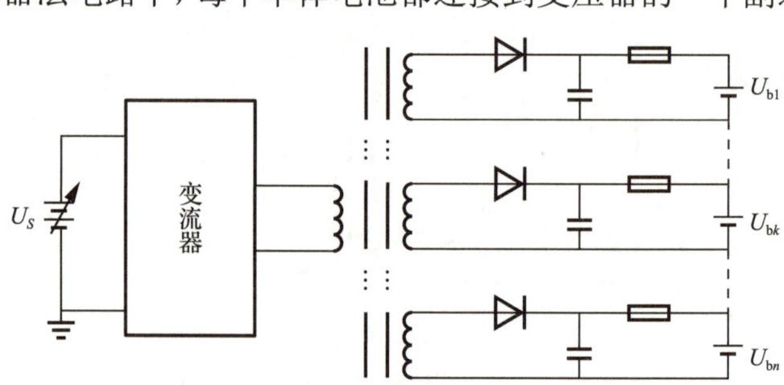

图 3-33　多绕组变压器法电路结构示意图

在对电池组进行电压均衡时，控制变压器副边电压首先高于电压最低的单体电池的电压，此时这个单体电池电路中的二极管导通，其他单体电池连接的二极管由于承受反压而关断，仅为电压最低的单体电池充电，当这个单体电池充电至电压倒数第二高时，再提高副边电压，给电压最低的两个单体电池充电，按照这种规律持续下去。

这种充电方式的多绕组变压器设计复杂，并且价格较高，需要根据不同的单体电池数量改变绕组个数，不利于电池组的扩展，仅能通过为单体电池充电的方式实现均衡。

（5）多模块开关选择法

多模块开关选择法电路结构示意图如图 3-34 所示，由于串联的单体电池数量较多，因此可以将这些单体电池分为 M 个模块，每个模块有 K 个单体电池。

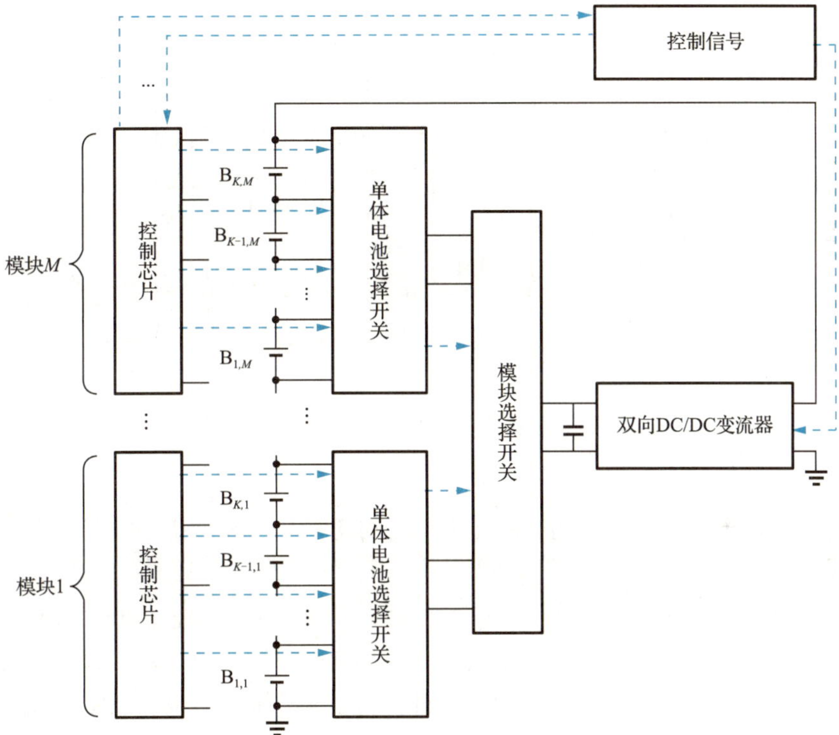

图 3-34　多模块开关选择法电路结构示意图

每个单体电池均有一组开关与双向 DC/DC 变流器相连接，开关由两个反向串联的 MOSFET 组成，在单体电池未选中而进行充放电时，控制芯片控制相应 MOSFET 关断，单体电池与双向 DC/DC 变流器断开连接；利用控制器对某个单体电池进行充电时，通过控制芯片接通对应的光耦，令 MOSFET 导通，将该单体电池与双向 DC/DC 变流器接通。多模块开关选择法控制电路结构示意图如图 3-35 所示。

多模块开关选择法可实现对任何一个单体电池进行单独充放电，充放电电流可控，但由于每次只能针对某一个单体电池进行操作，因此整个电池组的充放电均衡时间较长，尤其是在单体电池数量很多的情况下。

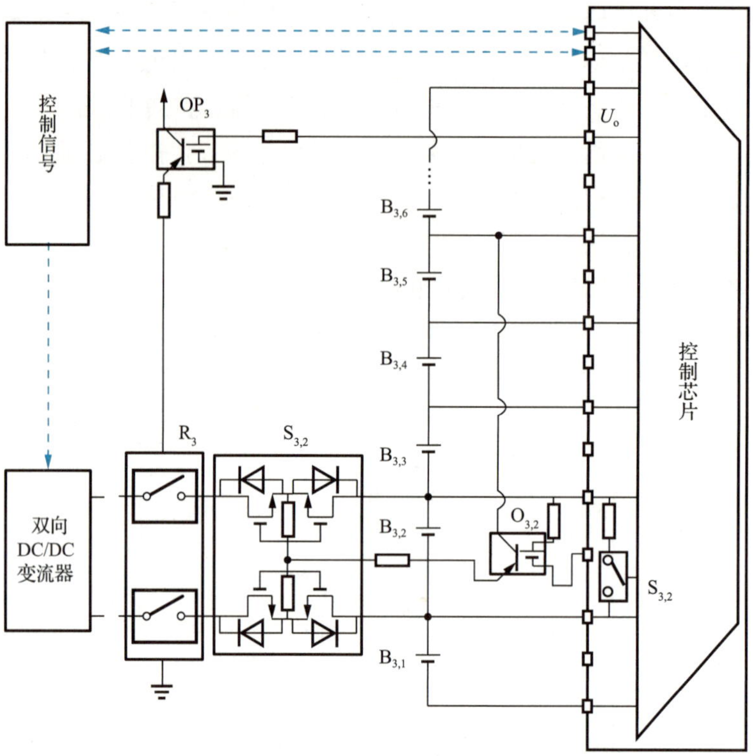

图 3-35　多模块开关选择法控制电路结构示意图

（6）开关电感法

在开关电感法电路中，相邻两个单体电池之间均有一个 MOSFET，每个单体电池都通过 MOSFET 与一个电感相连，如图 3-36 所示。当单体电池 B_1 的容量大于单体电池 B_2 的容量时，首先令开关 Q_1 导通，Q_2 断开，B_1 给电感 L_1 充电；然后令 Q_1 断开，Q_2 闭合，此时电感将存储的能量转移给 B_2。为了保证 Q_1 和 Q_2 不同时导通，可以加入死区，在死区时间内，电感 L_1 通过 B_2、D_2 续流，同时 B_2 既可以向 B_3 传递能量，也可以实现能量反方向的流动，直到所有单体电池容量相同。

开关电感法可以实现相邻单体电池间能量的同时传递，缩短均衡时间，对于 N 个单体电池，需要 $2N-2$ 个 MOSFET 和 $N-1$ 个电感。

电池组各单体电池的均衡对于串联电池组的工作效率和安全起着非常重要的作用，长时间的不均衡会导致整个电池组循环寿命缩短，严重影响整个系统的工作。从以上对各种电池均衡方法的工作原理和优缺点的介绍中可以看出，没有一种方法是十全十美的，需要根据应用场合、均衡时间、串联单体电池数量、成本等因素综合考虑，进行实际应用的选择。

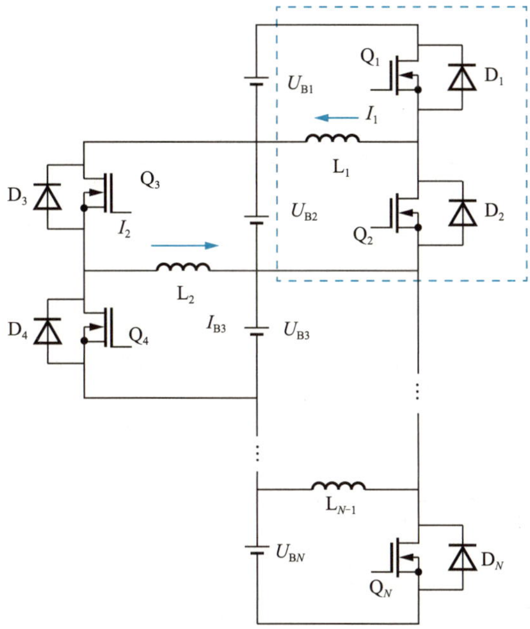

图 3-36　开关电感法电路结构示意图

三、电池均衡应用中存在的主要问题

1）现有的电池均衡方案大都属于电压均衡，电压检测的准确性和精度要求很高，电压检测电路漏电流要小，电池内阻及连接方式也会导致电池电压发生变化，一味按照电压进行均衡势必导致过度均衡，从而浪费能量，甚至导致本来均衡的变得不均衡。

2）能量耗散型电路结构简单，但是均衡电阻不仅消耗能量，还会引起热管理问题，因而这种结构只适用于静态均衡，不适用于动态均衡。

3）能量转移式电路采用电池容量补充的方法，取高补低，但是因为需要对单体电池电压进行检测，所以电路复杂、体积大、成本高，并且储能媒介存在能耗和控制问题，一般只适用于大中型电池组。

4）能量转换式电路是一种能实现能量变换的电路，复杂程度相对较低，成本也较低，但其中的同轴线圈难以保持一致，存在均衡误差和漏磁问题。

任务实施

任务一　动力电池管理系统外部低压连接口认知

一、任务要求

认识并掌握比亚迪 e5、丰田普锐斯、吉利帝豪 EV300 的 BMS 外部低压连接口的定义。

二、任务实施

（1）识读比亚迪 e5 BIC 和 BMS 插口定义

1）比亚迪 e5 BIC（电池信息采集器）插口定义如图 3-37 所示。

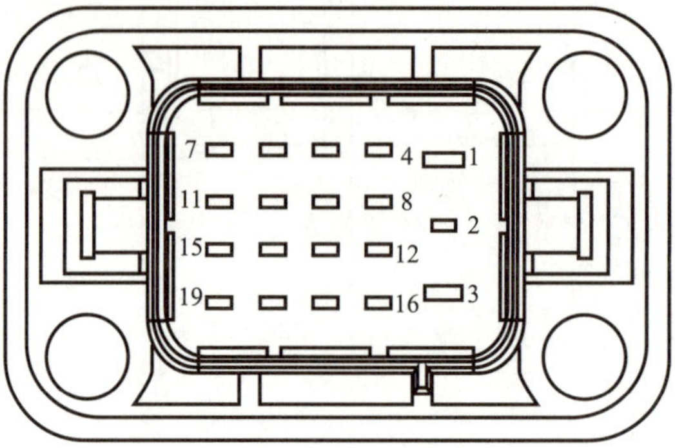

针脚号	名称	信号类型	稳态工作电流/A	冲击电流和堵转电流/A	电源性质（如常电）
D-1	NC				
D-2	NC				
D-3	NC				
D-4	BIC 电源正	电压	1.3		
D-5	负极接触器电源	电压			
D-6	分压接触器电源 1	电压			
D-7	分压接触器电源 2	电压			
D-8	正极接触器电源				
D-9	高压互锁信号输入	PWM			
D-10	BIC CAN 屏蔽地	NC			
D-11	NC	NC			
D-12	BIC CANL				
D-13	BIC CANH				
D-14	高压互锁信号输出	PWM			
D-15	BIC 电源地	电压	1.3		
D-16	负极接触器控制		0.1		
D-17	分压接触器控制 1		0.1		
D-18	分压接触器控制 2		0.1		
D-19	正极接触器控制		0.1		

图 3-37　比亚迪 e5 BIC 插口定义

2）比亚迪 e5 BMS 插口定义如图 3-38 所示。

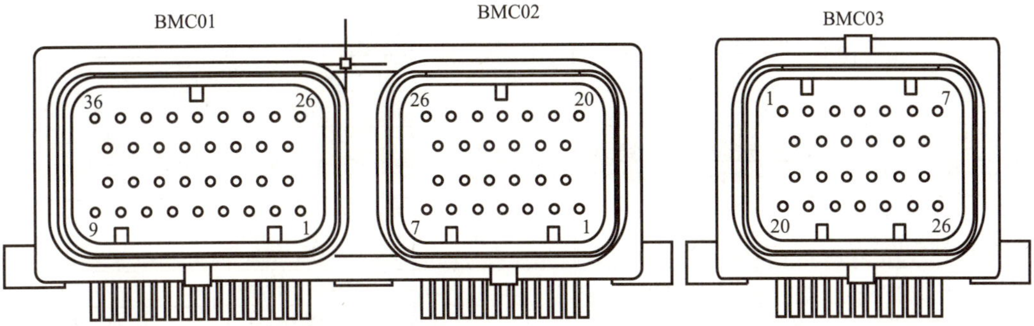

连接端子	端子描述	线色	条件	正常值
BMC01-1～GND	高压互锁输出信号	W	ON 挡/OK 挡/充电	PWM 脉冲信号
BMC01-2～GND	一般漏电信号	L/W	一般漏电	小于 1V
BMC01-6～GND	整车低压地	B	始终	小于 1V
BMC01-9～GND	主接触器拉低控制信号	Br	整车上高压电	小于 1V
BMC01-10～GND	严重漏电信号	Y/G	严重漏电	小于 1V
BMC01-14～GND	12V 蓄电池正	G/R	ON 挡/OK 挡/充电	9～16V
BMC01-17～GND	主预充接触器拉低控制信号	W/L	预充过程中	小于 1V
BMC01-26～GND	直流霍尔信号	W/B	电源 ON 挡	0～4.2V
BMC01-27～GND	电流霍尔+15V	Y/B		9～16V
BMC01-28～GND	直流霍尔屏蔽地	Y/G		
BMC01-29～GND	电流霍尔-15V	R/G	ON 挡/OK 挡/充电	-16～-9V
BMC01-30～GND	整车低压地	B	始终	小于 1V
BMC01-31～GND	仪表充电指示灯信号	G	充电时	
BMC01-33～GND	直流充电正负极接触器拉低控制信号	Gr		小于 1V
BMC01-34～GND	交流充电接触器控制信号	G/W	始终	小于 1V
BMC02-1～GND	DC 12V 电源正	R/B	电源 ON 挡/充电	11～14V
BMC02-4～GND	直流充电感应信号	Y/R	充电时	
BMC02-G～GND	整车低压低	B	始终	
BMC02-7～GND	高压互锁输入信号	W	ON 挡/OK 挡/充电	PWM 脉冲信号
BMC02-11～GND	直流温度传感器高	G/Y	ON 挡/OK 挡/充电	2.5～3.5V
BMC02-13～GND	直流温度传感器低	R/W		
BMC02-14～GND	直流充电口 CAN2H	P		
BMC02-15～GND	整车 CAN1H	P	ON 挡/OK 挡/充电	1.5～2.5V
BMC02-16～GND	整车 CAN 屏蔽地			
BMC02-18～GND	VTOG/车载感应信号	L/B	充电时	小于 1V
BMC02-20～GND	直流充电口 CAN2L	V	直流充电时	
BMC02-21～GND	直流充电口 CAN 屏蔽地		始终	小于 1V
BMC02-22～GND	整车 CANH	V	ON 挡/OK 挡/充电	1.5～2.5V
BMC02-25～GND	碰撞信号	Y/G	启动	约-15V

图 3-38 比亚迪 e5 BMS 插口定义

续表

连接端子	端子描述	线色	条件	正常值
BMC03-1～GND	BIC CANL	V	ON 挡/OK 挡/充电	1.5～2.5V
BMC03-2～GND	BIC CAN 屏蔽地		始终	小于 1V
BMC03-3～GND	1 号分压接触器拉低控制信号	G/B		小于 1V
BMC03-4～GND	2 号分压接触器拉低控制信号	Y/B		小于 1V
BMC03-7～GND	BIC 供电电源正	R/L	ON 挡/OK 挡/充电	9～16V
BMC03-8～GND	BIC CANH	P	ON 挡/OK 挡/充电	2.5～3.5V
BMC03-10～GND	负极接触器拉低控制信号	L/B	接触器吸合时	小于 1V
BMC03-11～GND	正极接触器拉低控制信号	R/G	接触器吸合时	小于 1V
BMC03-14～GND	1 号分压接触器 12V 电源	G/R	ON 挡/OK 挡/充电	9～16V
BMC03-15～GND	2 号分压接触器 12V 电源	L/R	ON 挡/OK 挡/充电	9～16V
BMC03-20～GND	负极接触器 12V 电源	Y/W	ON 挡/OK 挡/充电	9～16V
BMC03-21～GND	正极接触器 12V 电源	R/W	ON 挡/OK 挡/充电	9～16V
BMC03-26～GND	BIC 电源地	R/Y	ON 挡/OK 挡/充电	

图 3-38（续）

（2）识读丰田普锐斯 BMS 插口定义

丰田普锐斯 BMS 插口定义如图 3-39 所示。

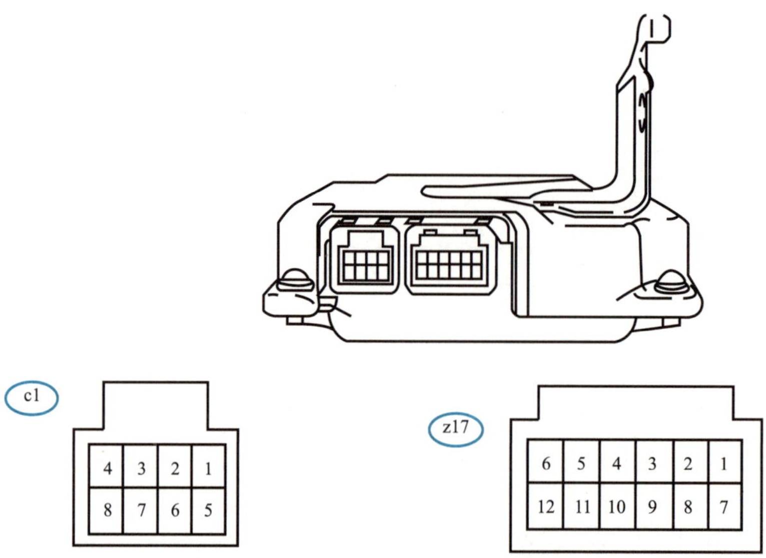

端子编号（符号）	配线颜色	端子描述	条件	标准
z17-4（TB2）-z17-10（GB2）	L-L	蓄电池温度传感器 2	HV 蓄电池温度：-40～+90℃	4.8V（-40）～1.0V（+90℃）
z17-5（TB1）-z17-11（GB1）	B-B	蓄电池温度传感器 1	HV 蓄电池温度：-40～+90℃	4.8V（-40）～1.0V（+90℃）
z17-6（TBO）-z17-12（GB0）	W-W	蓄电池温度传感器 0	HV 蓄电池温度：-40～+90℃	4.8V（-40）～1.0V（+90℃）

图 3-39　丰田普锐斯 BMS 插口定义

续表

端子编号（符号）	配线颜色	端子描述	条件	标准
c1-1（IB）-c1-6（GIB）	P-B	电流传感器	电源开关 ON（READY）	0.5～4.5V
c1-5（VIB）-c1-6（GIB）	G-B	蓄电池电流传感器电源	电源开关 ON（IG）	4.5～5.5V
c1-4（IGCT）-c1-8（GND）	L-W-B	控制信号	电源开关 ON（READY）	11～14V
c1-2（BTH+）-c1-8（GND）	R-W-B	串行通信	电源开关 ON（IG）	产生脉冲（波形 1）
c1-3（BTH-）-c1-8（GND）	G-W-B	串行通信	电源开关 ON（IG）	产生脉冲（波形 2）
c1-7（VM）-c1-8（GND）	V-W-B	蓄电池 0 号冷却鼓风机监视信号	冷却鼓风机激活	0～5V
c1-8（GND）-车身搭铁	W-B	搭铁	始终（导通性检查）	小于 1Ω

图 3-39（续）

（3）识读吉利帝豪 EV300 BMS 插口定义

写出如图 3-40 所示吉利帝豪 EV300 BMS 插口的定义。

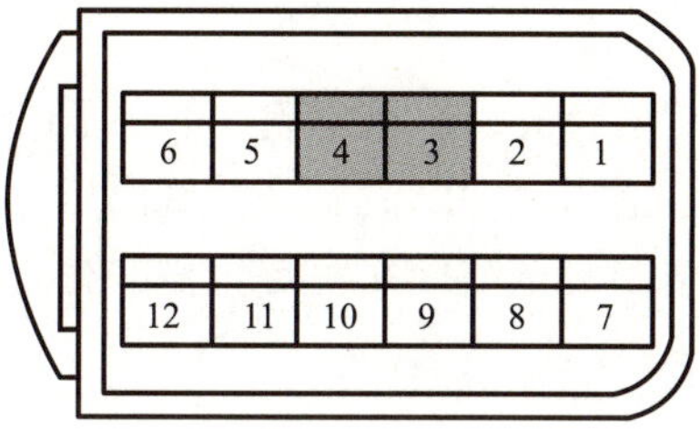

图 3-40　吉利帝豪 EV300 BMS 插口

三、任务评价

按表 3-8 进行考核评价。

表 3-8　考核评价表

序号	评价内容	分数	自评	组评	师评
1	理解工作内容及要求	5			
2	安全防护与仪表设备准备	15			
3	会查阅相关技术手册	5			
4	操作的安全性、规范性与高效性*	50			
5	完成工作页*	15			
6	7S 管理	10			
总分		100			
综合评分（自评分×20%+组长或教师评分×80%）：					
小组长签名：			教师签名：		
学习体会	签名：　　日期：				

注：评价内容栏中，标*的为教师评分项，其他的为自评及组长评分项。

任务二　动力电池组绝缘检测

一、任务要求

按照相关操作规范对动力电池组进行绝缘检测。

二、任务实施

1. 准备工作

操作前，准备好个人安全防护用品及场地安全防护设备。

2. 选用电压表及绝缘电阻测试线

1）检测用电压表精度不低于 0.5 级（小数点后面 4 位），要求具有直流电压检测挡位，量程不低于 500V。

2）绝缘电阻测试线由电工鳄鱼夹、高压电阻（9.9～10.1kΩ）、高压导线组成。要求电工鳄鱼夹耐压为 3kV；高压电阻耐压为 3kV；高压导线耐压为 3kV，过电流能力大于 5A。

3）检测用万用表和绝缘电阻测试线应在鉴定合格的有效期内。

3. 绝缘故障位置、故障码及原因分析

（1）绝缘故障位置分析

电动汽车使用高压绝缘检测电路或几个此类电路来监测车辆高压绝缘材料是否受损并检测绝缘故障。高压绝缘故障可能发生在以下位置：①高压直流电路（正极一侧）和底盘接地之间；②高压直流电路（负极一侧）和底盘接地之间；③高压电路与底盘接地之间。

（2）绝缘故障码分析

当高压电路和底盘接地之间的电阻值低于预定的下限阈值时，系统会认为出现了绝缘故障（高压绝缘异常）并生成故障码，通过组合仪表（如主警告灯亮起）将异常告知驾驶人员。如果在电动汽车上电运行时发生故障，那么多数车辆都只是生成故障码，而不会下电让车辆停止运行。如果出现与绝缘故障有关的诊断故障码，那么车辆在断电之后可能不会重新启动。

（3）绝缘故障原因分析

高压绝缘的可能故障原因如下：①高压电池电解液泄漏到底盘接地；②电机绕组与定子铁心或变速器壳体接触；③在裸露的高压元器件连接线附近有与车身连接的金属物；④高压绝缘材料受损。

4. 实施检测

1）测量动力电池组正极与托盘之间的开路电压 $U_{正}$，如图 3-41（a）所示。

2）测量动力电池组负极与托盘之间的开路电压 $U_{负}$，如图 3-41（b）所示。

3）比较 $U_{正}$ 和 $U_{负}$，执行下一步。

4）若 $U_{正}>U_{负}$，则在动力电池组正极与托盘之间并联高压电阻 R（阻值为 9.9～10.1kΩ），同时用电压表测量高压电阻两端的电压，如图 3-41（c）所示。

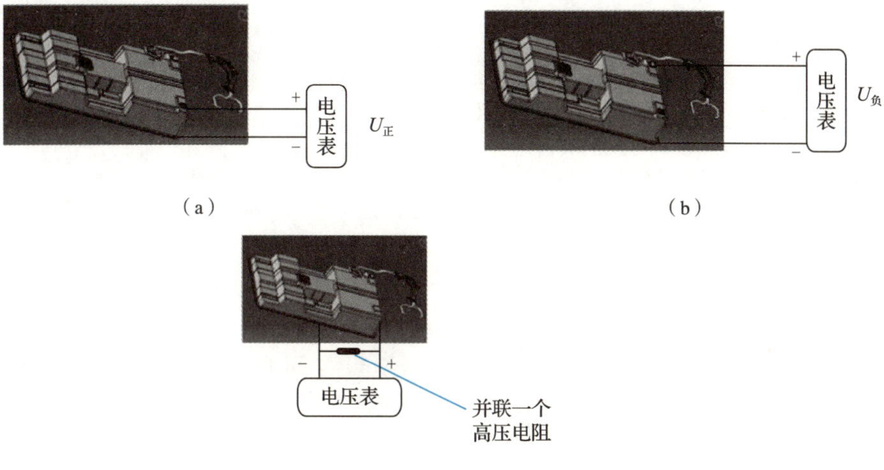

图 3-41　动力电池组绝缘检测步骤

5）计算动力电池组的绝缘电阻值，判断是否存在绝缘故障。

$$绝缘电阻=\frac{\dfrac{U_{正}-U_{负}}{U_{负}}\times R}{动力电池组电压}>500\Omega/V时，说明不漏电$$

$$绝缘电阻=\frac{\dfrac{U_{正}-U_{负}}{U_{负}}\times R}{动力电池组电压}\leqslant 500\Omega/V时，说明漏电$$

三、任务评价

按表 3-9 进行考核评价。

表 3-9　考核评价表

序号	评价内容	分数	自评	组评	师评
1	理解工作内容及要求	5			
2	安全防护与仪表设备准备	15			
3	会查阅相关技术手册	5			
4	操作的安全性、规范性与高效性*	50			
5	完成工作页*	15			
6	7S 管理	10			
总分		100			
综合评分（自评分×20%+组长或教师评分×80%）：					
小组长签名：			教师签名：		

续表

学习体会	签名：　　　　日期：

注：评价内容栏中，标*的为教师评分项，其他的为自评及组长评分项。

任务三　动力电池管理系统的更换

一、任务要求

根据相关规范正确更换比亚迪 e5、丰田普锐斯等的 BMS。

二、任务实施

1. 准备工作

操作前，准备好个人安全防护用品、场地安全防护设备及仪器仪表。

2. 实施步骤

（1）更换比亚迪 e5 BMS

比亚迪 e5 BMS 位于高压电子控制单元后面，如图 3-42 所示。

图 3-42　比亚迪 e5 BMS

若确认 BMS 存在问题，车辆不能运行，则按以下步骤进行更换：

1）将车辆退电至 OFF 挡，等待 5min。

2）打开前舱盖，拆下低压电池负极。

3）拔掉 BMS 上连接的动力电池采样线和整车低压线束的接插件，拔掉整车低压线束在 BMS 支架上的固定卡扣。

4）用 10 号套筒拆下 BMS 的 3 个固定螺母。

5）装上新的 BMS，插上动力电池采样线和整车低压线束的接插件，并确认问题是否解决。

6）确认问题解决后，用 10 号套筒拧紧 BMS 的 3 个固定螺母。

7）安装低压电池负极，整车上电，再次确认问题已解决。

在更换 BMS 时，应根据原车动力电池组数据标定电池容量和 SOC，如图 3-43 所示。

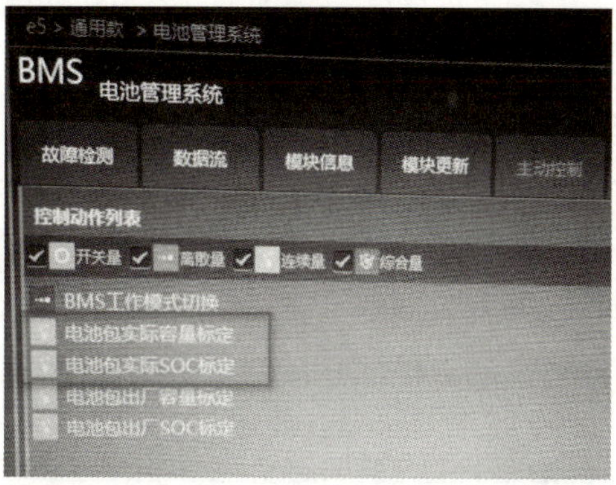

图 3-43　动力电池组容量和 SOC 的标定

（2）更换丰田普锐斯 BMS

除位置不同外，丰田普锐斯 BMS 的更换步骤与比亚迪 e5 BMS 的更换基本相同。丰田普锐斯 BMS 位于动力电池组内，断开 3 个连接器和两个固定螺栓即可拆下丰田普锐斯 BMS，如图 3-44 所示。丰田普锐斯 BMS 的安装步骤与拆卸步骤相反，螺栓拧紧力矩为 7.5N·m。

图 3-44　丰田普锐斯 BMS 上的连接器和固定螺栓

三、任务评价

按表 3-10 进行考核评价。

表 3-10　考核评价表

序号	评价内容	分数	自评	组评	师评
1	理解工作内容及要求	5			
2	安全防护与仪表设备准备	15			
3	会查阅相关技术手册	5			
4	操作的安全性、规范性与高效性*	50			
5	完成工作页*	15			
6	7S 管理	10			
总分		100			
综合评分（自评分×20%+组长或教师评分×80%）：					
小组长签名：			教师签名：		
学习体会	签名：　　日期：				

注：评价内容栏中，标*的为教师评分项，其他的为自评及组长评分项。

思考与练习

一、单选题

1．电池管理系统的英文缩写是（　　）。

A．HMU　　B．BCU　　C．BMS　　D．ABS

2．BMS 通过通信接口实现（　　）与车载设备或非车载设备的通信。

A．数据和信息　　B．电压信号和电池参数

C．电池参数和信息　　D．电压信号和信息

3．BMS 中一般采用双 CAN 总线通信，其内部各模块之间使用一条内部 CAN 总线，另外一条 CAN 总线用于（　　）。

A．与单体电池的通信　　B．接入外部整车 CAN

C．接入 BMS 中央电控单元　　D．与 ECU 通信

4．BMS 应能监测（　　）。

A．动力电池组平均充放电强度、工作电流、温度、电池组电压等参数

B．动力电池组单体电池电压平均值、工作电流、温度、电池组电压等参数

C．动力电池组单体电池的电压、工作电流、温度、电池组电压等参数

D．动力电池组单体电池的电压、工作电流、温度、累计工作次数等参数

5．以下不属于能量非耗散型均衡方法的是（　　）。

A．开关电容法　　B．开关电感法

C．双向 DC/DC 变流器法　　　　D．旁通电阻法

6．可用于判断动力电池是否出现绝缘故障的绝缘电阻阈值是（　　）Ω/V。

A．300　　B．500　　C．800　　D．1000

二、多选题

1．BMS 通过对电动汽车动力电池组充放电进行有效控制可以（　　）等。

A．增加续驶里程　　　　B．延长循环寿命

C．降低运行成本　　　　D．减少排气污染

2．BMS 的基本作用是进行温度控制、电池故障诊断，以及（　　）等。

A．防止过充电，避免深度放电

B．保持电池组电压和温度平衡

C．预测电池的剩余荷电量和还能行驶的里程

D．电流和电压的控制

3．数据交换可采用不同的通信方式，主要有（　　）等。

A．模拟信号　　　　B．PWM 信号

C．CAN 总线通信　　　　D．D2G 串行通信接口

4．目前，动力电池组 BMS 中采用的通信方式主要有（　　）。

A．D2G 串行通信接口　　　　B．CAN 总线通信

C．模拟信号　　　　D．PWM 信号

5．数据采集可以通过（　　）来实现。

A．冷却液温度传感器　　　　B．摄像机

C．步进电机　　　　D．示波器

6．数据采集可以直接得到（　　）等参数。

A．剩余电量　　B．电流　　C．温度　　D．电压

三、简答题

1．简述 BMS 的组成及工作原理。

2．BMS 的数据采集包括哪些内容？常用方法有哪些？

3．纯电动汽车中的 BMS 有哪些功能？其核心功能是什么？

4．简述动力电池组漏电检测的步骤。

5．动力电池组常用均衡方法有哪些？它们各有哪些优缺点？

项目四

动力电池组热管理系统认知与检修

项目导读

近年来，随着电动汽车的快速发展，如何解决电动汽车带来的安全问题成为汽车行业热点话题和难点。与大多数电池一样，动力电池也只有在特定的温度范围内才能保持良好的性能，过高或过低的温度都会直接影响动力电池的循环寿命和性能，并可能引起电池系统的安全问题。电池温度过高会导致热失控，甚至引发火灾，图 4-1 所示为发生起火事故被烧坏的电动汽车。为了维持动力电池组的性能，大多数新能源汽车配有动力电池组热管理系统。为了使该系统处于良好的运行状态，应定期进行维护和保养，必要时进行更换。

图 4-1　发生起火事故被烧坏的电动汽车

本项目主要学习内容如下：

相关知识	实践活动
1. 动力电池组热管理系统的功能、类型和工作原理。 2. 热失控及其机理	动力电池组冷却鼓风机总成的更换

学习目标

通过本项目的学习达成如下学习目标：

知识目标	能力目标	思政要素和职业素养目标
1. 了解动力电池组热管理系统的功能、类型和工作原理。 2. 了解热失控及其机理	会进行动力电池组热管理系统组件的检测与更换	1. 严格执行汽车检修技术标准与工艺规范，养成科学、严谨的工作态度。 2. 增强安全意识、质量意识，树立社会责任感。 3. 遵规守纪，自觉践行行业道德规范
对接《智能新能源汽车职业技能等级标准》“新能源汽车动力驱动电机电池技术”模块——电动驱动冷却系统检测维修		

知识准备

知识一　动力电池组热管理系统的功能、类型和工作原理

学习点拨

通过学习，了解动力电池组热管理系统的功能、类型并熟练掌握其工作原理。

一、动力电池组热管理系统的功能

热管理系统是通过冷却或加热方式对电池系统进行温度控制的一种管理系统。电池温度控制对于电池的性能有很大影响，性能良好的动力电池组热管理系统可以及时带走电池工作时所产生的过多热量，使电池的温升处于合理范围，改善电池工作环境，从而达到延长电池循环寿命和增加其可靠性的目的。有的动力电池组热管理系统还具有加热功能，能够确保在极端低温环境下电池仍保持合理的工作温度。动力电池热管理的两个重要目标：保持电池内和电池间的温度均衡；将电池绝对温度控制在合理范围内。

动力电池组热管理系统性能的好坏直接影响电池组的效能、循环寿命和使用安全性。动力电池组热管理系统的功能主要如下：

1）电池温度的准确测量和监控；

2）当电池模组温度超过限值时，有效散热和降温；

3）低温条件下的快速加热，以使电池系统处于正常运行的温度范围；

4）保证动力电池组温度场的均匀分布，减小单体电池之间的温度差异。

动力电池组热管理系统的设计目标：根据车辆典型的运行工况和动力电池组的发热功率，选择合适的热管理方式，基于电池的温度特性合理设计热管理策略，保证动力电池组内各单体电池都工作在合理温度范围，同时尽量维持动力电池组内各单体电池及电池模组之间的温度均衡。

二、动力电池组热管理系统的类型

动力电池组热管理系统有两种：风冷系统和水冷系统。当环境温度较低时，许多动力电池组的热管理系统负责对电池组进行加热。

大多数传统的混合动力汽车采用的都是风冷式电池组。但插电式混合动力汽车和纯电动汽车中只有少部分使用的是风冷式电池组，其他大部分都使用水冷式电池组。少数汽车（如比亚迪 e5）甚至不使用冷却系统。比亚迪 e5 使用的动力电池组正常工作温度范围为 20～80℃，适合在我国大部分地区使用，可不装专用的散热冷却风机。实际装车使用证明，依靠车辆行驶途中的气流就可达到散热的要求。

1. 动力电池组风冷系统

风冷式电池组的主要运作原理是：使用一个或多个风机从汽车车厢内一个或多个进气口将空气抽入电池组壳体内进行冷却。当环境温度过低或过高时，汽车车厢会使用加热或制冷功能。在高温天气电池组一般接收冷风，在寒冷天气一般接收热风。大部分风冷式电池组还装有 PTC 加热器进行辅助加热。

风冷式电池组的进气口通常在车厢内相对靠近电池组的位置，并且可能位于以下多个地方：①汽车后座坐垫下；②汽车座椅靠垫某一侧；③汽车的内饰中；④汽车（轿车）的行李架上。

图 4-2 所示为丰田普锐斯风冷式电池组的进气口，位于后排座椅靠垫边上。

图 4-2 丰田普锐斯风冷式电池组的进气口

当外界气温较高时，可以将驾乘舱温度较低的冷空气用 12V 鼓风机电机（通常是鼠笼式电机）从进气口吸入镍氢电池组的壳体内为电池组降温，冷空气在电池组壳体内部流动过后被加热，冷却完毕后，风冷系统的排气管通常向车外排气。丰田普锐斯风冷式电池组的排气口如图 4-3 所示。有些排气管明显可见，而有些排气管则比较隐蔽，如隐藏在汽车后保险杠盖下。

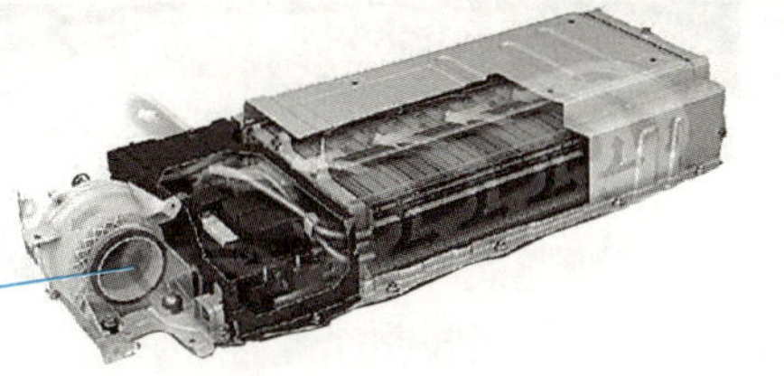

图 4-3 丰田普锐斯风冷式电池组的排气口

鼓风机电机控制器会根据电池组中电池温度传感器读取的电池组温度做出相应的参数调整（如进行转速调整）。车型不同，电池组中电池温度传感器的数量也不同。丰田普锐斯进气冷却温度传感器安装在电池鼓风机到电池组的通道底部，用于检测进入电池组的空气温度。由于动力电池组在车架上的布置空间有限，因此绝大多数新能源汽车的电池组水平安装，鼓风机安装在进气管的前方，电池组的底部是冷空气的通道，上部是向车外排热风的通道，如图 4-4 所示。

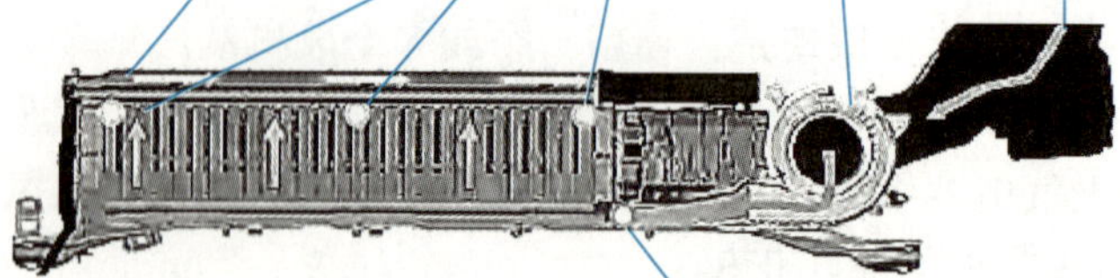

图 4-4 丰田普锐斯通风管道结构

2. 动力电池组水冷系统

某些插电式汽车使用的大型动力电池组可能难以被风冷系统有效地冷却或加热，尤其是在寒冷的天气，因为此时往往需要更长的时间来加热大型动力电池组以使其达到合适的工作温度。汽车在行驶时，动力电池组的温度若低于汽车全功率运行所需的最低温度，则可能影响动力电池组的循环寿命。因此，插电式混合动力和纯电动汽车大都使用水冷系统对其动力电池组进行冷却。图 4-5 所示为特斯拉动力电池组水冷系统。

图 4-5 特斯拉动力电池组水冷系统

特斯拉每个电池模组都需要通入一定量的冷却液。特斯拉动力电池组的冷却液并没有泵进行驱动，而是主动流动的，特斯拉整个电池组所有冷却液管路（铝管）都是相通的，冷却液可热胀冷缩进行一定范围的流动。冷却液呈绿色，由 50%的水和 50%的乙二醇混合而成。冷却液配合铝管使用，主要用于保持电池温度的均衡，防止电池局部温度过高导致电池性能下降。特斯拉的电池热管理系统可将动力电池组之间的温度差控制在-2～+2℃，从而延长动力电池组的循环寿命。

还有一部分新能源汽车的动力电池组水冷系统通常使用一个或多个电水泵：电水泵将冷却液泵入散热器，散热器中的冷却液流入电池组冷却路径，带走热量并流出电池组。不同车型有不同的电池组冷却路径，有的冷却系统甚至使用多个电水泵和冷却循环回路来同时冷却其他的高压部件。某些动力电池组水冷系统还会使用冷凝器来对流经电池组后的冷却液进行再一次的冷却。许多新能源汽车的冷却回路同时作为加热回路。在极冷天气下对电动汽车进行充电时，加热系统可能被自动激活。图 4-6 所示为宝马动力电池组内的冷却组件。

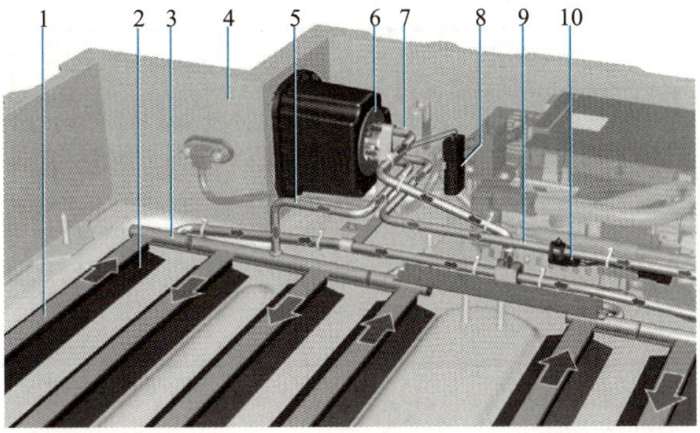

1—热交换器；2—弹簧条；3—冷却通道连接装置；4—动力电池组壳体；5—制冷剂供给管路；6—膨胀和截止阀连接法兰；7—制冷剂回流管路；8—电气加热装置插头；9—制冷剂供给管路；10—制冷剂温度传感器。

图 4-6 宝马动力电池组内的冷却组件

在宝马动力电池组内部，制冷剂在制冷剂供给管路、制冷剂回流管路和冷却通道内流动。由入口管路流入的制冷剂直接在动力电池组接口处分为两路（分别供给两个制冷剂供给管路），之后分别进入两个冷却通道并在冷却通道内吸收电池模组的热量。在冷却通道末端，制冷剂被输送至相邻冷却通道内，由此回流并继续吸收电池模组的热量。带有蒸发态制冷剂的 4 个管路段在某处汇集为一个共同的回流管路通到抽吸管路接口处。在其中一个制冷剂供给管路上还有一个温度传感器，该传感器的反馈信号直接由 BMS 读取。

为了确保冷却通道可以较好地排出电池模组热量，必须用均匀的压紧力使冷却通道与电池模组紧密贴合。该压紧力通过嵌有冷却通道的弹簧条产生。弹簧条支撑在动力电池组壳体上，从而使冷却通道与电池模组紧密贴合。

温馨提示

制冷剂管路、冷却通道和弹簧条构成了一个单元，在进行修理时只能以整体单元形式更换。该单元也称热交换器，但注意不要与传统车辆前部的热交换器混淆。

较长的冷却通道不采用自支撑设计而采用相对较小的壁厚设计，这样可使冷却通道具有出色的导热性，但其机械稳定性较差。当冷却通道处于安装状态时，动力电池组壳体可确保机械稳定性，但在维修过程中对热交换器进行操作时要特别小心，至少需要由两个人来抬起新的热交换器，否则很容易导致新部件损坏。

三、动力电池组热管理系统的工作原理

动力电池组热管理系统可实现不加热也不冷却、冷却和加热 3 种运行状态，主要根据电池温度、车外温度，以及动力电池组获取或输送的功率来启用这几种运行状态。动力电池组热管理系统的工作原理如图 4-7 所示。

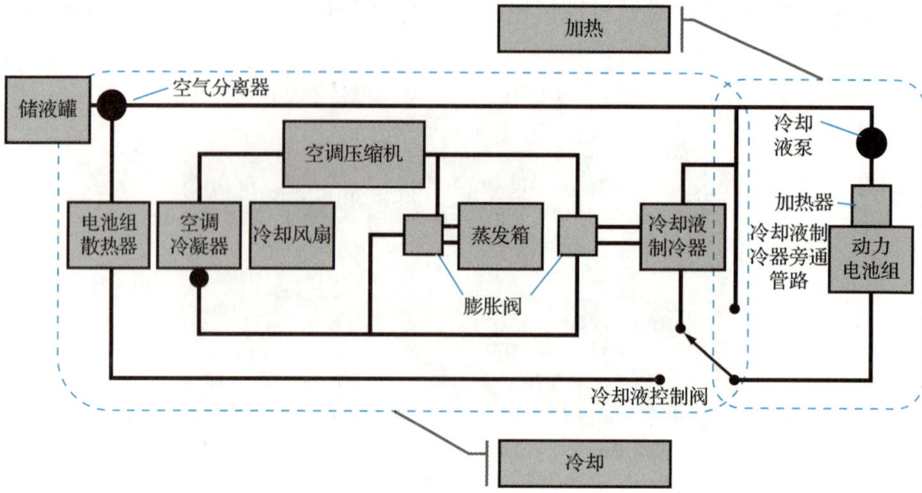

图 4-7　动力电池组热管理系统的工作原理

为了尽可能延长动力电池组的循环寿命并获得最大功率，需要在规定温度范围内使用动力电池组。需要注意的是，这些温度限值是指实际电池温度而非车外温度。当温度范围为-40℃～+50℃时，动力电池组处于可运行状态。就温度特性而言，动力电池组是一个惰性系统，即它需要一定时间才能从低温或高温达到环境温度。因此，在炎热或寒冷的环境下短暂停留并不表示动力电池组已经达到同样温度。但就循环寿命和输出功率而言，最佳电池温度范围（25～40℃）明显受限（这里指的是单体电池温度，而不是车外温度）。如果单体电池温度持续明显超出该范围，同时有大功率输出，那么会对单体电池的循环寿命产生不利影响。为了消除该影响并在任何车外温度条件下确保电池有最大功率输出，动力电池组带有自动运行的加热和冷却装置，该装置接入空调系统制冷剂循环回路。

1. 不加热也不冷却运行

如果单体电池温度已处于最佳范围（25～40℃），那么会启用不加热也不冷却的运行状态。车辆在合适环境温度下以较低功率行驶时，通常会启用该运行状态。动力电池组壳体底部面积较大，非常利于散热，通过此处释放热量（借助行驶风）。该运行状态非常高效，因为不需要其他能量来对动力电池组进行温度调节。相关组件按以下方式工作。

1）动力电池组内的加热装置不通电。

2）电动空调压缩机不运行或不进行动力电池组冷却，但当必须对车内空间进行冷却时可以运行。

3）动力电池组上的膨胀阀关闭。由于所有电池模组都位于动力电池组同一个壳体内并通过该壳体形成热接触，因此所有单体电池的温度基本相同。

2. 冷却运行

当单体电池温度增加约 30℃时，动力电池组热管理系统就会开始冷却动力电池组。常规冷却控制如图 4-8 所示。BMS 通过一个按脉冲宽度调制的信号接通冷却液泵，此时冷却液进行循环并将少量热量从动力电池组上带走（循环模式）。冷却液泵输送冷却液，冷却液流过循环通道。只要冷却液温度低于电池模组温度，就可以只靠冷却液循环来冷却电池模组。

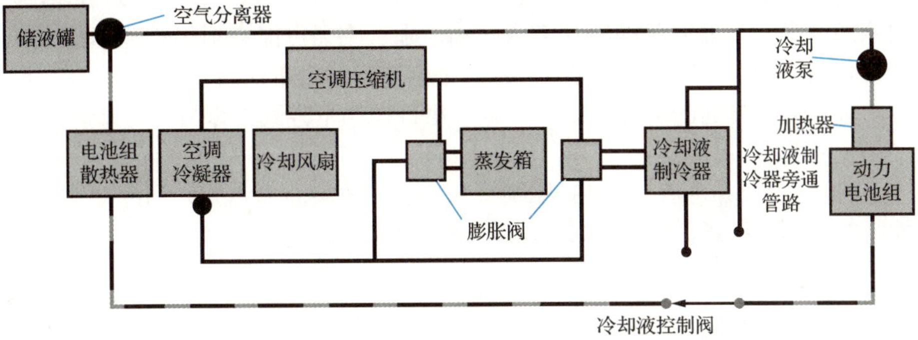

图 4-8　常规冷却控制

如果冷却液温度升高，不再足以将动力电池组温度维持在所需范围（25～40℃），那么必须降低冷却液温度，这需要借助冷却液-制冷剂热交换器（简称冷却液制冷器）实现。冷却液制冷器是动力电池组冷却液循环通道和空调制冷剂循环通道之间的接口。增强冷却控制如图 4-9 所示。

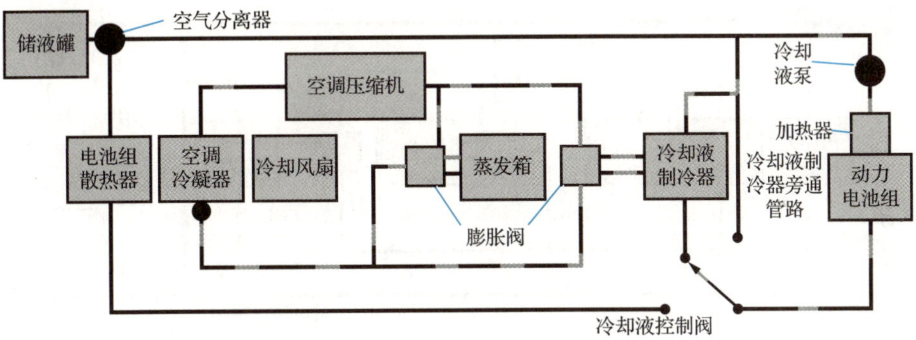

图 4-9　增强冷却控制

当冷却液制冷器上的冷却液控制阀和旁通阀受电动控制并因此而关闭时，膨胀阀上压力下降，制冷剂降至较低温度（低于 10℃）。液态制冷剂流入冷却液制冷器后流过动力电池组内的冷却通道并蒸发，此时制冷剂吸收电池模组的热量对它进行冷却。电池模组有时也从在冷却液循环通道中流过的冷却液中吸收热量。蒸发的制冷剂离开动力电池组后，经电动空调压缩机压缩，然后被输送至空调冷凝器内液化，在这里恢复为液态。由此，制冷剂可重新吸收热量。虽然该过程需要高压车载网络提供能量，但其意义重大，只有这样才能确保动力电池组具有较长循环寿命和较高效率。

如果单体电池温度已在最佳范围或比该范围温度低，则启用冷却液制冷器关闭的运行状态（不加热也不冷却的运行状态）。当车辆在合适的车外温度下以较低功率行驶时，其动力电池运行状态就属于这种情况。冷却液制冷器关闭的运行状态特别高效，因为此时不需要额外能量来冷却动力电池组。

如果单体电池温度持续上升，那么 BMS 分两个优先级向空调控制单元发送冷却请求，然后空调控制单元决定是冷却车厢内部、动力电池组还是两个都冷却。如果 BMS 发送优先级较低的冷却请求且车厢内部的冷却需求较高，那么空调可能会拒绝该冷却请求。然而，如果 BMS 发送优先级较高的冷却请求，则总是会冷却动力电池组。

在冷却液制冷器接通的运行状态下，相关组件按如下方式工作。

1）BMS 发出冷却请求。

2）高压电源管理许可后，BMS 控制冷却液泵（如果尚未实施）和冷却液制冷器上的冷却液控制阀的阀门接通，液态制冷剂流入冷却液制冷器。

3. 加热运行

当连续多日将车辆停放在 0℃以下的户外时，应在行驶前和/或充电前将动力电池组加热至最佳温度水平，之后动力电池组就可以在车辆开始行驶时提供最大功率。当用充电电缆将车辆与电网连接并启用车辆温度调节功能时，便可对动力电池组进行加热。根据客户的设置，外置加热器可立即或根据温度自动确定加热功能并在编程的行驶时间前启动加热功能。外置加热器加热控制如图 4-10 所示，冷却液泵输送冷却液流过加热器进行加热，然后通过旁通阀接通，冷却液实现小循环。

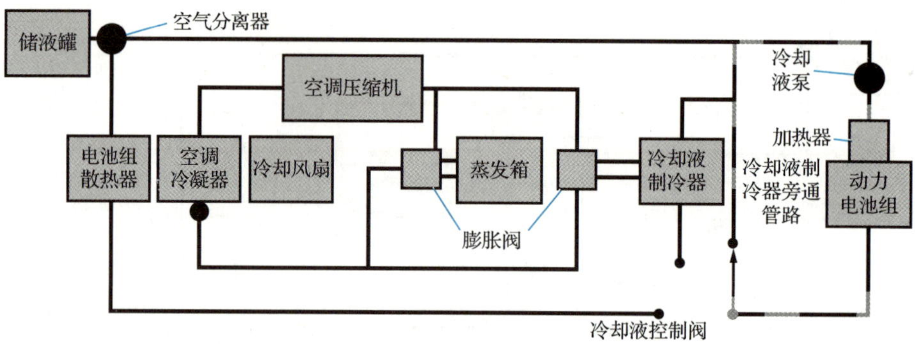

图 4-10　外置加热器加热控制

图 4-11 所示为宝马新能源汽车加热装置，它可利用电流的热效应对动力电池组进行加热。该加热装置包括位于动力电池组内部的控制装置。当车外温度、单体电池温度或所连充电电缆温度极低时，宝马新能源汽车会根据设置自动启用加热装置对动力电池组进行加热。采用这种方式可以明显改善在极低温度下受到限制的功率输出并延长续驶里程。

在对动力电池组进行加热时，高压系统会被启用并使电流经过加热线圈（沿冷却通道布置）。由于冷却通道与电池模组紧密接触，因此加热线圈产生的热量会传至电池模组。由于通过高压系统为加热装置供电，因此用橙色标记相应导线。

加热运行状态的组件具有以下状态。

1）电池管理器要求 BMS 提供加热装置运行所需功率。

2）BMS 授权后，电池管理器启用加热装置。

3）空调压缩机不运行。

4）动力电池组上的膨胀阀关闭。

BMS 根据动力电池组温度控制加热功率，当动力电池组达到最佳运行温度后，会重新关闭加热装置。

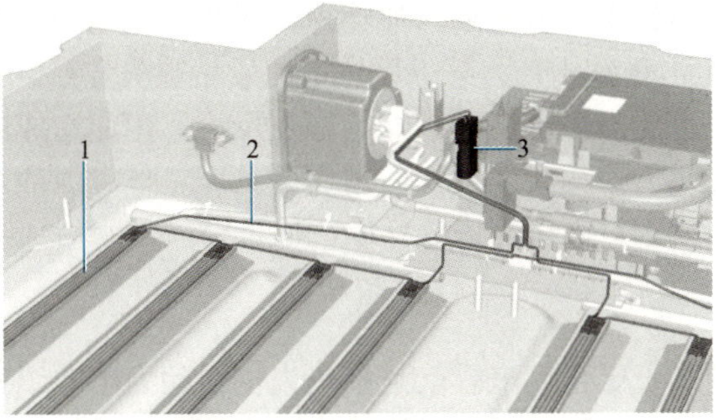

1—加热线圈；2—接口；3—加热装置插头。

图 4-11 宝马新能源汽车加热装置

知识二 热失控及其机理

学习点拨

通过学习，了解热失控问题的现状及热失控机理。

一、热失控问题的现状

新能源汽车安全事故在近几年诸多见于新闻媒体。一方面，经过多年的高速增长，新能源汽车的市场存量明显增多，随之而来的故障和事故也逐渐增多；另一方面，相关企业技术实力薄弱，“赶进度、占市场、拿补贴”的投机行为十分严重，客观上成为安全事故频发的推手。

新能源汽车的安全事故有其内在的特殊原因，由于作为动力来源的电池是非常“活泼”的高能量载体，即使在较低的温度下也会发生热失控，而导致其热失控的原因多种多样，防不胜防。因此，动力电池组经常成为安全事故向高烈度、高危害方向发展的主要原因，难以预防，难以控制，难以善后。总结而言，动力电池组存在以下三方面短板时，会导致新能源汽车较容易产生严重的安全事故。

1）发生热失控的温度门槛低，触发因素多。

2）发生热失控的速度非常快，并且会产生连锁反应。

3）发生热失控以后，很难以常规手段来处理。

二、电池热失控与热安全问题

1. 电池的热失控问题

电池热失控指的是在一定外界条件（如穿刺、过热、短路、过充电等）的触发下，电池发生的以快速大量放热为主，并伴随其他物理或化学变化的剧烈反应（如短路放电、燃烧、爆炸等）。在动力电池系统中，当某一单体电池发生热失控后，其产生的剧烈反应会释放大量的热量，同时有可能产生燃烧或爆炸等剧烈反应，由此造成的高温或机械冲击往往成为邻近单体电池发生热失控的触发条件。由此可见，单体电池的热失控很容易在动力电池系统中扩展开来，造成大量能量的快速释放，危害巨大。

2. 电池的热安全问题

电池的热安全问题从一定角度来看就是指热失控。动力电池组在机械损伤、热滥用、电滥用、极端应用环境等条件下的事故最终均以热失控的形式体现。电池的热安全问题具有机理复杂、影响因素多的特点，主要表现在以下几个方面。

1）动力电池组单体电池的热安全与其电化学体系类型、材料构成、结构形式、封装形式、容量、外形、尺寸形式及工艺状况等直接相关。

2）从电池发生热失控的触发条件考虑，电池过热、过充电、外界撞击、挤压、穿刺、电池短路等均可导致电池热失控。

3）在动力电池系统热失控扩展方面，环境条件、热失控触发方式、热失控加载状态、电池成组连接方式、电池热管理形式、始发热失控电池在动力电池系统内的位置等直接影响热失控扩展过程。

综合来看，电池的热失控机理复杂，多种因素互为前提，动力电池组热失控研究系统性强、难度大，已经成为动力电池系统研究的重点和难点之一。基于上述方面，电池热安全管理显得尤为重要，特别是对提升电动汽车整车安全性的意义重大。

三、动力锂电池热失控的机理

引起动力锂电池热失控的因素主要有外部短路、外部高温和内部短路。

1. 外部短路

车辆在实际运行中发生危险的概率较低：原因之一是整车系统装配有熔断器和BMS；原因之二是电池本身可以承受短时间的大电流冲击。在极限情况下，短路点越过整车熔断器，较长时间的外部短路一般会导致电路中的连接薄弱点烧毁，但很少导致电池发生热失控事件。现在较多的动力电池系统企业都采用回路中加装熔断器的做法，更能有效避免外部短路引发的危害。

2. 外部高温

基于锂离子电池结构的特性，SEI 膜（solid electrolyte interphase，固体电解质膜）、电解质、EC（ethylene carbonate，碳酸乙烯酯）等在高温下均会发生分解反应，电解质的分解物还会与正极、负极发生反应，电芯隔膜将融化分解。多种反应会产生大量热量，电芯隔膜融化会导致内部短路，电能量的释放也会产生热量。这种累积的互相增强的破坏作用的后果是，电芯防爆膜破裂，电解质喷出，发生燃烧起火事故。

值得注意的是，相比磷酸铁锂电池，三元锂电池正极材料易发生分解反应而释放氧气，从而更加迅速地发生热失控。例如，当达到一定温度时，钴酸锂电池正极瞬时分解释放氧气，氧气与溶剂发生氧化反应产生大量气体和热量，导致快速发生热失控，极易燃烧。磷酸铁锂的橄榄石结构具有高温稳定性。在热失控的化学反应中，电解质喷出前大量发生的是分解反应，而非氧化反应，产气较少且缓慢，产生的现象是鼓包胀气而非剧烈燃烧，这正是磷酸铁锂电池相对安全的原因。但这并不意味着磷酸铁锂电池不发生热失控和燃烧，已发生的电动客车燃烧事故充分证明了这一点。磷酸铁锂电池燃烧的主要原因如下：热失控导致电芯防爆膜破裂，继而电解质喷出，此时电池内的温度快速达到电解质的燃点，电解质燃烧，从而引燃电芯包裹材料等其他可燃物，进而加剧热量的散发，导致其他电芯发生热失控。

3. 内部短路

过充电/过放电导致的枝晶，电池生产过程中的杂质灰尘，使用环境导致的热变形，等等，将恶化生长，继而导致电芯隔膜被刺穿，产生微短路。微短路带来温升，温升带来的材料化学反应会扩大短路路径，形成更大的短路电流，从而形成累积的互相增强的破坏，进而导致热失控。需要说明的是，大多数电池火灾首先都是由内部短路引发的，其热量和温度对相邻电池形成了“外部高温环境”，从而引发相邻电池热失控，导致整个电池系统产生连锁反应。

由锂离子电池热失控的机理可以看出，热失控从根本上来说是由热量聚集引发的，并且因互相增强的破坏而加剧。如果能有效提高散热效果，并且采取某种措施斩断“互相增强的破坏”，将电池温度控制在一定范围内，那么可以提高电池的安全性。

任务实施

任务　动力电池组冷却鼓风机总成的更换

一、任务要求

按照规范完成丰田普锐斯动力电池组冷却鼓风机总成的更换。

二、任务实施

1. 准备工作

操作前，准备好个人安全防护用品、场地安全防护设备及仪器仪表。

2. 分析丰田普锐斯热管理系统控制逻辑

丰田普锐斯动力电池组冷却鼓风机总成的转速由 ECU 控制，如图 4-12 所示。当利用 ECU 端子 FCTL 打开动力电池组冷却鼓风机继电器时，实现的是向动力电池组冷却鼓风机总成供电。ECU将指令信号（SI）发送至动力电池组冷却鼓风机总成，以获得与动力电池组温度相匹配的风扇转速。电池管理器采用串行通信将施加到动力电池组冷却鼓风机总成的电压信息作为监控信号发送至ECU。

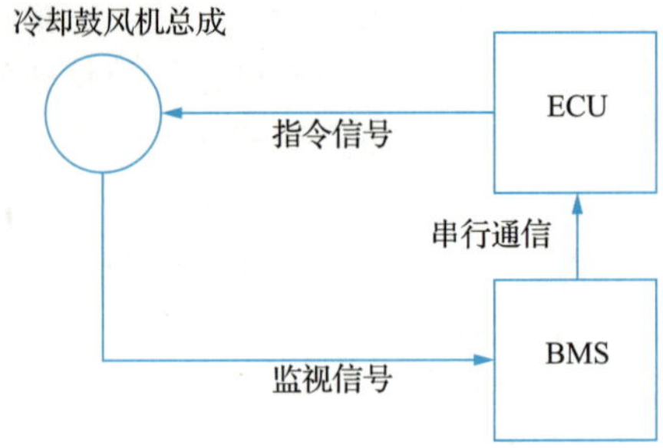

图4-12　丰田普锐斯动力电池组冷却鼓风机总成的转速控制

3. 认知ECU接口定义

ECU接口图如图4-13所示。

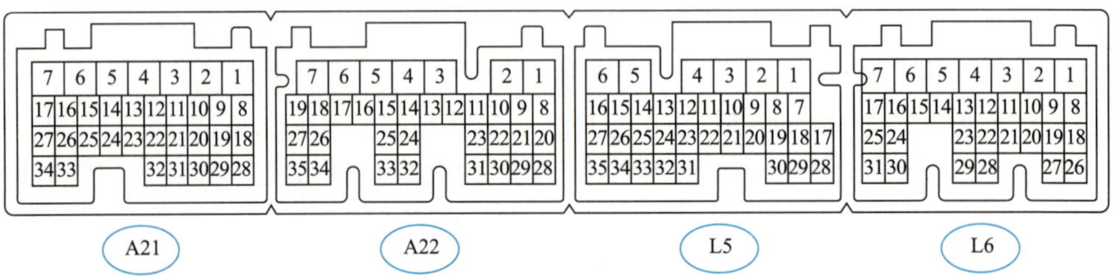

图4-13　ECU接口图

ECU接口定义如表4-1所示。

表4-1　ECU接口定义

端子编号（符号）	配线颜色	端子描述	条件	规定状态
A21-2（-B2）-L5-6（E1）	L-BR	电源	电源开关ON（IG）	11～14V
A21-4（FCTL）-L5-5（E01）	BR-W-B	冷却风扇继电器信号	电源开关ON（IG）	低于2V
A21-11（VLO）-L5-6（E1）	R-BR	DC/DC操作监视/电压变化信号	电源开关ON（IG）	产生脉冲（波形1）
A21-13（IWP）-L5-6（E1）	G-BR	逆变器水泵总成信号	电源开关ON（READY）	产生脉冲（波形2）
A21-14（NIWP）-L5-6（E1）	P-BR	逆变器水泵总成信号	电源开关ON（READY）	产生脉冲（波形2）
A21-15（BL）-L5-6（E1）	R-BR	倒车灯	电源开关ON（IG），变速杆置于R位置	11～14V
A21-16（GI）-L5-6（E1）	Y-BR	凸轮轴位置传感器信号	发动机运转时电源开关ON（READY）	产生脉冲（波形3）
A21-19（CLK）-L5-6（E1）	G-BR	空调通信信号	电源开关ON（READY），空调系统停止	产生脉冲（波形4）
A21-20（STB）-L5-6（E1）	W-BR	空调通信信号	电源开关ON（READY），空调系统停止	产生脉冲（波形4）

续表

端子编号（符号）	配线颜色	端子描述	条件	规定状态
A21-21（NODD）-L5-6（E1）	W-BR	DC/DC 操作	转换器正常工作	5～7V
A21-21（NODD）-L5-6（E1）	W-BR	DC/DC 操作	转换器未正常工作	2～4V
A21-21（NODD）-L5-6（E1）	W-BR	DC/DC 操作	禁止转换器工作	0.1～0.5V
A21-24（MMT）-A21-25（MMTG）	L-BR	电动机温度传感器	电源开关 ON（IG），温度为 25℃	3.6～4.6V
A21-24（MMT）-A21-25（MMTG）	L-BR	电动机温度传感器	电源开关 ON（IG），温度为 60℃	2.2～3.2V
A21-26（GMT）-A21-27（GMTG）	B-R	发电机温度传感器	电源开关 ON（IG），温度为 25℃	3.6～4.6V
A21-26（GMT）-A21-27（GMTG）	B-R	发电机温度传感器	电源开关 ON（IG），温度为 60℃	2.2～3.2V
A21-29（SIO）-L5-6（E1）	Y-BR	HV 蓄电池冷却鼓风机风扇	电源开关 ON（IG），主动测试过程中	产生脉冲（波形 5）
A21-30（ETI）-L5-6（E1）	R-BR	空调通信信号	电源开关 ON（READY），空调系统停止	产生脉冲（波形 4）
A21-31 （ITE）-L5-6 （E1）	Y-BR	空调通信信号	电源开关 ON（READY，空调系统停止	产生脉冲（波形 4）
A21-32（ILK）-L5-6（E1）	V-BR	互锁开关	电源开关 ON（IG），逆变器盖、高压输入电缆和维修塞把手已正确安装	0～1.5V
A21-32（ILK）-L5-6（E1）	V-BR	互锁开关	电源开关 ON（IG），逆变器盖、高压输入电缆或维修塞把手未安装	11～14V
A22-1（IG2）-L5-6（E1）	R-BR	电源	电源开关 ON（IG）	11～14V
A22-2（IG2D）-L5-6（E1）	V-BR	IG2 继电器	电源开关 ON（IG）	11～14V
A22-5（+B1）-L5-6（E1）	L-BR	电源	电源开关 ON（IG）	11～14V
A22-6（MREL）-L5-6（E1）	BE-BR	主继电器	电源开关 ON（IG）	11～14V
A22-7（ST1-）-L5-6（E1）	R-BR	制动取消开关	电源开关 ON（IG），踩下制动踏板	0～1.5V
A22-7（ST1-）-L5-6（E1）	R-BR	制动取消开关	电源开关 ON（IG），松开制动踏板	11～14V
A22-18（VCP1）-A22-34（EP1）	Y-B	加速踏板位置传感器电源（VPA1）	电源开关 ON（IG）	4.5～5.5V
A22-19（VCP2）-A22-35（EP2）	G-R	加速踏板位置传感器电源（VPA2）	电源开关 ON（IG）	4.5～5.5V
A22-20（CLK-）-L5-6（E1）	W-BR	MG 通信时钟信号	电源开关 ON（IG）	产生脉冲（波形 6）
A22-21（GLK+）-L5-6（E1）	B-BR	MG 通信时钟信号	电源开关 ON（IG）	产生脉冲（波形 6）
A22-22（PCON）-L5-6（E1）	LG-BR	P 位置开关信号	电源开关 ON（IG），选择驻车挡（P）	产生脉冲（波形 7）
A22-23（STP）-L5-6（E1）	L-BR	制动灯开关	踩下制动踏板	11～14V
A22-23（STP）-L5-6（E1）	L-BR	制动灯开关	松开制动踏板	0～1.5V
A22-24（HTM+）-L5-6（E1）	B-BR	自 ECU 至 MG ECU 的通信信号	电源开关 ON（IG）	产生脉冲（波形 8）
A22-25（HTM-）-L5-6（E1）	W-BR	自 ECU 至 MG ECU 的通信信号	电源开关 ON（IG）	产生脉冲（波形 8）

续表

端子编号（符号）	配线颜色	端子描述	条件	规定状态
A22-26（VPA1）-A22-34（EP1）	L-B	加速踏板位置传感器（加速踏板位置检测）	电源开关 ON（IG），松开加速踏板	0.4～1.4V
A22-26（VPA1）-A22-34（EP1）	L-B	加速踏板位置传感器（加速踏板位置检测）	电源开关 ON（IG），发动机停转，选择驻车挡（P），完全踩下加速踏板	2.6～4.5V
A22-27（VPA2）-A22-35（EP2）	W-R	加速踏板位置传感器（加速踏板位置检测）	电源开关 ON（IG），松开加速踏板	1.0～2.2V
A22-27（VPA2）-A22-35（EP2）	W-R	加速踏板位置传感器（加速踏板位置检测）	电源开关 ON（IG），发动机停转，选择驻车挡（P），完全踩下加速踏板	3.4～5.3V
A22-28（PPOS）-L5-6（E1）	W-BR	P 位置开关信号	电源开关 ON（IG），选择驻车挡（P）	产生脉冲（波形 7）
A22-29（MTH-）-L5-6（E1）	W-BR	自 MG ECU 至 ECU 的通信信号	电源开关 ON（IG）	产生脉冲（波形 9）
A22-30（MTH+）-L5-6（E1）	B-BR	自 MG ECU 至 ECU 的通信信号	电源开关 ON（IG）	产生脉冲（波形 9）
A22-31（HSDN）-L5-6（E1）	B-BR	MG ECU 切断信号	电源开关 ON（READY）	0～1.5V
A22-32（REQ-）-L5-6（E1）	W-BR	MG ECU 通信请求信号	电源开关 ON（IG）	产生脉冲（波形 10）
A22-33（REQ+）-L5-6（E1）	B-BR	MG ECU 通信请求信号	电源开关 ON（IG）	产生脉冲（波形 10）
L5-1（AM22）-L5-6（E1）	W-BR	稳压电源	电源开关 ON（IG）	11～14V
L5-1（AM22）-L5-6（E1）	W-BR	稳压电源	电源开关 ON（READY）	11～15.5V
L5-2（SMRG）-L5-5（E01）	Y-W-B	系统主继电器	电源开关 ON（IG）→电源开关 ON（READY）	产生脉冲（波形 11）
L5-3（SMRP）-L5-5（E01）	W-W-B	系统主继电器	电源开关 ON（IG）→电源开关 ON（READY）	产生脉冲（波形 11）
L5-4（SMRB）-L5-5（E01）	SB-W-B	系统主继电器	电源开关 ON（IG）→电源开关 ON（READY）	产生脉冲（波形 11）
L5-7（SSW1）-L5-6（E1）	B- BR	电源开关	按住电源开关	0～1.5V
L5-11（TC）-L5-6（E1）	P-BR	诊断端子	电源开关 ON（IG）	11～14V
L5-13（EVSW）-L5-6（E1）	B-BR	EV 行驶模式开关信号	电源开关 ON（IG），EV 行驶模式开关（集成控制和面板分总成）关闭	11～14V
L5-13（EVSW）-L5-6（E1）	B-BR	EV 行驶模式开关信号	电源开关 ON（IG），EV 行驶模式开关（集成控制和面板分总成）关闭	0～1.5V
L5-14（SPDI）-L5-6（E1）	V-BR	车速信号	约 20km/h（12mph）	产生脉冲（波形 12）
L5-16（P1）-L5-6（E1）	Y-BR	P 位置开关信号	电源开关 ON（IG），P 位置开关关闭	7～12V
L5-16（P1）-L5-6（E1）	Y-BR	P 位置开关信号	电源开关 ON（IG），P 位置开关打开	3～5V
L5-17（VCX4）-L5-6（E1）	P-BR	变速杆位置传感器电源（VCX4）	电源开关 ON（IG）	11～14V
L5-18（VSX4）-L5-6（E1）	LG-BR	变速杆位置传感器（副）	电源开关 ON（IG），换挡杆置于原始位置	1.0～1.6V

续表

端子编号（符号）	配线颜色	端子描述	条件	规定状态
L5-18（VSX4）-L5-6（E1）	LG-BR	变速杆位置传感器（副）	电源开关 ON（IG），变速杆置于 R、N 或 D 位置	2.9～4.3V
L5-19（VCX3）-L5-6（E1）	W-BR	变速杆位置传感器电源（VCX3）	电源开关 ON（IG）	11～14V
L5-20（VSX3）-L5-6（E1）	BR-BR	变速杆位置传感器（主）	电源开关 ON（IG），变速杆置于原始位置	1.0～1.6V
L5-20（VSX3）-L5-6（E1）	BR-BR	变速杆位置传感器（主）	电源开关 ON（IG），变速杆置于 R、N 或 D 位置	2.9～4.3V
L5-21（VCX2）-L5-23（E2X2）	G-Y	变速杆位置传感器电源（VCX2）	电源开关 ON（IG）	4.5～5.5V
L5-22（VSX2）-L5-23（E2X2）	L-Y	变速杆位置传感器（副）	电源开关 ON（IG），变速杆置于原始位置	2.0～3.0V
L5-22（VSX2）-L5-23（E2X2）	L-Y	变速杆位置传感器（副）	电源开关 ON（G），变速杆置于 R 位置	0.3～1.8V
L5-22（VSX2）-L5-23（E2X2）	L-Y	变速杆位置传感器（副）	电源开关 ON（IG），变速杆置于 B 或 D 位置	3.2～4.8V
L5-25（VSX1）-L5-24（E2X1）	B-R	变速杆位置传感器（主）	电源开关 ON（IG），变速杆置于原始位置	2.0～3.0V
L5-25（VSX1）-L5-24（E2X1）	B-R	变速杆位置传感器（主）	电源开关 ON（IG），变速杆置于 R 位置	0.3～1.8V
L5-25（VSX1）-L5-24（E2X1）	B-R	变速杆位置传感器（主）	电源开关 ON（IG），变速杆置于 B 或 D 位置	3.2～4.8V
L5-26（VCX1）-L5-24（E2X1）	W-R	变速杆位置传感器电源（VCX1）	电源开关 ON（IG）	4.5～5.5V
L5-28（THB）-L5-30（ETHB）	L-V	12V 辅助电池温度	电源开关 ON（IG），12V 辅助电池温度为 25℃	1.7～2.3V
L5-28（THB）-L5-30（ETHB）	L-V	12V 辅助电池温度	电源开关 ON（IG），12V 辅助电池温度为 60℃	0.6～0.9V
L5-29（ABFS）-L5-6（E1）	B-BR	安全气囊激活信号	电源开关 ON（READY）[电源开关 ON（ACC）后 2s]	产生脉冲（波形 13）
L5-32（BTH+）-L5-6（E1）	R-BR	自 12V 辅助电池智能单元至 ECU 的通信信号	电源开关 ON（IG）	产生脉冲（波形 14）
L5-33（BTH-）-L5-6（E1）	G-BR	自 12V 辅助电池智能单元至 ECU 的通信信号	电源开关 ON（IG）	产生脉冲（波形 14）
L5-34（CA2H）-L5-6（E1）	P-BR	CAN 通信系统	电源开关 ON（IG）	产生脉冲（波形 15）
L5-35（CA2L）-L5-6（E1）	V-BR	CAN 通信系统	电源开关 ON（IG）	产生脉冲（波形 15）
L6-1（ACCD）-L5-6（E1）	G-BR	ACC 继电器	电源开关 ON（ACC）	11～14V
L6-2（IG1D）-L5-6（E1）	B-BR	IG1 继电器	电源开关 ON（IG）	11～14V

续表

端子编号（符号）	配线颜色	端子描述	条件	规定状态
L6-7（AM21）-L5-6（E1）	W-BR	稳压电源	电源开关 ON（IG）	11～14V
L6-7（AM21）-L5-6（E1）	W-BR	稳压电源	电源开关 ON（READY）	11～15.5V
L6-11（LIN2）-L5-6（E1）	L-BR	LIN 通信系统	电源开关 ON（IG），踩下制动踏板	产生脉冲
L6-17（SSW2）-L5-6（E1）	Y-BR	电源开关	按住电源开关	0～1.5V
L6-24（CA1L）-L5-6（E1）	W-BR	CAN 通信系统	电源开关 ON（IG）	产生脉冲（波形 16）
L6-25（CA1H）-L5-6（E1）	B-BR	CAN 通信系统	电源开关 ON（IG）	产生脉冲（波形 16）
L6-30（CA3N）-L5-6（E1）	L-BR	CAN 通信系统	电源开关 ON（IG）	产生脉冲（波形 17）
L6-31（CA3P）-L5-6（E1）	LG-BR	CAN 通信系统	电源开关 ON（IG）	产生脉冲（波形 17）

4. 更换步骤

更换丰田普锐斯动力电池组冷却鼓风机总成，更换步骤（从上往下、从左到右依次执行）如图 4-14 所示。

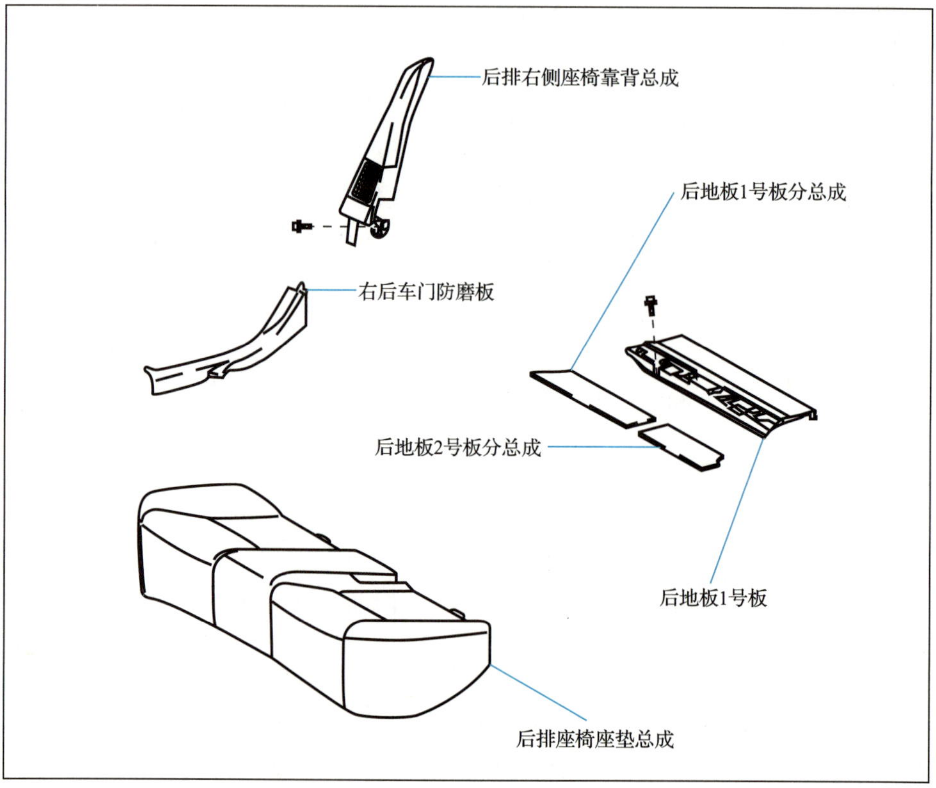

图 4-14　丰田普锐斯动力电池组冷却鼓风机总成的更换步骤

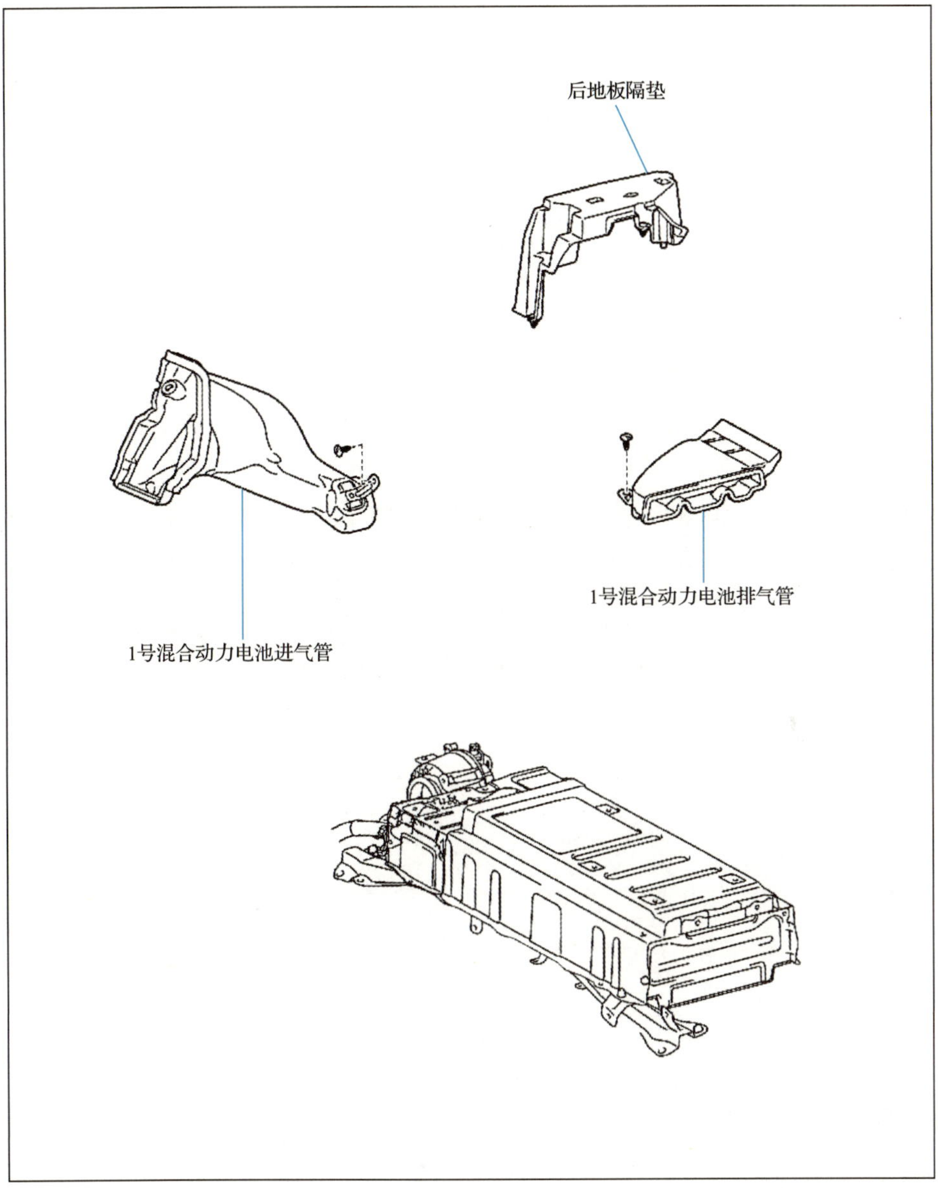

图 4-14（续）

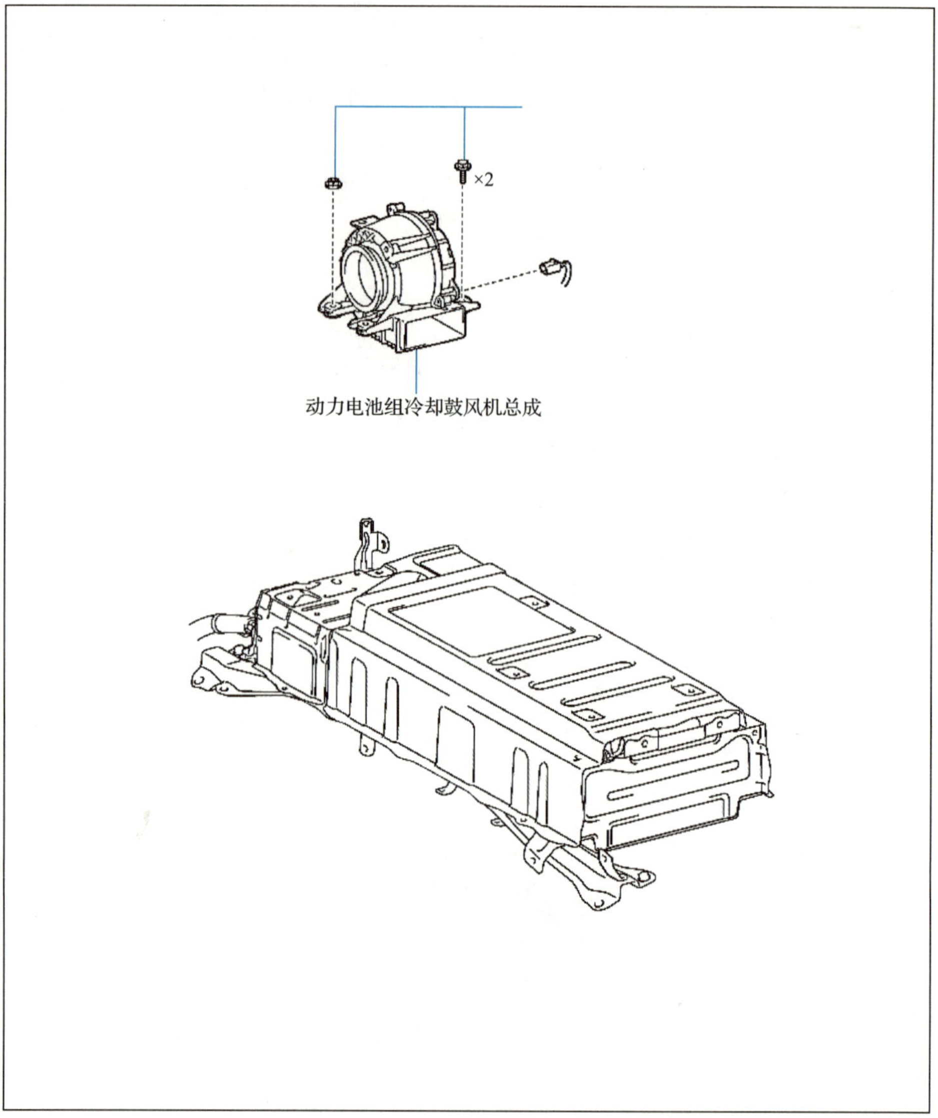

图 4-14（续）

三、任务评价

按表 4-2 进行考核评价。

表 4-2　考核评价表

序号	评价内容	分数	自评	组评	师评
1	理解工作内容及要求	5			
2	安全防护与仪表设备准备	15			
3	会查阅相关技术手册	5			
4	操作的安全性、规范性与高效性*	50			

续表

序号	评价内容	分数	自评	组评	师评
5	完成工作页*	15			
6	7S 管理	10			
总分		100			
综合评分（自评分×20%+组长或教师评分×80%）：					
小组长签名：		教师签名：			
学习体会	签名： 日期：				

注：评价内容栏中，标*的为教师评分项，其他的为自评及组长评分项。

思考与练习

一、名词解释

1．电池热失控：

2．热管理系统：

二、简答题

1．引起动力锂电池热失控的原因有哪些？

2．简述动力电池组热管理系统的主要类型。

3．简述动力电池组热管理系统的工作原理与主要功能。

项目五
动力电池充电系统认知与检修

项目导读

近年来，我国新能源汽车产销量快速增长，而配套的充电设施却面临数量少、充电效率较低等问题，解决这些问题的关键是加快研发充电效率更高的充电技术并不断完善现有充电设施。为了使动力电池充电系统最大限度发挥其效能，应根据车型采取最优的充电方法与充电策略，同时应定期进行维护保养。

本项目主要学习内容如下：

相关知识	实践活动
1. 动力电池充电方法。 2. 电动汽车充电方式及充电策略。 3. 电动汽车充电设备。 4. 电动汽车充电接口。 5. 动力电池充电系统故障检修	1. 慢充系统故障诊断。 2. 车载充电机的更换

学习目标

通过本项目的学习达成如下学习目标：

知识目标	能力目标	思政要素和职业素养目标
1. 熟悉电动汽车充电设备的种类。 2. 了解直流、交流充电系统的充电过程及主要部件的作用 3. 掌握直流、交流充电系统检修方法	会正确使用检测工具对动力电池充电系统进行检修	1. 严格执行汽车检修技术标准与工艺规范，养成科学、严谨的工作作风。 2. 增强安全意识、质量意识和责任感，落实7S管理。 3. 树立正确的学习观、价值观，自觉践行行业道德规范。 4. 协作互助，发扬团队精神
对接《智能新能源汽车职业技能等级标准》“新能源汽车动力驱动电机电池技术”模块——车载充电系统检测维修		

知识准备

知识一 动力电池充放电管理及充电方法

知识点拨

通过学习，熟悉动力电池日常充放电管理要求，掌握锂离子电池常用充电方法。

一、日常充放电管理要求

目前，新能源汽车使用的主流动力电池是镍氢电池和锂离子电池，使用镍氢电池的混合动力汽车是无法通过充电接口充电的。例如，第三代丰田普锐斯无法通过充电接口充电，但每2～3个月可以进行自充电，充电步骤如下：①连接辅助电池的负极；②在没有施加电气负荷的情况下使电源处于IG ON状态，保持此状态3min（此操作的目的在于使ECU检测到正确的SOC）；③进入READY ON状态，在发动机启动后，使车辆在P挡空转直到发动机停转（自充电已经结束）。

除可以使用充电接口外，还可以使用THS充电机对动力电池进行充电，如图5-1所示。

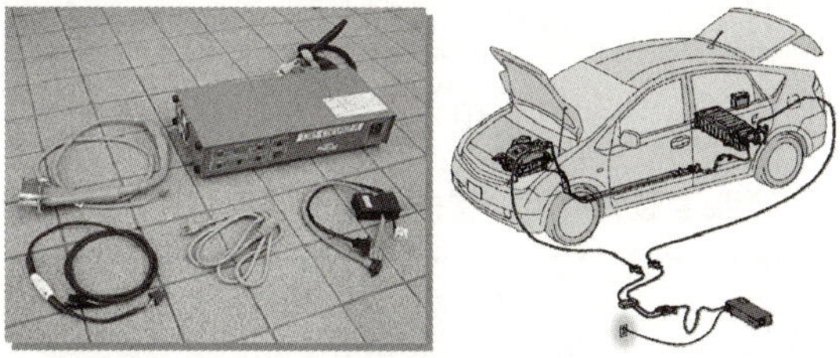

图5-1 使用THS充电机对动力电池进行充电

插电式混合动力汽车和纯电动汽车使用的锂离子电池可以通过充电接口进行补充充电。在对动力电池充电时，需要满足下列日常充放电管理要求。

1. 充电条件

（1）车载充电机（慢充）充电条件

1）BMS常电供电正常（12V正极、负极）。

2）ON信号正常。

3）充电唤醒信号正常。

4）CAN总线通信正常（新能源CAN总线）。

5）高压电缆连接正常。

6）高压电缆及电气设备绝缘性能超过20MΩ。

7）动力电池温度高于0℃。

8）动力电池内部无故障。

（2）非车载充电机（快充）充电条件

1）BMS 常电供电正常（12V 正极、负极）。

2）ON 信号正常。

3）充电唤醒信号正常。

4）CAN 总线通信正常（新能源 CAN 总线）。

5）高压电缆连接正常。

6）高压电缆及电气设备绝缘性能超过 20MΩ。

7）动力电池温度高于 5℃。

8）动力电池充电系统软件版本与充电桩软件版本匹配。

9）动力电池与充电桩通信不超时。

10）动力电池内部无故障。

2. 充电温度与充电电流

车载充电机（交流）充电温度与充电电流要求如表 5-1 所示。

表 5-1　车载充电机（交流）充电温度与充电电流要求

温度	可充电电流	备注
低于 0℃（加热）	0 A	当单体电池最高电压超出额定电压 0.4V 时，降低充电电流到 5A，当单体电池电压超出额定电压 0.5V 时，充电电流为 0A，应停止充电
0～55℃	10A	
高于 55℃	0 A	

非车载充电机（直流）充电温度与充电电流要求如表 5-2 所示。

表 5-2　非车载充电机（直流）充电温度与充电电流要求

温度	可充电电流	备注
低于 5℃（加热）	0 A	恒流充电至单体电池电压超出额定电压 0.3V 后，转为恒压充电方式
5～15℃	20A	
15～45℃	50 A	
大于 45℃	0 A	

快充和慢充的流程相同：采用恒流-恒压充电方法，在不同温度范围内，以恒定电流充电至动力电池组总电压达到或最高电压的单体电池电压达到此温度条件下的规定电压，以恒定电压充电至电流小于 0.8A 后停止充电；在充电过程中，如果单体电池电压差超过 300mV，则停止充电，报充电故障。

知识窗

恒流充电是指充电全过程中，保持充电电流基本恒定的充电方法。KCH-A 型恒流充电机如图 5-2 所示。在充电过程中，因为充电电流会随着动力电池组的电动势逐渐升高而下降，所以需要随时根据充电程度调整电压和分级调整充电电流。恒流充电主要应用于初充电、补充充电和去硫化充电。这种充电方法可以使电池深度充电，但所需充电时间长，充电过程中需要调节充电电压。

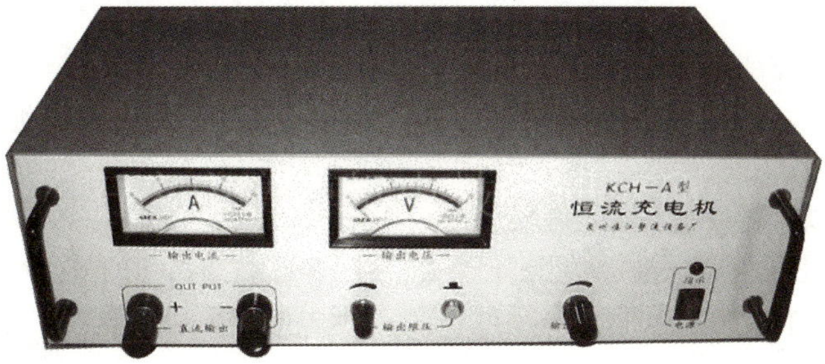

图 5-2　KCH-A 型恒流充电机

恒压充电是指在充电过程中电源电压始终保持不变的充电方法。在采用恒压充电时，电池组必须与充电电源并联。随着动力电池组电动势的增加，充电电流会逐渐减小，若充电电压调节合理，则充电电流变为 0，充电自动停止。恒压充电可减少充电时间，应用较为方便。恒压充电的缺点是必须适当地选择充电电压，若电压过高，则容易过充电，导致电池活性物质脱落，电池整体发热，容易自燃，并且不能保证充满电。

总结而言，恒流充电适应性强，可以任意选择和调整充电电流，因此可对各种不同情况的电池组进行深度充电，对电池组损害非常小，可延长电池组整体循环寿命。恒流充电的最大弊端是充电时间过长，并且需要经常调节充电电压来调节充电电流。恒压充电可减少充电时频繁调整充电电流的麻烦。现在基本都采用恒流充电和恒压充电混合充电模式：充电前期采用恒流充电，可保证电池深度充电；充电后期采用恒压充电，可自动减小充电电流并结束充电，避免过充电，用户无须选择何种充电方式。

3. 充电加热与充电保温

（1）充电加热

充电加热条件（仅适用于有加热功能的动力电池）如表 5-3 所示。

表 5-3　充电加热条件

充电状态	温度
车载充电机（慢充）	低于 0℃（加热）
非车载充电机（快充）	低于 5℃（加热）

1）慢充时，在低于 0℃的温度点启动加热模式：当所有电芯温度都高于 5℃时，停止加热，启动充电程序；若充电过程中电芯温度差超过 20℃，则间歇停止加热；若电芯温度差低于 15℃，则重启加热器。

在加热过程中，正常情况下充电桩电流显示为 4～6A。

在充电过程中，充电桩电流显示为 12～13A。

如果单体电池电压差超过 300mV，则停止充电，报充电故障。

2）快充时，在低于或等于 5℃的温度点启动加热模式：电芯温度数据与慢充相同；如果充电过程中最低温度低于或等于 5℃，则停止充电，同时不重启加热器。

（2）充电保温

1）充电保温只发生在车载充电完成后。

2）充电完成后，电池温度低于或等于 5℃时进入保温模式，若电池温度高于 5℃，则电池进入静置状态。

3）保温策略以保温 2h 为唯一截止条件。

4）在保温过程中，当电池温度上升至大于或等于 8℃时，电池进入静置状态。

5）在保温过程中，如果电池温差超过 20℃，则电池进入静置状态，直至温差低于 10℃，此时再次启动加热器。

4. 整体动力电池组放电管理要求

（1）动力电池组内部条件

1）储电能量大于 10%（SOC）。

2）电池温度为-20～+45℃。

3）单体电池温度差不超过 25℃。

4）实际单体电池最低电压≥额定单体电池电压-0.4V。

5）单体电池电压差不超过 300mV。

6）绝缘性能大于 20MΩ。

7）动力电池组内部低压供电，通信正常。

8）动力电池组监测系统工作正常。

（2）动力电池组外部条件

1）BMS 常电供电正常（12V 正、负极）。

2）ON 信号正常。

3）整车控制唤醒信号正常。

4）CAN 线（新能源 CAN 线）通信正常。

5）高压电缆连接正常。

6）高压电缆及电气设备绝缘性能大于 20MΩ。

7）充电连接确认信号线（整车控制器到充电机或充电连接线）或充电唤醒信号无短路。

需要注意的是，动力电池报一级故障（参见项目六）时无法放电。

二、锂离子电池充电方法

目前锂离子电池的充电方法有 3 种：串联充电、专用充电机（含 BMS）充电、并联充电。

1. 串联充电

锂离子电池组一般都采用串联充电方法，这主要是因为这种方法所需设备结构简单、成本低、较容易实现。但由于各单体锂离子电池在容量、内阻、衰减特性、自放电等性能方面存在差异，在对锂离子电池组进行串联充电时，电池组中容量最小的单体锂离子电池将先充满电，而此时其他单体锂离子电池还没有充满电，如果继续串联充电，则已充满电的单体锂离子电池可能过充电。

串联电池的充电

锂离子电池过充电会严重破坏电池的性能，甚至导致爆炸造成人员伤害。因此，为了防止出现单体锂离子电池过充电现象，锂离子电池组在使用时一般配有 BMS，通过 BMS 对每一个单体锂离子电池进行过充电保护。在进行串联充电时，如果有一个单体锂离子电池的电压达到过充电保护电压，BMS 就会将整个串联充电电路切断，停止充电，防止这个单体锂离子电池过充电，但这样会造成其他单体锂离子电池无法充满电。

经过多年发展，磷酸铁锂电池由于具有较高的安全性、很好的循环性能等优势，已基本能满足新能源汽车，特别是纯电动汽车的要求，工艺上也已基本具备大规模生产的条件。但是，磷酸铁锂电池的性能与其他锂离子电池存在一定的差异，特别是其电压特性与锰酸锂电池、钴酸锂电池等不同。图 5-3 所示为锰酸锂电池及磷酸铁锂电池的充电曲线与锂离子脱嵌对应关系的比较。

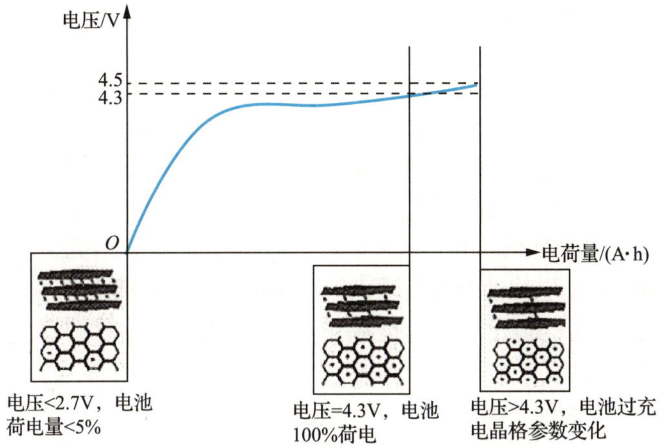

（a）锰酸锂电池的充电曲线与锂离子脱嵌对应关系

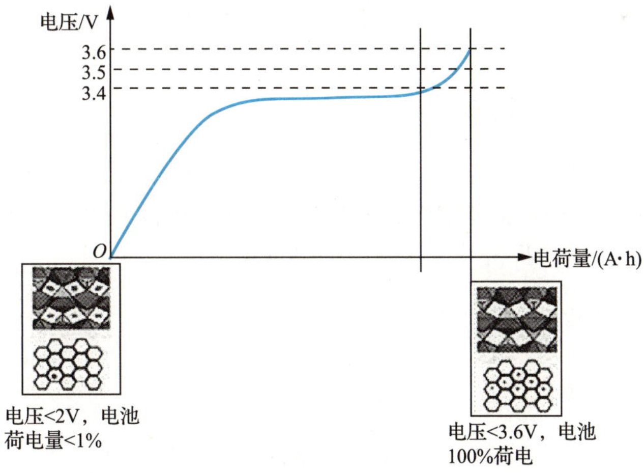

（b）磷酸铁锂电池的充电曲线与锂离子脱嵌对应关系

图 5-3 锰酸锂电池及磷酸铁锂电池的充电曲线与锂离子脱嵌对应关系的比较

从图 5-3（b）中不难看出，磷酸铁锂电池在快充满电时，锂离子几乎完全从正极脱嵌并转移到负极，电池端电压快速上升，出现充电曲线的上翘现象，这样会导致电池很容易达到过充电保护电压。因此，磷酸铁锂电池组中某些电池充不满电的现象比锰酸锂电池组更为明显。

虽然有些 BMS 带有均衡功能，但由于从成本、散热、可靠性等多方面考虑，BMS 的均衡电流一般远小于串联充电的电流，因此均衡效果不是很明显，同时会出现某些单体电池充不满电的情况，这种问题在需要大电流充电的锂离子电池组上表现得更为明显。

例如，将 100 个放电容量都为 100A·h 的锂离子电池串联起来组成电池组，但如果成组前其中 99 个单体锂离子电池荷电量均为 80A·h，另外 1 个单体锂离子电池荷电量为 100A·h，那么在对此电池组进行串联充电时，荷电量为 100A·h 的单体锂离子电池会先充满电，从而过早达到过充电保护电压。为了防止这个单体锂离子电池过充电，BMS 会将整个串联充电电路切断，从而其他 99 个单体锂离子电池无法充满电，进而整个电池组放电容量只有 80A·h。

一般电池在出厂前对电池容量进行测试时，先对单体电池恒流充电再恒压充电，然后恒流放电，从而测出放电容量。一般放电容量约等于恒流充电容量加上恒压充电容量。而实际电池组在串联充电过程中，对单体电池而言一般没有恒压充电过程，因此不存在恒压充电容量，这样电池组容量就会小于所有单体电池容量之和。由于一般充电电流越小，恒压充电容量比例越小，电池组损失容量越小，因此发展出了 BMS 和充电机协调配合串联充电的模式。

锂离子电池的电芯结构对充放电的电压要求非常严格，必须采用具备恒流恒压兼顾的锂离子电池充电机。根据锂离子电池的充电特性，锂离子电池充电一般分为如下两个阶段。

1）恒流充电阶段：充电初始阶段为恒流充电模式，使充电电流保持在限流值，避免因充电电流过大而损伤电池。

2）恒压充电阶段：随着充电的持续，电池的电动势不断上升，充电电压也不断上升。为了避免充电电压过大，当电池充电电压上升到 4.2V 时，转为恒压充电模式，充电电流逐渐减小，当减小至 0.015C 时，说明电池已充满电，可以停止充电。

可见，充电系统必须具备自动调节充电参数、自动控制和自动保护功能，这样才能防止电池过充电。

2. 专用充电机（含 BMS）充电

BMS 是对电池的性能和状态了解最为全面的设备，所以将 BMS 和充电机建立联系就能使充电机实时地了解电池的信息，从而更有效地解决电池在充电过程中产生的一些问题。BMS 和充电机协调配合串联充电示意图如图 5-4 所示。

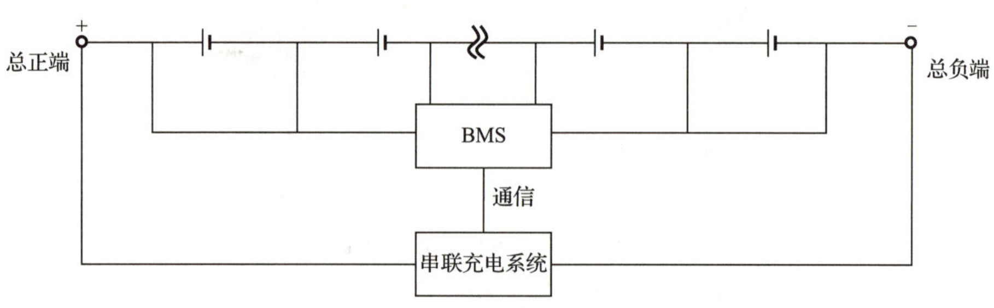

图 5-4　BMS 和充电机协调配合串联充电示意图

BMS 和充电机协调配合充电模式的原理是：BMS 对电池的当前状态（如温度、单体电池电压、电池工作电流、一致性及温升等）进行监测，并利用监测得到的数据对当前电池的最大允许充电电流进行估算；在充电过程中，通过通信线将 BMS 和充电机联系起来，实现数据的共享；BMS 将总电压、最高单体电池电压、最高温度、最大温升、最大允许充电电压、最高允许单体电池电压及最大允许充电电流等数据实时地传送到充电机，充电机根据这些信息改变自身的充电策略和输出电流。

当 BMS 提供的最大允许充电电流比充电机设计的最大输出电流大时，充电机按照设计的最大输出电流充电；当电池的电压、温度超限时，BMS 能实时检测到该信息并及时通知充电机改变充电电流；当充电电流大于最大允许充电电流时，充电机开始跟随最大允许充电电流，这样就可以有效防止电池过充电，达到延长电池循环寿命的目的。充电过程中一旦出现故障，BMS 就可以将最大允许充电电流调整为零，迫使充电机停机，避免发生事故，保证充电的安全。

在专用充电机（含 BMS）充电模式下，既完善了 BMS 的管理和控制功能，又能使充电机根据电池的状态实时地改变充电电流，达到防止电池组中所有单体电池发生过充电及优化充电的目的，并且电池组的实际放电容量大于采用普通串联充电方法电池组的实际放电容量。但这种模式仍然无法解决电池组中某些单体电池充不满电的问题，特别是当电池组中串联单体电池数量多、电池一致性差、充电电流较大时。

3. 并联充电

为了解决电池组中某些单体电池过充电和充不满电的问题，可以采用并联充电。并联充电示意图如图 5-5 所示。

并联电池的充电

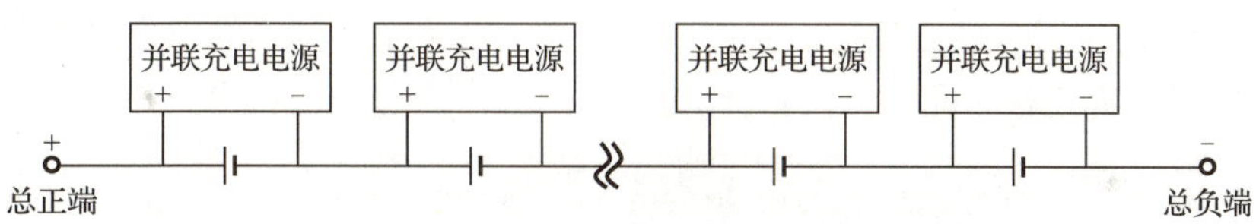

图 5-5　并联充电示意图

并联充电需要采用多个低电压、大电流的充电电源为每一个单体电池充电，这种充电方法存在充电电源成本高、可靠性低、充电效率低、连接线径粗等缺陷，因而目前没有大范围采用这种充电方法。

知识二　电动汽车充电方式及充电控制

学习点拨

通过学习，掌握电动汽车充电方式，初步掌握动力电池充电系统故障排除方法。

一、电动汽车充电方式

电动汽车充电方式的分类方法很多，通常可分为常规充电、快速充电和更换电池充电

（机械充电）。此外，电动汽车充电方式根据充电装置的不同又可分为车载充电装置充电和非车载充电装置充电；根据充电时的连接方式和能量转换方式不同又可分为传导式充电和无线充电。

下面主要介绍常规充电方式、快速充电方式、更换电池充电方式和无线充电方式。

1. 常规充电方式

常规充电方式是指以较低的恒定电流或恒定电压方式对电动汽车进行充电，充电电流小，充电时间长，通常称为慢充方式。这种充电方式对电网没有特殊要求，三相四线制 380V 供电或家用照明单相 220V 供电都可实现常规充电。充电设备是纯电动汽车车载充电机或便民小型充电站。便民小型充电站如图 5-6 所示，通常设置在街边、办公楼、超市或停车场等处，计费充电。

常规充电方式充电成本较低，充满电所需时间长短与电池容量的大小有关。例如，北汽 EV160 汽车 320V 动力电池组（串联 100 个 3.2V/66A·h 的单体电池）从 220V/15A 的标准电网取电，充满电所需时间为 8～10h（SOC 达到 95%以上），按 1kW·h 电 0.5 元计费，其充满电的成本为 5.5 元。

2. 快速充电方式

快速充电方式是指在短时间内使电池达到或接近满电状态的一种方式。快速充电方式以 150～400A 的大充电电流在短时间内充电，这种充电方式充电功率很大，一般大于 30kW，甚至达到上百千瓦，因此对电网要求较高。快速充电方式采用三相四线制 380V 电网供电，一般在大型充电站或服务中心使用，充电成本较高。快速充电方式的充电设备包括充电机、充电机监护系统、充电桩、配电室及安全防护设施等。直流充电桩如图 5-7 所示。

图 5-6　便民小型充电站

图 5-7　直流充电桩

当采用快速充电方式时，蓄电池在短时间内会存入大量的电量，因而电池存在发热问题，这对电池循环寿命有一定影响，一般用于迅速充电或应急充电，通常快充 0.5～2h 可充至 80%SOC。比亚迪研发的高性能碳酸铁锂电池比能量高，可达 120(W·h)/kg，其正极材料温度范围宽，具有大电流放电的特性。

3. 更换电池充电方式

更换电池充电方式是指在蓄电池电量耗尽时，用满电状态的蓄电池替换已经无法输出电能的蓄电池，这种方式俗称机械加油或机械充电。蓄电池归服务站或电池厂家所有，用户只需要将汽车开到特定的充电服务站，由服务站提供更换蓄电池服务，更换下来的蓄电池由服务站集中充电。

有些充电服务站目前配置有充电站及电池箱自动快速更换系统（图 5-8），整个更换过程可在 10min 内完成。

更换电池充电方式初始成本很高，需要昂贵的机械装置、大量的蓄电池及较大存放蓄电池的空间，同时需要为蓄电池的物理尺寸和电气参数制定统一的标准。长远来看，这种充电方式只是一种过渡，最终会随着电池能量密度的提高而逐渐消失。

4. 无线充电方式

无线充电是非接触充电方式，包括电磁感应式、磁场共振式、无线电波式 3 种。其中，电磁感应式充电技术发展较快，其所采用的感应充电机的充电原理是：利用高频交流磁场的变压器原理，将一个受电线圈装置安装在汽车的底盘上，将另一个供电线圈装置安装在地面，当电动汽车行驶到供电线圈装置上方时，受电线圈即可接收到供电线圈的电流，从而对汽车进行充电。这种充电方式的成本较高，目前还处于实验室研发阶段。

2015 年，高通公司在 Formula E 电动方程式锦标赛上展示了其研发的 Halo 无线汽车充电装置，该装置采用的就是磁场共振技术，如图 5-9 所示。

图 5-8　充电站及电池箱自动快速更换系统

图 5-9　磁场共振式无线充电装置

常规充电、快速充电和更换电池的充电方式均属于接触式充电，接触式充电最大的问题在于其安全性和通用性难以得到保证，为了使它严格满足安全充电标准，必须在电路上采取许多措施使充电设备能够在各种环境下安全充电。恒压限流充电和分阶段恒流充电均属于接触式充电。无线充电的最大优点是安全性高，这是因为充电机与电动汽车之间无直接点接触，从而使得即使电动汽车在恶劣的气候条件（如雨雪天气）下进行充电也无触电危险。

二、电动汽车充电控制

1. 电动汽车充电控制策略

大规模的动力电池成组集中应用除需要考虑动力电池自身的化学和物理特性外，还需要考虑电池存储方式、存储环境、充电设备条件，以及集中存储和充电的安全问题及对电网的影响等。在这些影响因素中，应首先考虑和保证的是动力电池的充电安全问题，即根据不同的动力电池种类，设定个性化的动力电池控制参数优先级序列，并在充电过程中进行合理监控。在目前的动力电池管理系统和充电技术水平下，在充电过程中监测电池系统单体电池参数的技术已经比较成熟。

在充电控制策略上，成组电池与单体电池存在较大差异。为实现根据电池组中单体电池的典型参数进行充电控制，现多采用 BMS 与充电机通信的方式，其基本控制思想是：在保证电池组安全的前提下，提高电池组的可利用能量。由于单体电池参数对于保证充电安全极为重要，因此充电控制策略常采用基于极端单体电池进行充电参数调整的方法，即根据不同的电池类型，关注电池系统中极端单体电池的参数。电动汽车常用动力电池系统充电遵循表 5-4 给出的优先级原则，在该原则基础上进行总体充电参数调整，将电池组中极端单体电池参数控制在限定值范围内。

表 5-4　动力电池系统充电的优先级

优先级	锂离子电池	镍氢电池	铅酸电池
高 ↓ 低	单体电池最高端电压 单体电池最高温度 电池组端电压 充电电流	单体电池最大温度上升率 单体电池最高温度 单体电池最高端电压 电池组端电压 充电电流	单体电池最高端电压 单体电池最高温度 电池组端电压 充电电流

例如，锰酸锂电池用限流恒压法进行充电，在充电过程中，首先检测电池组单体电池电压，如果发现有单体电池电压超过设定的最高允许电压（如 4.25V），则应降低总体充电限制电压，以控制单体电池电压；与此同时，每隔一定时间检测电池温度，如果发现有单体电池温度超过电池组平均温度 5℃，则应减小充电限制电流，限制电池温度上升率。在精细化管理和控制的情况下，电压上限的调整还可根据电池的充电温度变化进行。例如，电池温度在较低范围内，提高充电电压上限以增大电池组的可充电容量；电池温度在较高范围内，降低充电电压上限以保证电池的安全。

2. 充电管理模式

充电控制策略的实现需要 BMS 与充电机之间实现有效的数据传输和参数实时判断。在现有的智能充电系统中，BMS 完成电池系统参数的采集工作后，通过与充电机通信保证充电安全，实现充电过程的有效控制。充电管理系统基本结构如图 5-10 所示。

BMS 的作用是实现对电池状态的在线监测（电池的温度、单体电池电压、电流、电池和电池箱之间的绝缘等）、SOC 估算、电池组状态分析及实施必要的热管理。充电机的主要任务是实现电源变换、输出电压和电流的闭环控制、必要的保护及与 BMS 通信，并实现对电池状态的全面了解和对输出电流的动态调节。当电池组需要充电时，除充电机的输出总正动力线和总负动力线需要与电池组相连接外，BMS 和充电机之间还增加了用于实现数据共享的通信总线。

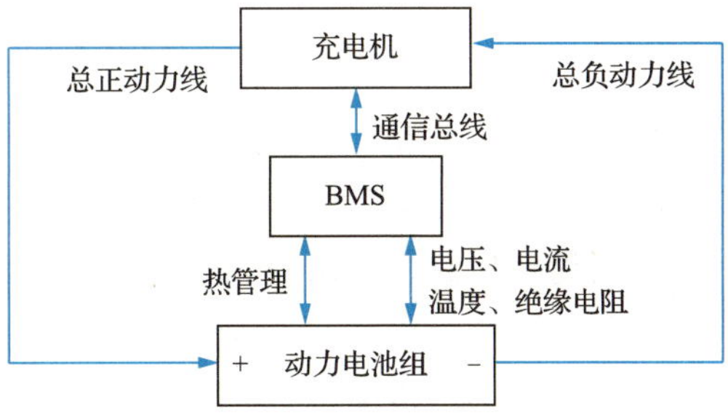

图 5-10 充电管理系统基本结构

3. 纯电动汽车充电注意事项

纯电动汽车在充电过程中，应注意以下安全事项。

1）不同输出电压的充电设备和不同电池种类的充电设备严禁混用。

2）开关电源式充电设备的正确操作：①充电时先插电池插头，后加市电；②充满电后先切断市电，后拔电池插头。如果在充电时先拔电池插头，特别是当充电电流大（红灯）时，非常容易损坏充电设备。

3）由于充电设备内有 300V 以上的高电压，因此维修人员必须掌握相关的电气知识，能够正确识别和检测电子元器件，正确使用检测仪器，正确地拆卸和更换电子元器件，切忌盲目操作造成电击等人身事故。

4）在使用车载充电机给动力电池组充电时，应先将充电机的输出插头插入动力电池组的充电插座，再将充电机的市电输入插头插入交流市电的电源插座；充电结束后，应先拔下市电插头，再拔下充电机的输出插头。

5）在安装和使用动力电池时应特别小心，防止发生短路事故。动力电池在短路状态下的短路电流可达上千安培。短路时所有连接部分都会产生大量的热量，严重时会将连接处熔断，损坏连接处的黏结剂，使连接处产生漏液等隐患。因此在安装和使用动力电池时，所用的工具应采取绝缘措施，先用连接线将电池以外的电器连接好，检查无短路后，连上动力电池，动力电池端子螺钉应用匹配的绝缘皮帽盖好，做好绝缘措施。布线应良好绝缘，以防重叠受压而破裂。

6）充电设备应工作在通风良好的环境中，不要在烈日或高温的环境下工作，以免温度过高对动力电池组和充电设备造成损坏。在充电过程中，若出现指示灯异常、异味或充电设备外壳过热等现象，则应立即停止充电，并对充电设备进行检修或更换。充电设备在使用或保管时，应防止异物进入其内部，更不可使水或其他液体进入其内部，以免造成充电设备内部短路。

知识三 电动汽车充电设备

学习点拨

通过学习，熟悉电动汽车充电设备的种类，掌握交流充电桩和直流充电桩的原理。

一、电动汽车充电设备的分类

电动汽车的充电设备分为车载充电装置、非车载充电装置。

车载充电装置是指安装在电动汽车上的采用地面交流电网和车载电源对电池组进行充电的装置，包括车载充电机、车载充电发电机组和运行能量回收充电装置。车载充电装置将一根带插头的交流动力电缆直接插接到电动汽车的插座中给电动汽车充电。车载充电装置通常使用结构简单、方便控制的接触式充电机，也可使用感应充电机。

非车载充电装置即地面充电装置，主要包括专用充电机、专用充电站、通用充电机、公共场所用充电站等。非车载充电装置可以满足各种电池的充电要求，与燃油车的加油站类似，可以实现快速充电。通常非车载充电装置的功率、体积和质量比较大，能够适应各种充电方式。

下面简要介绍车载充电机、充电站、传导式非车载充电设备。

1. 车载充电机

车载充电机（图 5-11）安装在车辆内部，一般采用传导方式将电网交流电能转换为直流电能，为电动汽车动力蓄电池充电，并具备测控保护功能。车载充电机可以在住宅、停车场甚至路边等任何有电源供应的地方随时为电动汽车蓄电池充电，但功率相对较小（一般小于 3kW），充电时间较长。

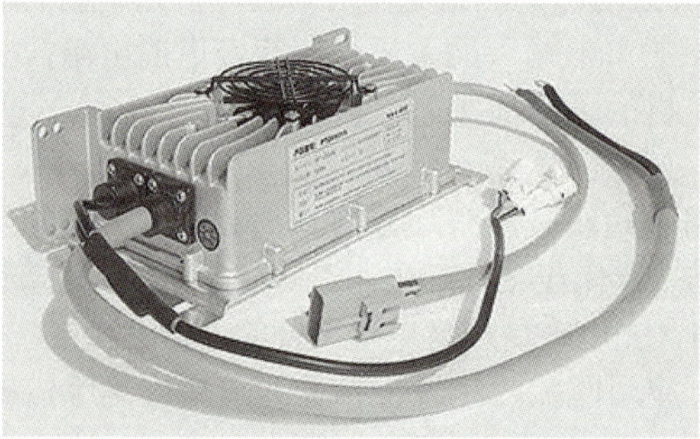

图 5-11　车载充电机

2. 充电站

充电站是指由三台及以上电动汽车非车载充电机和（或）交流充电桩组成（至少有一个非车载充电机），可以为电动汽车提供充电和（或）电池更换服务，并能够在充电过程中对充电机、动力电池进行状态监测的场所。充电站结构图如图 5-12 所示。充电站的电池更换设备包括拆卸、搬运和安装电池箱的自动或半自动设备。

充电站的基本功能包括充电、监控、电能计量，具有电池更换功能的充电站还包括电池的更换和存储功能。此外，充电站还具备电池的检测和日常维护等功能。充电站功能区示意图如图 5-13 所示。

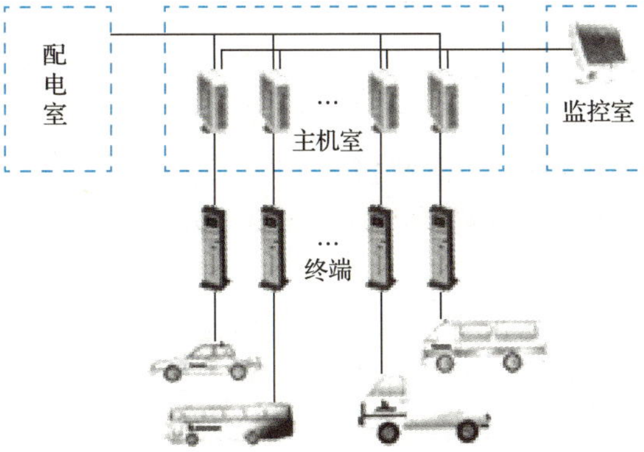

图 5-12　充电站结构图

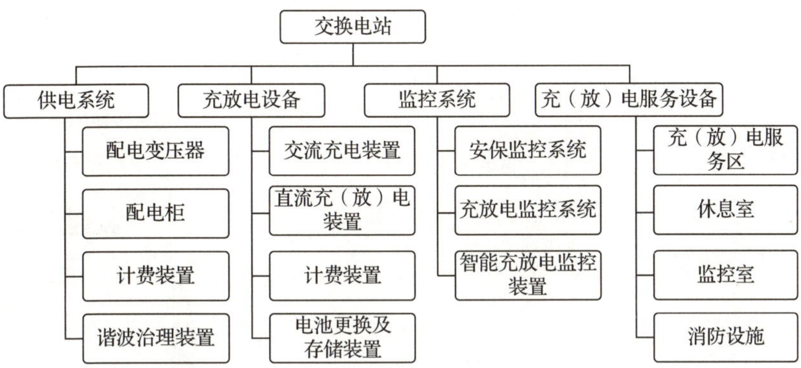

图 5-13　充电站功能区示意图

3. 传导式非车载充电设备

传导式非车载充电设备是指采用传导方式将电网交流电能转换为直流电能，为电动汽车动力电池充电，提供人机操作界面并具备相应测控保护功能的专用装置，一般分为交流充电桩和直流充电桩。

（1）交流充电桩

交流充电桩是指固定安装在电动汽车外，并与交流电网相连接，为电动汽车车载充电机提供交流电源的供电装置，如图 5-14 所示。

图 5-14　交流充电桩

交流充电桩由桩体、充电插座、保护控制装置、计算装置、读卡装置、人机交互界面等组成，其原理框图如图 5-15 所示。

交流充电桩能对电动汽车的充电过程进行控制，可实现充电开停机、插卡计算等操作。在利用交流充电桩为汽车充电时，可选择自动（充满为止）、定时间、定金额、定电量 4 种模式。对应这 4 种模式，交流充电桩的人机交互界面分别显示当前充电模式、时间（已充电时间、剩余充电时间）、当前计费信息及电量（已充电电量、待充电电量）。交流充电桩在充电过程中能自动判断充电连接器、充电电缆是否正确连接。只有当交流充电桩与电动汽车正确连接后，充电桩才允许启动充电过程；当交流充电桩检测点与电动汽车连接不正确时，充电过程不启动。交流充电桩适用于采用传导式充电并带有车载充电机的电动汽车。

（2）直流充电桩

直流充电桩是指固定在电动汽车外，并与交流电网相连接，为电动汽车提供直流电源的供电装置，如图 5-16 所示。

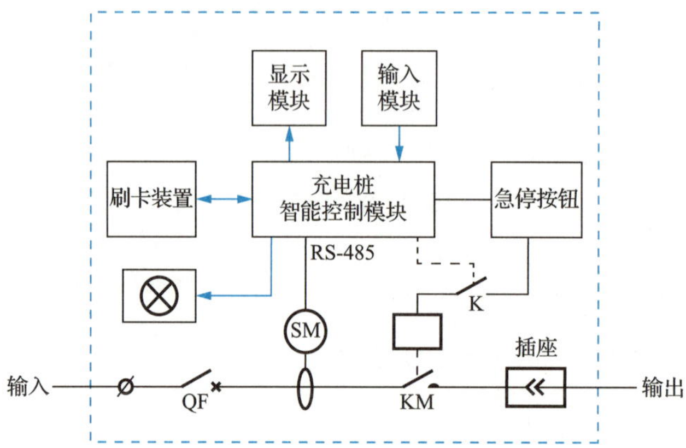

图 5-15　交流充电桩的原理框图

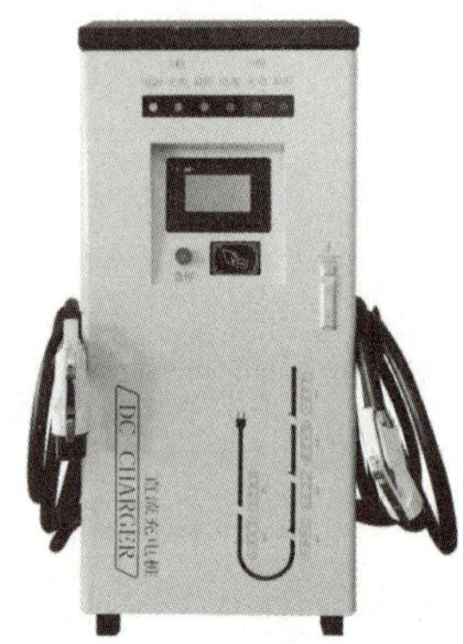

图 5-16　直流充电桩

直流充电桩采用传导方式将电网交流电能转换为直流电能，为电动汽车动力电池充电，并具备相应的测控保护功能。直流充电桩的原理框图如图 5-17 所示。

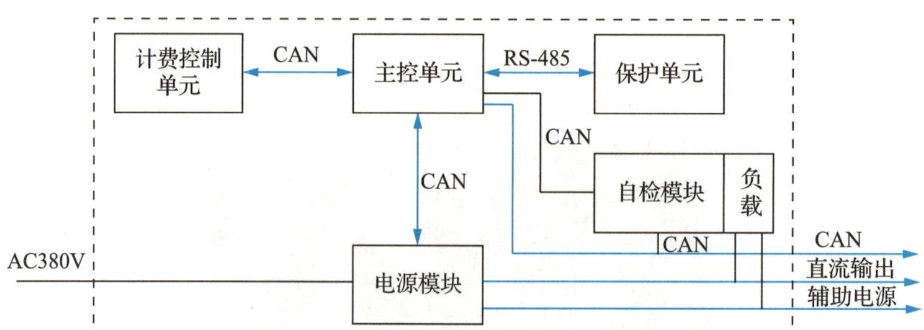

图 5-17　直流充电桩的原理框图

直流充电桩具有人机交互功能，其人机交互界面可显示充电相关信息，包括电池类型、充电电压、充电电流，在手动设定过程中可显示人工输入信息，在出现故障时有相应的提示信息，同时可以对充电参数进行人工设定和输入。直流充电桩应能够判断充电连接器、充电电缆是否连接正确。只有当直流充电桩与电动汽车蓄电池系统正确连接后，直流充电桩才允许启动充电过程；当直流充电桩检测到与电动汽车动力电池系统的连接不正常时，必须立即停止充电。此外，直流充电桩还应具有连锁功能，以保证与电动汽车分开以前车辆不能启动；在充电过程中，保证动力电池的温度、充电电流和充电电压不超过允许值。

二、充电站监控系统

充电站监控系统是指应用计算机及网络通信技术，对充电站/电池更换站的供电情况、站内设备运行状态、环境监视及报警等信息进行采集，实现对充电站/电池更换站的监视、控制和管理的系统。充电站监控系统如图 5-18 所示。

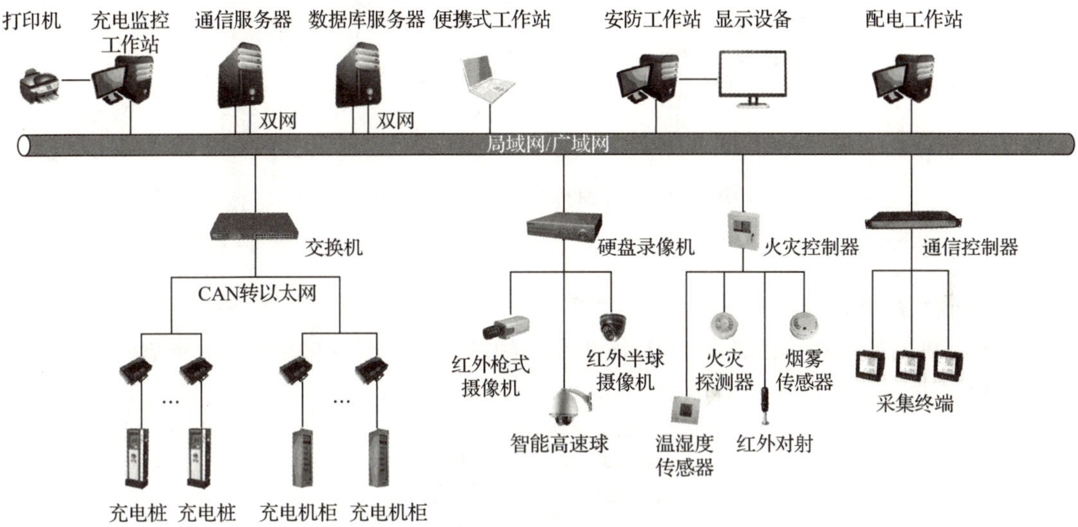

图 5-18 充电站监控系统

充电监控系统是充电站监控系统的核心，其网络拓扑结构图如图 5-19 所示。充电监控系统具备通信、数据采集、启停控制、充电模式控制、数据处理与存储、事件记录等功能。

1）通信：可采用 CAN 总线或工业以太网与充电机进行通信；通过 RS-485 接口与智能电表进行通信，通过以太网、串口等与上级监控系统通信。

2）数据采集：采集充电机温度、状态、故障等数据，动力电池基本信息（电压、温度、SOC、充电量、故障等），以及智能电表电量等数据。

3）启停控制：能够遥控充电机启停、紧急停机，以及读取及设置充电机参数定值等。

4）充电模式控制：根据上级监控系统指令集提供的动力电池信息，调整充电机的充电状态及充电运行参数。

5）数据处理与存储：针对遥测数据，具备越限报警、跳变滤波、量程滤波、零漂处理功能，以滤除不合理的工程数据。同时具备变位次数统计、逻辑取反等数据处理功能。遥测数据存储分为定时存储和变化存储两种，定时间隔时间可调。

6）事件记录：包括事件顺序记录、充电运行参数记录、操作记录、故障记录、动力电池参数记录等功能。

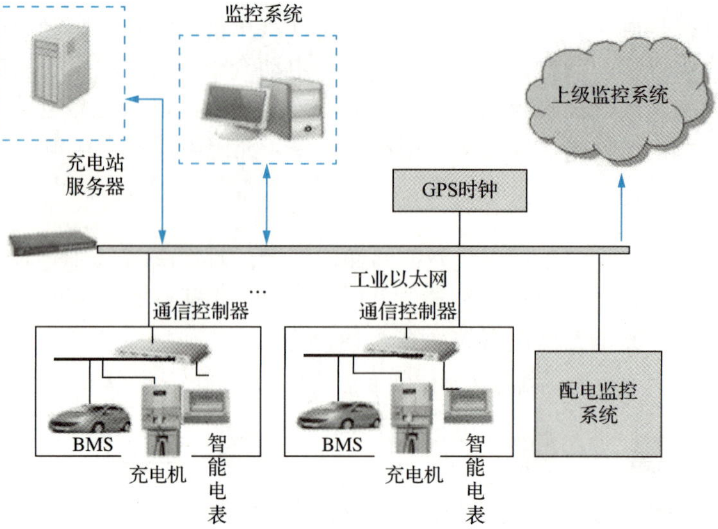

图 5-19　充电监控系统网络拓扑结构图

三、更换电池充电系统

更换电池充电系统采用分箱式充电，其充电电压一般为直流 75V 或交流 120V。在充电时，充电机与安装在电池箱内的 BMS 通信，控制充电过程。电池更换站充电机柜及单箱电池充电原理示意图如图 5-20 所示。

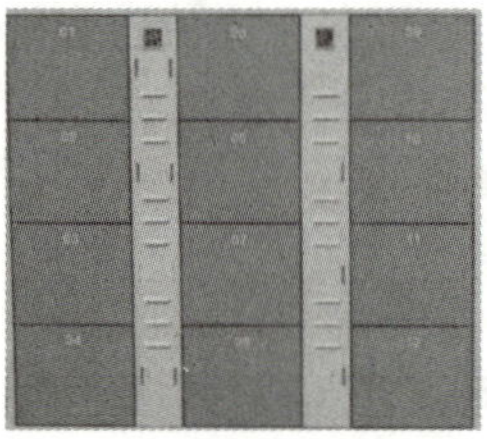

（a）电池更换站充电机柜

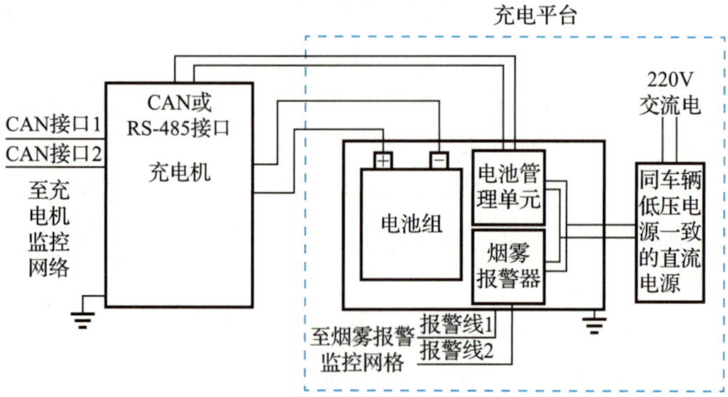

（b）单箱电池充电原理

图 5-20　电池更换站充电机柜及单箱电池充电原理示意图

知识四　电动汽车充电接口

学习点拨

通过学习，掌握电动汽车交流充电接口、直流充电接口的结构。

电动汽车充电接口是指连接电动汽车和电缆的部分的统称，由充电连接器和充电插座两部分组成。国标规定了两种充电接口：一种是将交流供电电网（额定电压最大为 380V）连接到车载充电机上进行充电的接口，即交流充电接口；另一种是利用充电站大型直流充电机（非车载充电机）对电动汽车动力电池进行直接快速充电的接口，即直流充电接口，直流额定电压最大为 600V。表 5-5 所示为不同国家采用的充电标准。

充电枪的认知

表 5-5　不同国家采用的充电标准

国家	充电采用的标准电流
日本和美国	充电机采用单相 AC 230V 供电，电流 32A 输出，针脚数量为 5
意大利	单相 AC 230V 供电，AC 16A 输出，针脚数量为 4～5
德国	单相或三相 AC 500V 供电，单相电流为 70A，三相电流为 63A，针脚数量为 7
中国	标准单相 AC 220V 供电，单相最大电流为 32A；三相 AC 380V 供电，三相最大电流为 63A，针脚数量为 7

统一的电动汽车国家标准对插头和充电接口的材质、接触电阻、额定电流、额定电压、插拔力、电气性能、防水等级、断开状态、充电状态、防松设置等都进行了规定。

交流充电口认知

1. 交流充电接口

交流充电接口包含 7 个端子，交流充电接口插头和插座端子布置图如图 5-21 所示。

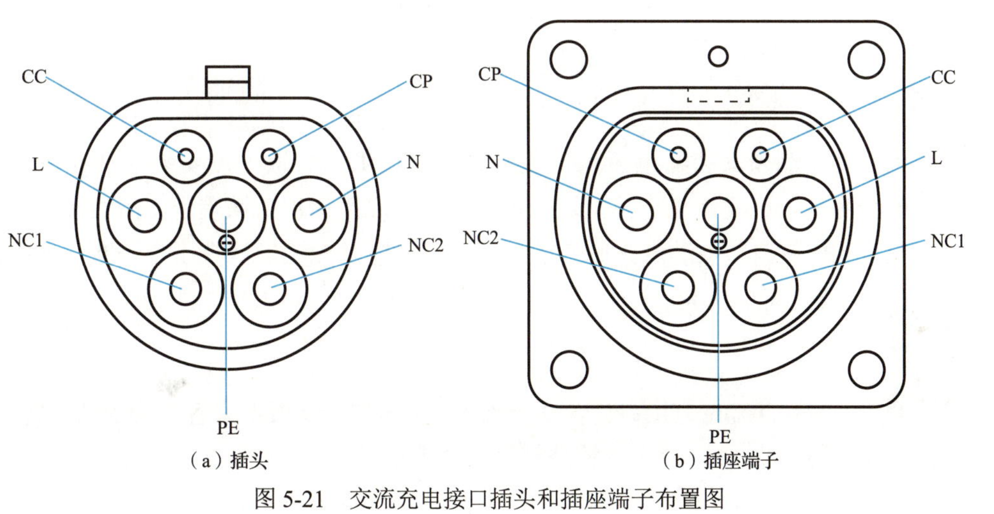

（a）插头　（b）插座端子

图 5-21　交流充电接口插头和插座端子布置图

交流充电接口各端子功能定义如下：CP 为充电连接控制端，用于控制充电电流；CC 为充电连接确认线，用于检测充电枪是否已连接可靠；L 为交流电 L 相；N 为交流电 N 相；NC1、NC2 为备用线（用于三相交流电充电）；PE 为保护接地。

电动汽车充电模式有以下 3 种。

（1）充电模式一

在使用车载充电机对电动汽车进行充电时，充电电缆通过符合 GB 2099.1—2008 要求的额定电流为 16A 的插头、插座与交流电网相连接。充电电缆的额定电压和额定电流应符合要求：单相 220V 交流电，电流为 16A。作为家用设备，使用 GB 2099.1—2008 中规定的额定电流为 16A 的标准插座连接交流电网。交流充电接口端子连接方式为 L+N+PE+CP+CC。

（2）充电模式二

在该模式下，使用特定的供电设备为电动汽车提供交流电源。根据额定电压和额定电流的不同，将充电模式二具体分为如下 3 种。

1）单相 220V 交流电，电流为 32A，交流充电接口端子连接方式为 L+N+PE+CP+CC。

2）三相 380V 交流电，电流为 32A，交流充电接口端子连接方式为 L+NC1+NC2+N+PE+CP+CC。

3）三相 380V 交流电，电流为 63A，交流充电接口端子连接方式为 L+NC1+NC2+N+PE+CP+CC。

充电模式二多用于商场、停车场等场所。

（3）充电模式三

在该模式下，使用非车载充电机对电动汽车进行直流充电，其额定电压为 DC 600V，额定电流为 300A，多用于高速公路服务区、充电站等场所。交流充电接口端子连接方式为 L+NC1+NC2+N+PE+CP+CC。

在交流充电插头的明显区域（如锁紧装置的控制按钮表面）应用不同颜色来表示不同的充电模式，如表 5-6 所示。

表 5-6　不同颜色代表的充电模式

颜色	蓝色	黄色	橙色	红色	红色
充电模式	充电模式一	充电模式二（1）	充电模式二（2）	充电模式二（3）	充电模式三

在供电装置一侧须安装漏电流保护装置，建议在供电装置一侧安装手动或自动断路器。出于安全考虑，在交流充电接口连接过程中，先连接保护搭铁端子，后连接控制确认端子。在交流充电接口与电动汽车脱开的过程中，先断开控制确认端子，后断开保护搭铁端子。

直流充电口认知

2. 直流充电接口

直流充电接口包含 9 个端子，图 5-22（a）所示为各个端子的布置方式，图 5-22（b）所示为特斯拉直流充电接口。

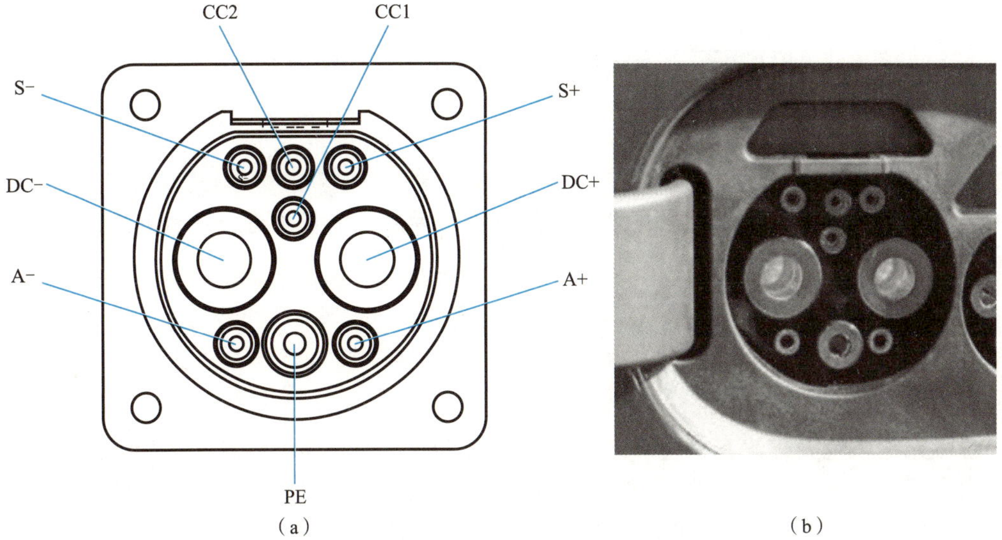

图 5-22　直流充电接口

直流充电接口各端子功能定义如下：DC+为高压输出正极，经过高压控制盒快充正继电器，输出电流到动力电池组高压正极；DC-为高压输出负极，经过高压控制盒快充负继电器，输出电流到动力电池组高压负极；PE 为车身地，接动力电池负极；A+为 12V 辅助电池正极，为 12V 快充唤醒信号；A-为 12V 辅助电池负极，接 12V 辅助电池负极；CC1 为快充连接确认线，属于内部电路，CC1 与 PE 之间有一个 1000Ω 的电阻；CC2 为快充连接确认线，接整车控制器；S+为快充 CAN-H，与动力 BMS 及数据采集终端通信；S-为快充 CAN-L，与动力 BMS 及数据采集终端通信。

BMS 分别与数据采集快充的 CAN-H 与 CAN-L 之间串联了一个 120Ω 的电阻。在快充口测得的 S+与 S-之间的阻值应为两个 120Ω 电阻的并联值，即 60Ω。当整车处于 ON 挡有高压时，需要先进行高压断电再进行充电。在进行快充时，12V 充电唤醒信号发送给充电桩、整车控制器、数据采集终端、仪表等，由整车控制器唤醒 BMS。在充电过程中，整车控制器实时监控充电过程，对异常情况进行紧急充电停止，并负责部分信息的仪表显示、监控平台信息上传。

出于安全考虑，在充电接口连接过程中，端子连接顺序为保护搭铁→直流电源正极与直流电源负极→12V 辅助电池正极→12V 辅助电池负极；在直流充电接口与电动汽车脱开的过程中，端子连接顺序与连接过程相反。

确认充电接口的连接：电动汽车的车辆控制装置能够通过测量检测点的峰值电压判断充电插头与充电插座是否已充分连接。

电流的判断：车辆控制装置通过测量检测点的电压值来确认充电电缆的额定电流，并通过判断该检测点的占空比来确认当前供电设备所能提供的最大电流。

电动汽车的车辆控制装置对供电设备、充电电缆及车载充电机电流进行比较后，根据其中的最小电流对电动汽车进行充电。

知识五　动力电池充电系统故障检修

学习点拨

通过学习，掌握动力电池充电系统故障检修方法，能正确进行动力电池充电系统的故障检修。

一、直流充电系统组成及故障检修

1. 直流充电系统的组成

直流充电系统又称快充系统，一般使用工业 380V 三相电，经过功率变换后，直接将高压大电流通过动力电池高压线束给动力电池组充电。直流充电系统主要部件包括供电设备（充电桩）、快充口、快充线束、高压控制盒、动力电池组等。

1）充电桩一般提供常规充电和快速充电两种充电方式，可以通过充电桩提供的人机交互界面根据具体需要选择，并进行相应的充电方式、充电时间、费用数据打印等设置。充电桩人机交互界面能显示充电量、费用、充电时间等数据。

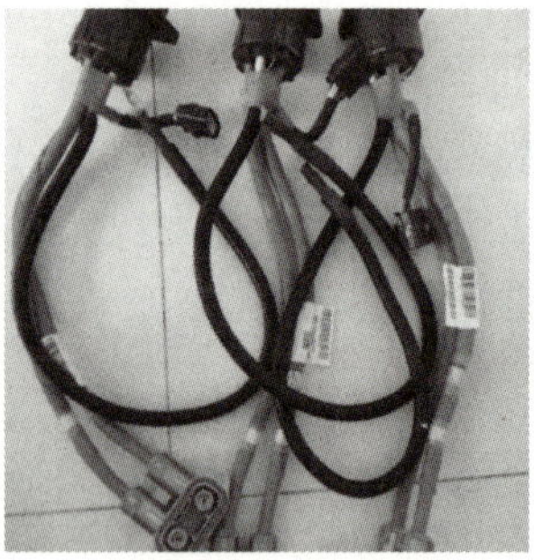
图 5-23　快充线束

2）快充口一般位于发动机舱盖前方车标内部或加油口，用于与快充线束相连接。

3）快充线束是连接快充口与高压控制盒的线束。快充线束一端连接车辆的快充口，另一端分成 3 条线束，分别为接高压控制盒的高压线束、整车低压线束和接车身搭铁点的搭铁线束，如图 5-23 所示。

4）高压控制盒又称高压配电盒，其作用是完成动力电池组中电能的输出及分配，实现对支路用电器的保护。

2. 直流充电系统故障检修

为了延长直流充电设施使用寿命，避免沙尘对设施通风及电器安全性能的影响，降低运行过程中的风险，应注重直流充电设施的日常维护工作，并定期对设施各关键项目进行检修，如果设施工作环境较恶劣，则应根据实际情况缩短检修周期。

（1）直流充电设施维护及故障检修项目

1）直流充电设施重点维护及巡检项目：①外表面及桩内清洁干燥；②固定平稳、牢靠；③充电插头外观完好、无损坏变形；④充电指示灯运行状态符合要求；⑤液晶屏无损坏、操作有响应；⑥液晶屏显示数据与测量数据相符；⑦能够自动完成设定充电过程；⑧急停按钮外观无损坏、操作有效。

2）直流充电设施的主要维护及故障检修项目：①根据需要对桩体内外进行清洁；②定期检查接线端子、接地电缆、接触器、熔断器是否积尘和污垢过多，接线端子、接线电缆是否绝缘且固定牢靠；③检测接触器触点及其动作，以及熔断器各接触点是否正常；④检查电路板的跳线帽焊脚是否松动，构件是否坚固。

（2）直流充电设施安全检查

直流充电设施首次投运或长时间停运再次投运时，需要对整体进行安全检查，主要检查内容及注意事项如下：

1）电缆连接检查。①必须检查现场所有电气连接，按照设备电路图连接，确保连接正确、牢靠；②检查设备是否连接到安装场地的等电位连接装置，检查连接是否牢靠；③检查交流电网连接，确保连接点全部固定到位，并按照电路图检查连接是否正确；④检查外部连接，确保全部固定牢靠，按照电路图检查连接是否正确，确认连接处力矩符合要求；⑤检查连接处螺栓是否已经达到要求的力矩值，完成检查后要做好合格标记，避免后续按照电路图中的力矩规格反复紧固连接处螺栓。

2）上电调试。连接错误可能导致火灾危险，只有在以上检查都合格后才可进行上电调试。调试过程中要严格按照调试操作步骤进行。

3）注意事项。①在充电完毕或充电过程中需要中途停止充电时，需要先结束充电，再拔下充电插头，切勿带电插拔充电枪；②直流充电机周围严禁存放汽油、煤油、机油、板皮、棉纱、破布等易燃易爆物品；③下雨天充电需要特别注意安全，避免在雨中插拔充电枪；④当车辆停车时，需要与直流充电机保持必要间距，切勿碰撞机体；⑤若直流充电机在运行过程中出现不正常的声响、振动或其他故障，则应立即停止工作进行检查，并将情况及时反馈给技术服务人员。

（3）直流充电设施检修方法

1）设备内铜排电缆外观检查及除尘。①观察铜排外绝缘热宿管有无因过热引起的发黑、烧焦现象，检查电缆绝缘层有无因过热引起的烧焦老化现象；②清除铜排及电缆表面的灰尘。

2）柜内元器件。①清除一次回路交流断路器、接触器、熔断器表面的灰尘；②清除二次回路继电器、接触器、开关电源表面的灰尘。

3）柜体除尘。①清除设备内外壁灰尘；②清除柜面断路器手柄表面灰尘；③清除指示灯、显示屏表面灰尘，使之显示清晰。

4）过电流保护开关检修。组合柜配置有过电流保护开关，用于防止短路故障或过载时引起过电流。定期测试过电流保护开关动作是否可靠是确保系统安全的重要手段。

过电流保护开关功能测试顺序如下：先使系统停止运行，切断电网电源开关，确保进入组合柜电源全部切断，之后断开交流断路器，打开柜门，手动闭合交流断路器，按下断路器测试按钮，断路器跳闸后关上柜门。

5）紧急停机按钮检测。紧急停机按钮用于系统故障状态下的紧急停机，定期检查紧急停机按钮的可靠性可以降低系统运行的风险。

6）安全标志检查。检查各种安全标志，若发现有脱落或模糊不清的安全标志，则应立即更换。

7）元器件检测。系统所配零部件均具有额定使用寿命，超出额定寿命后元器件会失效，定期对设备使用寿命进行评估、及时更换元器件有助于系统的稳定可靠运行。

(4) 直流充电设施检修注意事项

直流充电设施检修注意事项如下。

1) 柜体运行时切勿随意断开断路器或按下紧急停机按钮，在遇到特殊情况时，需要请示专业人员，切勿擅自操作，以免造成柜体重要设备的损坏。

2) 切勿随意修改设备原设定值，以免在出现故障时影响出厂设置的保护功能。

3) 柜体运行时，禁止直接触碰或间接触碰带电单元。

4) 柜体在运行时，操作人员及参观人员要与柜体保持一定的安全距离。

5) 整个系统应该远离烟火、爆炸物、腐蚀物。

6) 在使用完设备后，将负载断开，防止下次上电前对设备造成伤害。

7) 直流充电机输入、输出电压均为高压，在使用过程中为避免发生触电危险，不得自行打开充电机外盖，检修工作需要由专业技术人员完成。

(5) 直流充电系统故障排查流程

1) 作业前准备：①设置安全隔离带及安全警示牌；②检查并穿戴个人安全防护用品；③检查并调校设备仪器；④检查绝缘工具；⑤实施车辆外部及内部三件套防护；⑥检测绝缘地垫的对地绝缘性能。

2) 车辆初步检查：①确认车辆停放位置合适且车身稳定；②确认驻车制动已拉起；③启动车辆，确认挡位处于 N 挡；④检查仪表盘的故障指示灯是否亮起。

3) 确认充电系统故障：①连接充电枪，确认直流充电系统故障情况；②关闭启动开关；③再次启动汽车并连接故障诊断仪，用诊断仪读取故障码；④再次关闭启动开关，并将车辆钥匙在远离汽车的位置妥善保管，填写工单。

4) 故障诊断与排除：①根据检查结果，结合维修手册和电路图确定故障排查顺序；②检查并测量车辆快充口及快充线束；③检查并测量充电枪的充电接口；④根据测量值判断故障点并排除故障。

5) 故障验证：启动车辆，查看仪表盘中的“READY”或“OK”灯是否正常点亮，用诊断仪读取故障码，根据故障码清除故障。

6) 清洁场地，整理设备、工具、个人防护用品、场地警戒标识等。

更换比亚迪高压配电箱

二、交流充电系统组成及故障检修

1. 交流充电系统的组成

交流充电系统一般是指将 220V 交流电引入交流充电桩，用充电电缆、充电枪与新能源汽车交流充电接口对接后，车载充电机将外部交流电网的电能转化为直流电能来对动力电池进行充电的系统。与直流充电系统相比，交流充电系统将 AC/DC 系统集成在车载充电机中，受布置空间限制，车载充电机体积较小，其工作功率较小，常用的充电功率有 3.3kW 和 6.6kW，所需充电时间较长。

更换比亚迪 DCDC 变换器

交流充电系统包括交流充电桩或一体化电缆充电控制盒、充电电缆、汽车交流充电接口和车载充电机，如图 5-24 所示。交流充电桩经过一定稳压限流后给车载充电机供电，车载充电机再经 AC/DC 整流稳压后对动力电池组充电。由于车载充电机功率受限，因此交流充电系统的充电功率一般为 3～10kW。目前各整车生产企业的纯电动、插电式/增程式混合动力汽车均配备慢充口。慢充口还可通过电缆安装插头直接接入 AC 220V、16A 插座。车载充电机采用 220V 交流电源进行供电，经过整流、调压、滤波后，将交流电转化为高压直流电给动力电池组充电。车载充电机除了需要具有功率转换功能，还要能够与充电桩、BMS 等设备进行交互，以防出现过电流、过充电等安全隐患。

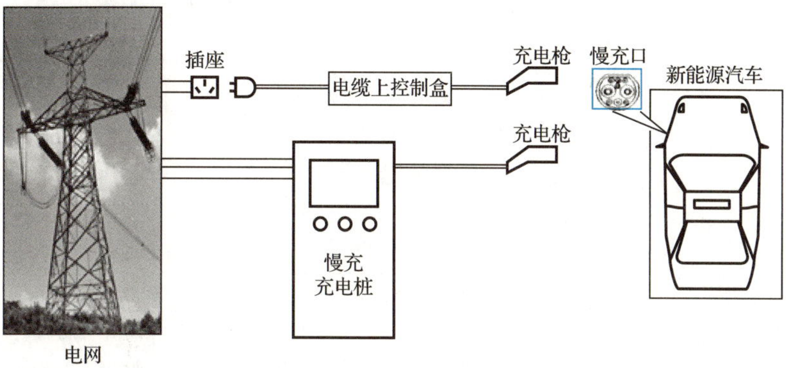

图 5-24　交流充电系统的组成

2. 交流充电系统故障检修

（1）交流充电桩日常巡检

交流充电桩日常巡检项目主要包括外观检测、除尘、电气连接检查及元器件功能测试，具体如表 5-7 所示。

表 5-7　交流充电桩的日常巡检项目

项目	巡检周期/月
外观检查，除尘铜排及电缆柜体（指示灯、操作手柄等）检查，一、二次回路元器件（交流断路器、接触器等）检查	3
电气连接检查	3
保护开关电气性能测试（交流断路器）	3
浪涌保护器功能测试	3
辅助电源电压测量	3
紧急停机按钮测试	3
各种安全标志检查	1
元器件检查	3

（2）交流充电系统常见故障及检修方法

交流充电系统常见故障包括操作性故障、车载充电机故障及充电桩故障等。交流充电系统常见故障及检修方法如表 5-8 所示。

表 5-8　交流充电系统常见故障及检修方法

故障类型	故障现象	检测方法	维修方法或故障原因
操作性故障	正确连接充电枪，充电指示灯异常，无法充电	检测挡位、钥匙状态是否正常	根据车辆使用说明，将挡位和钥匙推至正确位置
车载充电机故障	正确连接充电枪，交流充电系统无反应，无法充电	检查充电枪车端和枪端各触点是否完好	修复损坏的触点
		检查充电枪锁止按键电路是否断开	修复锁止按键电路
		检查电器盒充电熔断器是否熔断	更换充电熔断器
		检测充电枪输出端有无电压	充电枪控制盒损坏或供电网络断电
	正确连接充电枪，充电指示灯亮，无法充电	检测动力电池是否完成高压上电	其他高压节点未被唤醒
		检测充电机是否过热	将车辆移至阴凉处，检测冷却系统
	正确连接充电枪，交流充电系统正常反应，但一直无法充满电	检测通信功能是否正常	读取故障码，根据故障码检修
		检测充电机电压输出是否正常	输出电压低于动力电池充电电压或充电机至动力电池高压电缆接触不良
充电桩故障	桩体温度过高	检查系统是否过负荷运行	重新启动，若启动运行便死机且不能恢复，应立即关机停止充电，联系专业技术人员进行检测
	桩体无法刷卡或刷卡不灵敏	检查主板串口是否可靠连接	重新启动系统
		检查读卡区域或卡槽是否异常	将卡与刷卡器读卡区域对齐，重新刷卡或输入密码

（3）交流充电系统故障排查流程

1）作业前准备：设置安全隔离带及安全警示牌；检查并穿戴个人安全防护用品；检查并调校设备仪器；检查绝缘工具；实施车辆外部及内部三件套防护；检测绝缘地垫的对地绝缘性能。

2）车辆初步检查：确认车辆停放位置合适且车身稳定；确认驻车制动已拉起；启动车辆，确认挡位处于 N 挡；检查仪表盘的故障指示灯是否亮起。

3）确认充电系统故障：连接充电枪，确认交流充电系统故障情况；关闭启动开关；再次启动车辆并连接故障诊断仪，用诊断仪读取故障码；再次关闭启动开关，并将车辆钥匙在远离车辆的位置妥善保管，填写工单，记录相关信息。

4）故障诊断与排除：根据检查结果，结合维修手册和电路图确定故障排查顺序；检查并测量车辆慢充口及线束；检查并测量充电枪的充电接口；根据测量值判断故障点并排除故障。

5）故障验证：启动车辆，查看仪表盘中的“READY”或“OK”灯是否正常点亮，用诊断仪读取故障码，根据故障码清除故障。

6）清洁场地，整理设备、工具、个人防护用品、场地警戒标识等。

任务实施

任务一 慢充系统故障诊断

一、任务要求

排除吉利帝豪 EV300 电动汽车系统提示的“车载充电机与充电桩连接故障”。

更换吉利帝豪车载充电机

纯电动汽车充电系统故障

二、任务实施

1. 准备工作

1）操作前，准备好个人安全防护用品、场地安全防护设备及仪器仪表。

2）分析工作任务。结合实训车辆，分析充电系统故障检修的流程。

2. 实施步骤

（1）学生分组及任务分配

学生分组后，各小组组长确定每一位学生的学习角色并分配小组任务，组员按组长的要求完成相关任务内容，并将自己所在小组及个人任务内容填入表中。

1）任务分配如表 5-9 所示。

表 5-9 任务分配

序号	成员角色、任务分配	负责人

2）工具准备如表 5-10 所示。

表 5-10 工具准备

序号	工具名称	工具数量

（2）测量

1）测量充电桩端充电枪的 N 脚和车辆端的 N 脚之间的阻值为____Ω（标准值为 0.5Ω 以下），若阻值与标准值不符，则更换充电线束总成。

2）测量充电桩端充电枪的 L 脚和车辆端的 L 脚之间的阻值为____Ω（标准值为 0.5Ω 以下），若阻值与标准值不符，则更换充电线束总成。

3）测量充电桩端充电枪的 PE 脚和车辆端的 PE 脚之间的阻值为____Ω（标准值为 0.5Ω 以下），若阻值与标准值不符，则更换充电线束总成。

4）测量充电桩端充电枪的 CP 脚和车辆端的 CP 脚之间的阻值为____Ω（标准值为 0.5Ω 以下），若阻值与标准值不符，则更换充电线束总成。

5）测量充电桩端充电枪的 CC 脚和 PE 脚之间的阻值为____Ω（标准值为 0.5Ω 以下），若阻值与标准值不符，则更换充电线束总成。

6）测量车辆端充电枪的 CC 脚和 PE 脚之间的阻值，16A 充电线束阻值为____Ω[标准值为 680（1±3%）Ω]，32A 充电线束阻值为____Ω[标准值为 220（1±3%）Ω]，若阻值与标准值不符，则更换充电线束总成。

（3）检查

检查慢充口与车载充电机连接是否良好。排除充电桩与充电线束的问题后，启动充电过程，车载充电机指示灯仍旧不亮的，检查慢充线束及车载充电机。

1）检查插件端子有无烧蚀和虚接现象。

2）测量充电口 L 脚与充电线束充电机插件 1 脚之间的阻值为____Ω（标准值为 0.5Ω 以下），若阻值与标准值不符，则更换慢充线束总成。

3）测量充电口 N 脚与充电线束充电机插件 1 脚之间的阻值为____Ω（标准值为 0.5Ω 以下），若阻值与标准值不符，则更换慢充线束总成。

4）测量充电口 PE 脚与充电线束充电机插件 3 脚之间的阻值为____Ω（标准值为 0.5Ω 以下），若阻值与标准值不符，则更换慢充线束总成。

5）测量充电口 CC 脚与充电线束充电机插件 5 脚之间的阻值为____Ω（标准值为 0.5Ω 以下），若阻值与标准值不符，则更换慢充线束总成。

6）测量充电口 CP 脚与充电线束充电机插件 6 脚之间的阻值为____Ω（标准值为 0.5Ω 以下）。

三、任务评价

按表 5-11 进行考核评价。

表 5-11　考核评价表

序号	评价内容	分数	自评	组评	师评
1	理解工作内容及要求	5			
2	安全防护与仪表设备准备	15			
3	会查阅相关技术手册	5			
4	操作的安全性、规范性与高效性*	50			

续表

序号	评价内容	分数	自评	组评	师评
5	完成工作页*	15			
6	7S 管理	10			
总分		100			
综合评分（自评分×20%+组长或教师评分×80%）：					
小组长签名：		教师签名：			
学习体会	签名： 日期：				

注：评价内容栏中，标*的为教师评分项，其他的为自评及组长评分项。

任务二　车载充电机的更换

一、任务要求

按照规范更换北汽 EV160 的车载充电机。

更换北汽车载充电机

二、任务实施

1. 准备工作

操作前，准备好纯电动汽车、常用及专用工具、安全防护用品等。

2. 实施步骤

（1）检查车载充电机是否工作正常

1）对车辆进行充电，检查车载充电机指示灯是否显示正常。

2）当接通交流电源后，“POWER”灯亮起，表示电源接入正常。

3）“POWER”灯与“RUN”灯闪亮，表示车辆充电正常。

4）当接入电源后，经过 1min 后仍只有“POWER”灯亮，说明电池未进行充电或已充满。

5）当“FAULT”灯亮起后，提示车载充电机故障，需要检查维修。

6）当接入交流电源但所有指示灯均不亮时，需要对充电系统进行检修。

（2）拆换车载充电机

1）将车辆停放好，拉紧驻车制动，做好车辆安全防护。

2）打开充电接口盖，将交流充电电缆两端分别插入桩体和车端。

3）启动交流充电桩，并检查车载充电机指示灯是否点亮。

4）当确认车载充电机存在故障后，断开交流充电桩与车辆的连接电缆。

5）关闭汽车端交流充电接口保护盖。

6）关闭汽车电源并取走钥匙，确认全车电源已关闭，车辆处于静止停放状态。

7）断开辅助蓄电池负极，从而保证全车高压电断开。

8）保持车辆静置 10min，断开 MSD（manual service disconnect，手动服务断开）手动维修开关，准备相关拆卸工具，保证变频器电容中的剩余电量释放完毕。

9）使用专用工具拆卸固定螺栓。

10）断开低压通信端、直流输出端和交流输入端的连接线。

11）更换新的车载充电机，并按接口连接相关电缆，紧固固定螺栓。

12）复位低压蓄电池负极，打开充电接口盖，将交流充电电缆两端分别插入桩体和汽车端。

13）启动交流充电桩，并检查车载充电机指示灯点亮情况。

14）确认交流充电正常后，关闭充电系统。

15）检查固定螺栓紧固情况，并检查机舱内其他设备运行情况。

16）拆卸翼子板布和前罩，关闭前机舱盖。

17）拆卸车内三件套，整理工位。

三、任务评价

按表 5-12 进行考核评价。

表 5-12　考核评价表

序号	评价内容	分数	自评	组评	师评
1	理解工作内容及要求	5			
2	安全防护与仪表设备准备	15			
3	会查阅相关技术手册	5			
4	操作的安全性、规范性与高效性*	50			
5	完成工作页*	15			
6	7S 管理	10			
总分		100			
综合评分（自评分×20%+组长或教师评分×80%）：					
小组长签名：			教师签名：		
学习体会	签名：　　　日期：				

注：评价内容栏中，标*的为教师评分项，其他的为自评及组长评分项。

思考与练习

一、选择题

1. 类似电动汽车充电方式的分类方法，电动汽车也分为（　　）和（　　）两种。

A．换电式　　B．插电式　　C．快充式　　D．慢充式

2. 直流快速充电的充电功率范围为（　　）kW。

A．5～15　　B．100～300　　C．30～100　　D．0.5～1

3. 以下方法适用于锂离子电池充电的是（　　）。

A．恒流充电　　B．恒压充电

C．恒流转恒压充电　　D．恒压转恒流充电

4. 与交流电网连接，为动力电池提供直流电能的设备是（　　）。

A．充电器　　B．适配器　　C．充电站　　D．充电机

5. 随着充电循环次数的增加，二次电池容量减小（　　）。

A．不会发生　　B．可能发生　　C．可以避免　　D．必然发生

6. 交流充电系统中车载充电机的功率一般为（　　）kW。

A．0.5　　B．1　　C．3.6　　D．6.6

7. 户外直立式交流充电桩的防水防尘等级应为（　　）。

A．IP34　　B．IP67　　C．IP55　　D．IP89

8. 慢充口包含（　　）对插头，其中 L 插头是（　　）。

A．8，交流电源　　B．7，备用电源　　C．7，交流电源　　D．6，备用电源

9. 车载充电机是新能源汽车交流充电系统的关键部件，其上游与（　　）连接，下游与（　　）连接。

A．交流充电桩　　B．直流充电桩

C．动力电池及 BMS　　D．驱动电机

10. 车载充电机的安全特性包括（　　）。

A．过电压/欠电压保护　　B．限流保护

C．限压保护　　D．接地保护

二、判断题

1. 充电设备交流输入检测需要选择交流量程大于 400V。（　　）

2. 在更换高压元器件及线束插接件时，需要对断开的插接件进行绝缘密封防护。（　　）

3. 车载充电机体积、质量应尽可能小，以减小充电机对续驶里程的不良影响。（　　）

4．高压配电箱内含有各种接触器，通过这些接触器的吸合和断开可实现动力电池组与负载接通与断开，其中接触器的吸合与断开主要由电池管理器控制。（　　）

5．高压配电箱既是一个高压零部件，也是高压系统的一个控制单元。（　　）

6．直流快充系统采用 220V 三相交流电，经直流快充桩内部 AC/DC 转换后输出直流电。（　　）

7．直流快充可在短时间内完成动力电池的电量补充，并且可实现 1～5C（倍率）充电。（　　）

8．直流快充口包含 DC 插头、CC1/2 等 5 对插头。（　　）

9．车载充电机经过整流、调压、滤波等后将交流电转化为低压直流电输出。（　　）

10．交流充电系统一般是指将 220V 交流电引入交流充电桩，用充电电缆、充电枪与电动汽车交流充电接口对接后，车载充电机能将外部电网的交流电能转化为直流电能，对动力电池进行充电的系统。（　　）

三、简答题

1．简述动力电池常用充电方法及其特点。

2．直流充电系统由哪些设备组成？其工作原理是什么？

3．交流充电系统与直流充电系统有哪些区别？

4．判断图 5-25 中充电接口种类并简述图中各端子的名称及功用。

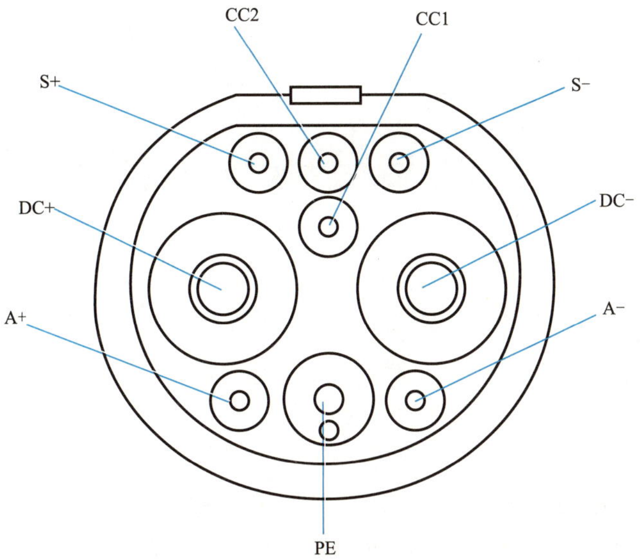

图 5-25 充电接口

项目六
动力电池故障诊断与维护保养

项目导读

新能源汽车与传统燃油车在常见故障、维护保养等方面存在很多差异，只有掌握新能源汽车动力电池常见故障的解决方法和维护保养技术，才能更合理地使用新能源汽车，也才能充分发挥新能源汽车的节能、经济和环保的优势，推动新能源汽车产业的发展，并加速新能源汽车的普及。

新能源汽车动力电池系统的维护包括常规维护、重点维护、存储及运输维护等。维护人员在对动力电池系统进行维护保养时，必须佩戴绝缘手套等防护用品，作业前必须熟悉动力电池产品的结构、工作原理和使用说明。

本项目主要学习内容如下：

相关知识	实践活动
1．动力电池的常见故障及其解决方法。 2．动力电池系统的维护保养	1．动力电池组故障排查。 2．动力电池组的日常维护

学习目标

通过本项目的学习达成如下学习目标：

知识目标	能力目标	思政要素和职业素养目标
1．掌握动力电池常见故障的解决方法。 2．掌握动力电池维护的内容。 3．掌握动力电池组的存放和废弃处理方法	会进行动力电池的各级维护	1．树立正确的学习观、价值观，自觉践行行业道德规范。 2．增强安全意识、环保意识，落实7S管理。 3．严格执行汽车维护保养技术标准与工艺规范，养成科学、严谨的工作态度
对接《智能新能源汽车职业技能等级标准》“新能源汽车动力驱动电机电池技术”模块——动力电池系统检查保养		

知识准备

知识一　动力电池的常见故障及解决方法

知识点拨

通过学习，掌握动力电池常见故障的解决方法。

一、动力电池故障等级及故障显示

1. 动力电池故障的等级分类

（1）一级故障（非常严重）

动力电池上报该故障一段时间后，会造成整车出现安全事故，如起火、爆炸、触电等。动力电池在正常工作时不会上报该故障，BMS 一旦上报该故障就表明动力电池处于严重故障状态。动力电池在此状态下功能已经丧失，同时会请求其他控制器立即（1s 内）停止充电或放电。如果其他控制器在指定时间内未做出响应，BMS 将在 2s 后主动停止充电或放电（断开高压继电器）。一级故障包括动力电池内部短路、温度过高等。

（2）二级故障（严重）

动力电池上报该故障会造成整车进入跛行、暂时停止能量回馈与充电。动力电池正常工作时不会上报该故障，BMS 一旦上报该故障就表明动力电池某些硬件出现故障或动力电池处于非正常工作状态。动力电池在此状态下功能已经丧失，同时会请求其他控制器停止充电或放电；其他控制器应在一定的延迟时间内响应动力电池的停止充电或放电请求。二级故障包括 BMS 内部通信故障、绝缘电阻过低等。

（3）三级故障（轻微）

动力电池上报该故障对整车无影响或不同程度地造成整车进入限功率行驶状态。动力电池正常工作状态可能上报该故障，BMS 一旦上报该故障就表明动力电池处于极限环境温度下或单体电池一致性出现一定劣化等。三级故障时，动力电池性能下降，BMS 降低最大允许充放电电流。三级故障包括单体电池欠电压、温度不均衡等。

2. 动力电池系统故障显示

纯电动汽车故障灯大多与普通汽车故障灯类似，分为指示灯、警告指示灯、警告灯 3 类。纯电动汽车故障灯同样用不同颜色表示故障程度：红色表示危险/重要提醒；黄色表示警告/故障；绿色/蓝色/白色表示指示/确认启用。纯电动汽车常见指示灯/警告灯符号及名称如图 6-1 所示。图 6-2 所示为北汽 EV160 仪表盘。图 6-3 所示为吉利帝豪 EV300 仪表盘故障灯。

指示灯/警告灯			
	驻车制动故障警告灯*	OFF	ESP OFF 警告灯（装有时）
	未系安全带指示灯*		防盗指示灯*
	充电系统警告灯*		主告警指示灯*
	前雾灯指示灯	ECO	ECO 指示灯（装有时）
	后雾灯指示灯		动力电池电量低警告灯
	智能钥匙系统警告灯*		动力电池故障警告灯*
	ABS 故障警告灯*		胎压故障警告灯（装有时）*
	电机冷却液温度过高警告灯		电子驻车状态指示灯
	ESP 故障警告灯（装有时）*	OK	OK 指示灯
	车门状态指示灯*		动力系统故障警告灯*
	SRS 故障警告灯*		动力电池过热警告灯*
	EPS 故障指示灯		动力电池充电连接指示灯
	示廓灯指示灯		巡航主指示灯（装有时）
	远光灯指示灯	SET	巡航控制指示灯（装有时）
	转向指示灯		

注：ABS 表示防抱死制动系统（antilock brake system）；ESP 表示电子稳定程序（electronic stability program）；SRS 表示电子安全气囊（electronic control of safety airbag）；EPS 表示电动助力转向（electric power steering）；ECO 表示环保（ecology）、节能（conservation）和动力（optimization）。

图 6-1　纯电动汽车常见指示灯/警告灯符号及名称

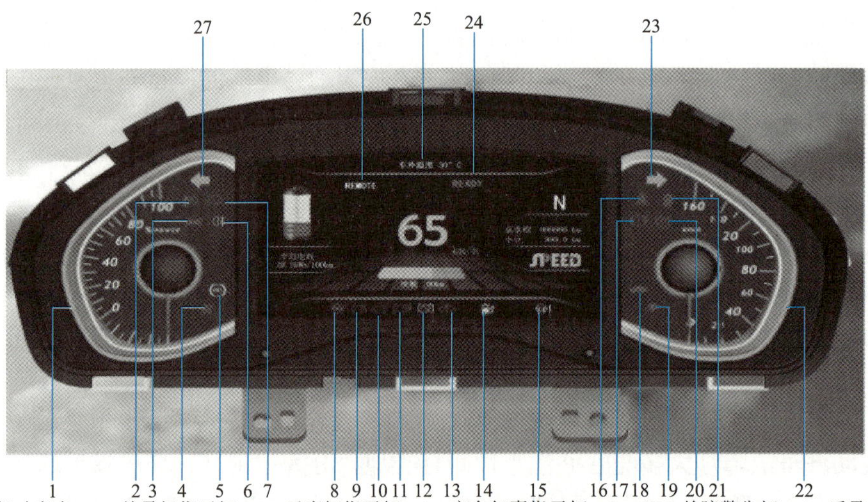

1—驱动电机功率表；2—前雾灯指示灯；3—示廓灯指示灯；4—安全气囊指示灯；5—ABS 故障警告灯；6—后雾灯指示灯；7—远光灯指示灯；8—跛行指示灯；9—蓄电池故障灯；10—电机及控制器过热指示灯；11—动力电池故障灯；12—动力电池断开指示灯；13—系统故障灯；14—充电提醒灯；15—EPS 故障指示灯；16—未系安全带指示灯；17—制动故障灯；18—防盗指示灯；19—充电线束连接指示灯；20—手刹指示灯；21—门开指示灯；22—车速表；23、27—左右转向指示灯；24、26—READY 指示灯；25—车外温度传感器指示灯。

图 6-2　北汽 EV160 仪表盘

图 6-3 吉利帝豪 EV300 仪表盘故障灯

二、动力电池常见故障及解决方案

1. SOC 异常

解决方案：

1）停车或关闭点火开关后重新启动车辆；

2）检查仪表显示其他故障警告灯有无点亮，并做好现象记录；

3）联系专业售后人员进行复查，维修人员确认无误后即可正常使用。

2. 续驶里程低于经验值

解决方案：联系维护人员，检查充放电过程是否正常，容量是否减小，BMS 控制是否正常。

3. 电池过热报警/保护

解决方案：

1）10s 内减速，停车观察；

2）检查报警是否解除，检查是否有其他故障，并做好记录；

3）若报警或保护解除，则可继续驾驶，否则联系售后人员解决；

4）若运行中连续 3 次以上出现停车后减速故障解除，则联系售后人员。

4. SOC 过低报警/保护

解决方案：

1）SOC 低于 30%时出现报警，减速行驶，寻找最近的充电站进行充电；

2）停车休息 3～5min 后行驶，检查故障是否能自动解除；

3）若故障不能自行解除且仍未到达充电站，则联系售后人员解决。

5. 电压/电流明显异常

解决方案：

1）关闭点火开关，迅速下车并与车辆保持适当距离；

2）联系专业技术人员处理；

6. 点火开关打开至 ON/START 后不工作

解决方案：
1）检查并维护低压电源；
2）若打开至 ON 后能工作，则检查仪表盘上故障显示，并记录；
3）若打开至 START 后仍不能工作，则联系专业技术人员处理。

7. 不能充电

解决方案：
1）检查 SOC 当前数值；
2）检查充电电缆是否按照正确方法连接；
3）若由环境温度超出使用范围所致，则终止使用；
4）联系维修人员处理。

8. 运行时高压短时间丢失

解决方案：
1）检查系统屏蔽层是否有效；
2）检查继电器能否正常动作；
3）检查主回路是否接触良好。

9. 电池外箱磨损破坏

解决方案：联系专业人员处理。

10. 动力电池模组发生碰撞

解决方案：
1）在有绝缘防护的条件下，打开车门；
2）检查车辆是否在 OFF 挡；
3）断开 12V 辅助电池负极；
4）断开高压维修开关（装有时）；
5）查看动力电池托盘边缘是否开裂，有无明显液体流出，若存在漏电、漏液现象，则拆下动力电池组，断开各电池模组采样线、高压连接线。

11. 动力电池组水淹处理

解决方案：
1）在有绝缘防护的条件下，将车辆从水中移出并打开车门；
2）检查车辆是否在 OFF 挡；
3）断开 12V 辅助电池负极；
4）断开高压维修开关（装有时）；

5）清除车辆内部水迹，检查动力电池组是否漏电，若漏电则拆下动力电池组，断开各电池模组采样线、高压连接线。

12. 动力电池组发生泄漏

解决方案：

1）将车辆退电至 OFF 挡，断开 12V 辅助电池负极。

2）断开维修开关。

3）拆下动力电池组，断开各电池模组采样线、高压连接线。

4）当发生少量泄漏时，请远离火源，使用吸液垫吸附漏液后将其置于密闭容器中，或者采用焚烧方式处理。操作前请佩戴防腐蚀手套。当发生大量泄漏时，请统一收集，按危险化学品处理，可加入葡萄糖酸钙溶液来处理有毒气体氟化氢。当人体不慎接触泄漏液体时，应立即用大量清水冲洗 10～15min，若有疼痛感则可用 2.5%葡萄糖酸钙软膏涂敷，或用 2%～2.5%的葡萄糖酸钙溶液浸泡止痛。若无改善或出现不适症状，请立即就医。

13. 动力电池组冒烟起火

解决方案：

1）若条件允许，则将车辆退电至 OFF 挡，断开 12V 辅助电池负极，断开维修开关；

2）使用灭火器（请勿使用水基型灭火器）灭火，并立即拨打火警电话请求救援；

3）如果火势较大，请立即远离车辆，并立即拨打火警电话请求救援。

三、动力电池常见故障排查

1. 温度类故障

（1）故障描述

车辆无法上电，仪表盘提示“动力电池温度过高”。

（2）故障排查

出现温度告警后，首先需要排除管理器、连接线束等因素（更换管理器、管理器与电池组连接采样线束）；更换后若故障仍未解除，则判断为动力电池故障。

2. 动力电池组漏电类故障

（1）故障描述

仪表盘“OK”灯不亮，仪表提示“请检查动力系统，高压系统漏电故障”。

（2）故障排查

断开动力电池组与车身所有连接，用万用表测试动力电池组各项参数，具体操作如下。

1）闭合维修开关。

2）用万用表测量动力电池组总电压 U。

3）用万用表测量正极与车身电压 U_1。

4）用万用表测量负极与车身电压 U_2。

5）将万用表笔更换为并联定值电阻表笔，将挡位拨至欧姆挡，测量定值电阻值 R。

6）将万用表挡位拨回直流电压挡，测量并联电阻值后，测量正极与车身电压 U_1'。

7）测量并联电阻值后，测量负极与车身电压 U_2'。

8）测量结束后，断开维修开关。

9）计算绝缘电阻值：

$$R_1=\frac{U_1-U_1'}{U_1'}\times\frac{R}{U},\quad R_2=\frac{U_2-U_2'}{U_2'}\times\frac{R}{U}$$

取 R_1、R_2 中的较小值为绝缘电阻值，当绝缘电阻值小于 500Ω/V 时为漏电。

3. 动力电池严重不均衡

（1）故障描述

比亚迪 e6 充满电后只能行驶 80km 左右。按如图 6-4 所示步骤读取比亚迪 e6 故障码。

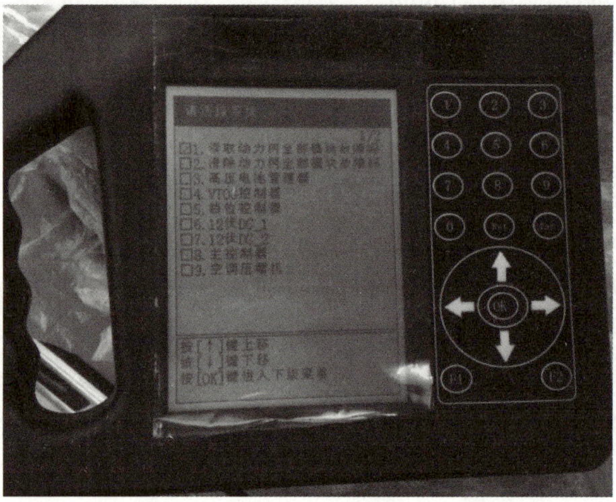

图 6-4　比亚迪 e6 故障码的读取

故障码显示为：P1AB800，表示 BIC 均衡硬件严重失效；P1ABA00，表示电池严重不均衡。

（2）故障排查

1）对车辆进行一次全充全放。

2）倒换 BMS 测试 80%、50%、0%单体电池电压数据流，观察最低电压电池号是否不一致；若仍存在故障，则更换动力电池。

4. 动力电池 SOC 跳变故障

（1）故障描述

车辆在高速路上行驶时，SOC 从 68%跳变至 0%，用诊断仪读取电压最低单体电池电压为 2.1V，电压最高单体电池电压为 3.33V。

（2）故障排查

1）检查发现，计算机上位机读取数据显示第 37 个单体电池电压严重低于正常值。

2）倒换 BMS 电压最低单体电池仍为第 37 个，排除 BMS 故障。

3）举升车辆，发现动力电池组托盘有被撞击的痕迹，撞击部位与第 37 个单体电池布置位置吻合，据此判断故障由撞击导致，建议尽快报保险处理。

知识二 动力电池系统的维护保养

学习点拨

通过学习，掌握动力电池维护的内容，会进行动力电池的各级维护；掌握动力电池组的存放和废弃处理方法。

一、维护前的准备工作与注意事项

每种电动汽车、动力电池均有其自身特点，不同车辆在动力电池的结构设计、安装位置等方面有很大差别。在车辆检修和动力电池维护的过程中，需要做好相应的准备工作。

1. 专用工具的准备

配置和准备专用的检测仪器（如丰田普锐斯配置有智能测试仪）、常用仪表（如电压表、欧姆表、绝缘测试仪等）、专用工具（带绝缘的螺钉旋具、扳手等）、常用物料（如绝缘胶带、扎带等）及其他工具（如充电机等）。

2. 个人防护用品的准备

电动汽车使用高压电路，在检修前必须做好个人防护措施：佩戴绝缘手套，穿防护鞋、工作服等；不能佩戴金属物件（如金属质地的手链、戒指、手表、项链等）。

因为电动汽车使用高压电路，不正确的操作可能导致电击或漏电，所以在检修过程中（如安装、拆卸零件，检查、更换零件等）必须注意以下事项。

1）维护检修前必须熟悉车辆说明书和电源系统说明书。

2）在对高压系统操作时应断开电源。断开电源前需要先读取故障码，避免系统故障码被清除。

3）断开电源后放置 5min，以对车辆系统内的高压电容器进行放电。

4）佩戴绝缘手套，并确保绝缘手套没有破损，不要戴湿手套。

5）高压电路的线束和连接器通常为橙色，高压零部件通常贴有“高压”警示牌，在操作这些线束和部件时需要特别注意。

6）在对高压系统进行操作时，应在旁边放置“高压工作，请勿靠近”警示牌。

7）不要携带任何类似卡尺或测量卷尺等的金属物体，避免掉落导致短路。

8）拆下的高压配线应立刻用绝缘胶带进行绝缘处理。

9）一定要按照规定力矩将高压端子拧紧，力矩不足或过量都会导致故障。

10）在完成对高压系统的操作后，应再次确认在工作平台周围没有遗留任何零件或工具，并确认高压端子已拧紧并已与连接器良好连接。

二、动力电池的常规维护

动力电池的养护

1. 动力电池常规维护注意事项

1）在对动力电池进行常规维护时，应对动力电池使用过程中的安全隐患进行检查和排除，避免发生危险事故。通过制订常规的预防性维护计划，可以更好地了解所使用电池的健康状况和终止寿命，确定电池的更换或重点维护计划。常规维护一般每月进行一次。动力电池在使用 1～2 个月后，维护人员需要对动力电池的外表面和绝缘部位进行保养和维护；动力电池在使用 3 个月后，应对动力电池进行一次充放电维护。

2）维护人员在进行维护保养时必须戴好绝缘手套等防护用品，使用前必须熟悉动力电池产品的结构、工作原理和使用说明。在进行充放电维护时，应将动力电池按正常工作要求连接到位，接通 BMS 的电源，监测电池的装调，根据监测的数据判断电池所处环境的温度、电池温度及电池电压等状态是否正常。在进行充放电维护前，操作者应先检查动力电池各部分的情况，只有在确保各部分正常的情况下才能进行充放电维护。维护均应在温度为 15～30℃，相对湿度为 45%～75%，大气压为 86～106kPa 的环境中进行。

3）在进行充放电维护过程中，应检查 BMS 的功能是否正常，并检查风扇是否在规定的温度下开启和关闭，是否运转正常。

4）动力电池在充放电维护结束后，应检测动力电池组的绝缘电阻，测得的绝缘电阻值应满足指标的要求。用电压表分别测试动力电池组的正极端子、负极端子与动力电池组的最大电压，测得的电压值应不超过上限值。

5）在进行常规维护后，只有动力电池的功能都正常才可以进行使用，如果有异常情况和故障出现，那么应立即排除，无法排除的故障应及时与厂家联系进行维修。

2. 动力电池常规维护内容

动力电池常规维护包括外表面维护、绝缘检测、BMS 维护、充放电维护等。

（1）外表面维护

可按照如下内容对电池系统进行外表面维护。

1）对电池系统的外表面进行检查，有问题应及时排除；如果无法排除，请及时与厂家联系。

2）检查动力电池组箱体是否完好，有无损坏或腐蚀。

3）检查各紧固件螺栓、螺母是否松动。

4）检查动力电池组之间的连接线是否松动。

5）检查插头是否完好，各种线束有无擦伤、有无金属部分外露问题。

6）检查动力电池组的冷却通道是否正常。

（2）绝缘检测

在进行绝缘检测时，先断开动力电池组与整车的高压连接，用数字电压表测量各个动力电池组的总正端子、总负端子对车体的电压，检查该电压值是否小于上限值。如果电压偏高，则应测量动力电池组箱体与车体是否绝缘，若有问题，则应由专业人员进行维修。通常可以根据总正端子和总负端子对车体的电压，大致确定由多个动力电池组组成的动力电池系统中哪一个动力电池组对车体绝缘出现了问题；通过测量动力电池组总正端子、总负端子对动力电池组外壳的电压，可大致确定动力电池组内绝缘故障的电池模组。

（3）BMS 维护

BMS 维护步骤如下：

1）接通 BMS，采集并记录开路状态下动力电池组的总电压，以及各个电池模组的电压及温度。

2）按照厂家推荐的充放电制度对 BMS 进行充放电测试。

3）检查充放电过程中 BMS 显示是否正常，若不正常，则进行故障排除。

4）接通辅助电源，运行车辆直至冷却系统工作，观察冷却通道是否通畅。

5）检查 BMS 与各部分连接点是否松动。

6）检查冷却系统进出风通道是否通畅，风机是否能正常工作，清除防尘网上的灰尘及杂物或更换防尘网。

（4）充放电维护

在对动力电池进行充放电维护时，应注意以下事项：

1）在进行充电操作时，要有专业人员看护，在充电过程中确保插头与插座接触良好，确保充电设备工作正常，确保动力电池组各连接点接触良好。如果出现异常，则需要修复后才能充电。

2）在充电和放电前检查 BMS 的显示器上显示的电池电压、温度、压差等参数，确保所有参数值都处于正常范围。

3）若动力电池组密封盖与极柱上存在大量灰尘、金属屑或其他杂物，应及时使用压缩空气进行清理，避免用水或水浸湿的物体进行清洁。

4）在充电和放电时，尽量避免有水或其他导电物体溅到动力电池组密封盖与极柱处，严禁暴露在大雨中使用。

5）根据动力电池或动力电池组实际使用状态，估计动力电池的充电时间和放电时间，在充电末期和放电末期注意观察动力电池或动力电池组是否存在异常。

6）在使用动力电池时，必须正确识别正负极，不得接反，不得短路；动力电池应按照指定的充电条件进行充电。

7）在对动力电池进行充放电维护时，应严格控制放电终止电压不低于放电最低电压，否则会导致动力电池性能下降和循环寿命缩短等不良后果。

8）动力电池的连接应牢靠，动力电池应避免在倒置的状态下工作。

9）避免对动力电池系统长时间过充电。

10）建议在 0～30℃温度的环境中进行充电，环境温度过高或过低均会对动力电池系统的充电效率、放电容量、电压稳定性及使用寿命等产生不良影响。

11）当动力电池在充放电维护和使用过程中发生异常情况时，应立即断开电源，并及时与厂家联系进行维修。

12）严禁用金属或导线同时接触动力电池系统的正负极。在运输和使用动力电池时，不要损坏或拆卸动力电池组，以免动力电池组短路。

13）动力电池系统充放电维护结束后，应将其存放在干燥通风、温度不高于 35℃的环境中，切勿接近火源，并避免与酸性或其他腐蚀性气体接触。

三、动力电池的重点维护

在进行重点维护时，应对动力电池进行较为详细的测试及检查，以保证动力电池满足继续使用的要求，消除动力电池存在的安全隐患，延长动力电池的使用寿命。重点维护一般每 6～8 个月进行一次。在进行重点维护前先按照常规维护进行检查。

1. 拆卸

将动力电池包从汽车上拆卸下来。若动力电池组在车上安装位置合适，利于开包检查和维护，则可不进行拆卸。

2. 开包

1）观察动力电池组外观，检查是否有燃烧、漏液、撞击等痕迹。

2）拧下动力电池组密封盖固定螺钉，将动力电池组密封盖取下，打开动力电池组，注意避免动力电池组密封盖与组内电池接触，不要损伤动力电池组。

3. 动力电池组内部状况检查及处理

动力电池组内部状况检查按以下步骤进行：

1）进行绝缘检测，用数字电压表测量各个动力电池组的总正端子、总负端子对车体的电压，检查该电压值是否小于规定值。

2）检查动力电池组托盘和支架是否有电解液、积水等异常情况。

3）观察动力电池外观的整洁程度，是否有漏液、腐蚀等现象。同时，使用毛刷、干抹布清洁动力电池表面及零部件。

4）检查动力电池之间的连接部位是否有松动、锈蚀等现象。

5）检查系统输出端子、BMS 各接插件是否连接牢靠。

6）清理防尘网上的灰尘或杂物，清理后再次进行绝缘检测。

7）检查各动力电池外观是否有损坏、漏液、严重变形等现象，对存在这些问题的动力电池进行标记，并进行更换。

8）检查每个动力电池的电压，对电压异常电池进行维护或更换。

9）检查 BMS 显示器上的电压值与实际电池电压值是否一致，以确保 BMS 电压采集的准确性，若不一致则要进行校对，采集的电压与实际电池电压误差不超过 5mV（1 次/月）。

10）检查 BMS 的温度采集值与实际温度值是否一致，采集的温度与实际温度的误差不允许超过 3℃，以确保动力电池不会在温度过高或温度过低的时候充电或放电（1 次/月）。

11）检查 BMS 的电流采集值与实际电流值是否一致，误差不允许超过 1%，以确保动力电池不会过充电或过放电（1 次/月）。

12）检查导电带、电压采集端子等节点是否存在松动、脱落、生锈或变形等情况，以确保动力电池组使用的串并联线束牢靠（1 次/月）。

13）检查电池壳体是否存在裂缝、变形、极柱松动、鼓胀等异常情况（1 次/月）。

14）检查充电设备的可靠性，确保充电设备完全按照 BMS 发出的调压、调流信号执行充电动作，确保电池不会过充电（1 次/月）。

15）检查并确认放电保护设备（如快速熔断器、直流接触器、继电器、空气开关等）处于正常工作状态，以确保在出现短路、过电流等危险状况时，动力电池组能被快速切断主回路（1 次/月）。

16）测试电机控制器、车载空调控制器等高压用电设备的通信及执行功能，确保当 BMS 发出切断信号时，所有高压用电设备都能及时停止用电，确保电池不过放电（1 次/月）。

17）检查动力电池组与车体的绝缘电阻状态，确保阻值符合中国国家标准（≥500Ω/V），以保证动力电池不存在漏电现象（1 次/月）。

18）若出现动力电池带电量不一致的情况，则可按以下步骤进行处理。

① 使用带有均衡功能且均衡效果非常好的 BMS，最好是具有均衡充电功能的 BMS。

② 用小于 0.3C 的充电电流将所有单体电池的电压充到 3.65V。

方法一：首先使用串联充电机对整组单体电池进行充电，直到出现单体电池上限电压保护提示，再使用限定电压为 3.65V 的恒流充电机（均衡充电设备）对所有单体电池进行充电，直到所有单体电池电压都达到 3.65V（3 月/次或出现带电量不一致时）。

方法二：把动力电池组中的所有单体电池拆下，用充放电测试柜把所有单体电池都充满，让其带电量一致（3 月/次或出现带电量不一致时）。

③ 用小于 0.3C 的放电电流将所有单体电池的电压都调至 2.3V。

方法一：把动力电池组中的所有单体电池拆下，用充放电测试柜把所有单体电池电压都调至 2.3V，让其带电量一致（3 月/次或出现带电量不一致时）。

方法二：首先对动力电池组整体进行放电，直到出现单体电池欠电压保护提示，再采用限定电压为 2.8V 的放电设备对单体电池进行放电，直到所有单体电池电压都为 2.8V（3 月/次或出现带电量不一致时）。

四、动力电池存储及运输维护

存储维护是指对长期存储（超过 3 个月）的动力电池进行测试及检查，其目的是避免动力电池因长期不使用而性能衰减，同时消除动力电池组存在的安全隐患。

1. 存储环境要求

1）环境温度范围：−20～+45℃。

2）环境相对湿度范围：最大为 80%。

2. 存储维护方法

有条件时对动力电池进行一次全充、全放，以使动力电池性能得到活化。在没有放电设备的条件下，通常进行充电维护，按照常规充电方法或厂家推荐的充电方法将动力电池充满电，对于长期存储的动力电池，首次充电必须采用较小电流进行。

1）在进行长期存储前，尽量保证动力电池或动力电池组的 SOC≥60%，每隔 3 个月对动力电池进行一次充电维护，以保证其 SOC≥60%。

2）动力电池应存储在干燥、通风、阴凉的环境中，避免阳光直射，不得在高温、高湿、有腐蚀性气体、剧烈振动等环境中长期存储。

3）禁止堆垛，以免影响动力电池性能。

4）禁止在连接有负载或隐性负载的状态下存储，即禁止在存储时有任何形式的放电行为。

5）长期存储后，若发现动力电池出现鼓胀、裂纹、电压值过低等异常状况，则动力电池有可能已经损坏，应立即联系相关技术部门，以获得技术支持。

3. 运输维护

1）在装卸和运输过程中，应避免剧烈振动和较大的外力冲击，禁止抛掷、翻滚、倒置、挤压及过高的堆垛。

2）运输过程中要防止雨淋。

3）运输前应保证动力电池或动力电池组已经与负载或充电设备断开连接，无任何形式的充放电行为。

五、常见问题及处理方法

在动力锂电池的使用与维护保养过程中，动力电池或动力电池系统有可能出现以下一种或多种异常状态，此时应组织专业的工程技术人员进行必要的处理，若对异常状态的认知或处理方法有任何疑问，可及时联系相关技术部门或售后服务部门，以获得专业的技术支持。

1）若在安装前和使用过程中，电池出现鼓胀、外壳破裂、外壳融化变形、外壳扭曲变形等异常现象，应立即停止使用该电池并单独存储。

2）若在安装前和使用过程中发现电池的极柱压紧螺栓、导电带、主回路导线及接插件出现松动、裂纹、绝缘层破裂、烧痕等异常现象，应立即停止使用该电池，查找分析原因并进行修复。

3）若在安装前发现电池的正负极极性与极性标识不相符，应立即停止使用该电池并联系售后服务部门更换该电池或获得其他处理办法。

4）若在安装前和使用过程中发现电池的实际电压过低（如低于2V），应立即停止使用该电池，然后使用3.65V、0.02C的均衡充电机对电池进行充电，整个充电过程中注意观察电池的电压、温度变化等，当电池在正常状态下充电电压达到3.60～3.65V、充电电流小于0.01C时即可停止充电，然后在常温状态下将电池开路搁置48h以上，电池的开路电压应为3.33V以上，温度基本与环境温度一致。若搁置后的电池开路电压与温度任意一项不符合要求，则认为电池存在异常状况，应联系售后服务部门以获得支持信息。

5）若在安装前和使用过程中发现电池的温度超过60℃，则应立即停止使用该电池，并将电池单独搁置，若温度继续上升，则需要采用沙土对电池进行掩埋。

6）若电池在安装前和使用过程中出现冒烟的情况，则应立即停止使用该电池并用沙土掩埋，及时通知售后服务部门进行备案，以获得技术支持。

六、维护与保养记录

电动汽车用锂离子电池维护与保养记录如表6-1所示，可酌情修改，记录中应包含维护日期、维护人、BMS电压采集值校正、BMS温度采集值校正、用电负载检验记录、BMS与负载维修记录、电池异常状况记录、电池异常处理方法、电池异常处理后状态等重要信息，以便相关人员根据这些信息得到更准确的技术支持和售后服务。

表6-1　电动汽车用锂离子电池维护与保养记录

公司名称：	维护人：	电池组或车辆编号：	确认人：	维护日期：
维护与保养项目	维护前状态或异常现象	维护方法	维护后状态	备注
BMS电压采集值校正				
BMS温度采集值校正				
BMS电流采集值校正				
BMS绝缘电阻采集值校正				
BMS通信功能良好程度检查				
熔断器、直流接触器等高压保护元器件良好程度检查				
充电设备功能良好程度检查				
负载控制器功能良好程度检查				
导电带压紧螺栓紧固程度检查				
导电带紧固程度检查				
导线与接插件良好程度检查				
电压采集端子紧固程度检查				
电池壳体与形状检查				
均衡充电设备最大输出电压值				
均衡充电设备最大输出电流值				
均衡充电设备漏电检查				

七、动力电池组的存放和废弃处理

几乎所有的电动汽车制造商及其电池供应商都会设置回收和再利用程序，从而确保尽可能多的动力电池组在更换之后返回动力电池组制造商手中。有些动力电池组制造商还会将旧动力电池组的某些结构部件重新用于更换的新的动力电池组上。

用于替换的动力电池组通常放在特殊的装运箱中被运送到汽车维修点。将替换动力电池组从装运箱中取出后，技术人员把故障动力电池组安全牢靠地装入这个装运箱内并寄回发货处。装运箱内通常带有包装说明和安全防护须知。

1. 存放完好无损的动力电池组

只允许将动力电池组及其组件（如电池模组）存放在带有自动灭火装置的空间。此外，该空间内还必须装有火灾探测器，从而确保即使不在工作时间也能识别火灾情况。原则上不允许将动力电池组放在地面，而只能放在架子上。必须将各电池模组存放在可上锁的安全柜内。当动力电池组出现故障但未损坏时，可像存放 12V 辅助电池一样将它存放在运输容器内。存放完好无损的动力电池组和电池模组如图 6-5 所示。

图 6-5　存放完好无损的动力电池组和电池模组

故障动力电池组妥善包装于装运箱内如图 6-6 所示。

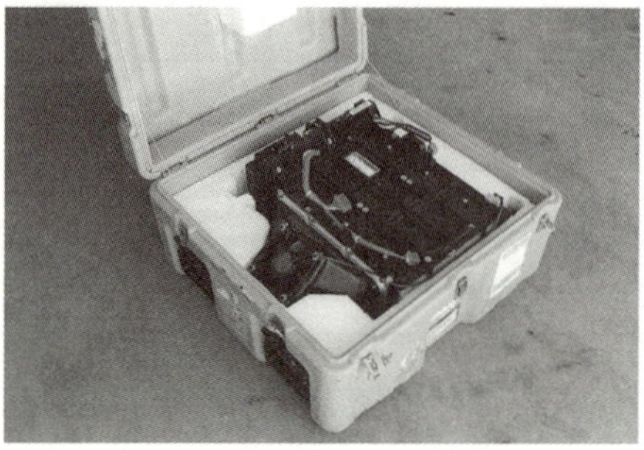

图 6-6　故障动力电池组妥善包装于装运箱内

动力电池组的退货程序，尤其是锂离子电池组的退货程序，并不是固定不变的，技术人员应经常查看汽车厂家的维修信息，包括技术服务公告（technical service bulletin，TSB）、技术技巧和维修手册，了解动力电池组退货手续的变更情况。

2. 存放损坏的动力电池组

在出现以下情况时，判定动力电池组已损坏。

1）动力电池组带有可见的烧焦痕迹。

2）动力电池组具体部位可见高温形成迹象。

3）动力电池组冒烟。

4）动力电池组外部面板变形或破裂。

必须将损坏的动力电池组临时存放在户外带有特殊标记的容器内至少 48h，之后才允许进行最终废弃处理。存放损坏动力电池组的特殊容器如图 6-7 所示。

图 6-7 存放损坏动力电池组的特殊容器

存放位置必须与建筑物、车辆或其他易燃材料至少间隔 5m。必须将外部损坏的动力电池组存放在耐酸且防漏凹槽内，以免溢出的电解液流入土壤。此外，还要防止消防用水肆意横流。

在某些情况下，汽车厂家或动力电池厂家可能要求在将拆卸下来的故障锂离子电池组退还给厂家之前，必须对其进行放电处理（放电是出于安全考虑）。即使锂离子电池组只有部分剩余电能，该部分电能也是很大的，所以对故障电池的放电操作是有潜在危险的，需要格外谨慎。

消耗锂离子电池组剩余电能需要使用专用设备，并需要遵守专门的操作规范。例如，通用汽车使用 Midtronics GRX-5100 EV/HEV 电池维修工具对雪佛兰沃蓝达动力电池组进行放电处理。有些混合动力和纯电动汽车的电池维修工具也可以用于动力电池组的诊断、充电和电池电压平衡操作。

3. 动力电池组废弃处理

在需要对动力电池组进行废弃处理时，由维修负责人联系所在市场相关专业废弃处理机构处理。如果不了解该废弃处理机构或不知道如何进行废弃处理，可向所在市场相应环境管理专家求助。维修负责人负责包装物品并确保物品安全。当动力电池组未损坏时，可使用配件的运输包装。当动力电池组已损坏且有液体溢出时，必须使用专用容器并将其作为危险物品运送。维修负责人确保进行废弃处理前将损坏的动力电池组临时存放 48h 并确认具备运输能力。

直到运输前都应按照规定（包括当地工作说明）存放动力电池组。特别需要注意的是，不要因撞上堆垛机、受潮等原因导致运输包装和/或动力电池组损坏。当基于运输包装损坏等原因怀疑不再具备动力电池组运输能力时，必须使用维修说明重新确定是否具有运输能力。

任务实施

任务一　动力电池组故障排查

一、任务要求

按要求排查比亚迪 e5 动力电池组故障。

二、任务实施

1. 准备工作

操作前，准备好个人安全防护用品、场地安全防护设备及工具仪器。

2. 实施步骤

1）检查与维护动力电池组外部。动力电池组外部检查与维护流程如表 6-2 所示。

表 6-2　动力电池组外部检查与维护流程

检查与维护流程	具体步骤	完成情况
检查与维护前的准备工作	关闭点火开关，拔下钥匙	
	拆下低压蓄电池负极，使用绝缘胶带包好	
	断开动力电池组高压维修开关	
	拆下动力电池组总正、总负和低压线束插头	
检查动力电池组外观	检查上盖有无裂痕、磕碰、凹陷和凸起等	
	检查下托盘边缘有无变形、开裂，底部有无凹陷变形	
	检查下托盘压条螺钉有无松动	
	检查动力电池组标识是否清晰，有无破损	
	检查正、负极引出线附近螺栓有无断裂	
	检查采样线束接口有无破损	

续表

检查与维护流程	具体步骤	完成情况
检查动力电池箱的密封性	正确连接真空表组件及气泵管路	
	抽真空 3～5min，检查负压是否达到（　　）	
	如果负压真空度达到规定值，关闭真空表开关，保持（　　）min 左右，检查负压真空度是否在（　　）读数以内。若没有达到应（　　）	
检查动力电池组螺栓的紧固情况	检查动力电池螺栓状态，联结是否牢固，螺栓拧紧力矩为（　　）	
检查动力电池组外部高低压接插件	检查动力电池组高低压接插件连接是否可靠、无变形、损坏	
	检查动力电池组高压接插件与高压控制盒输入接插件是否正常	
检查动力电池组外部绝缘性	用数字绝缘表搭铁测量高压母线 1 端子阻值（　　）是否符合标准	
	用数字绝缘表搭铁测量高压母线 2 端子阻值（　　）是否符合标准	
检查 CAN 电阻	用万用表欧姆挡测量 CAN-H 对 CAN-L 电阻阻值（　　）是否符合标准	
整理工位，清洗场地		

2）检查与维护动力电池组内部。动力电池组内部检查与维护流程如表 6-3 所示。

表 6-3　动力电池组内部检查与维护流程

检查与维护流程	具体步骤	完成情况
检查与维护前的准备工作	关闭点火开关，拔下钥匙	
	拆下 12V 辅助电池负极，使用绝缘胶带包好	
	断开动力电池组高压维修开关	
	拆下动力电池组总正、总负和低压线束插头	
清洁动力电池箱内部	检查动力电池箱内部是否有粉尘，若有，则用高压气枪清理	
检查与维护熔断器	用万用表二极管挡测量熔断器通断，判断是否损坏	
检查与维护加热熔丝及电流传感器	用万用表二极管挡测量加热熔丝及电流传感器是否导通	
检测与维护继电器线圈	用万用表欧姆挡检测总正继电器和总负继电器的线圈电阻，判断是否需要更换	
检查与维护预充电阻	用万用表欧姆挡检测预充电阻的阻值是否符合标准	
检查与维护内部电缆	检查动力电池组内部高压电缆，确保连接可靠	
检查与维护电池模组连接件和安装点	检查动力电池模组电路螺栓联结是否可靠	
检查与维护动力电池组的保温性和干燥性	检查动力电池组内保温棉是否脱落、损坏	
	检查动力电池组壳体内部是否有积水，并用绝缘表测试动力电池组壳体的绝缘性能	
检查与维护电芯防爆膜及外观	检查电芯防爆膜、电芯外绝缘是否破损	
检查动力电池组内部绝缘性能	用绝缘表测试总正、总负搭铁阻值，阻值是否符合规定≥（　　）Ω	
整理工位，清洗场地		

三、任务评价

按表 6-4 进行考核评价。

表 6-4　考核评价表

序号	评价内容	分数	自评	组评	师评
1	理解工作内容及要求	5			
2	安全防护与仪表设备准备	15			
3	会查阅相关技术手册	5			
4	操作的安全性、规范性与高效性*	50			
5	完成工作页*	15			
6	7S 管理	10			
总分		100			
综合评分（自评分×20%+组长或教师评分×80%）：					
小组长签名：		教师签名：			
学习体会	签名：　　　日期：				

注：评价内容栏中，标*的为教师评分项，其他的为自评及组长评分项。

任务二　动力电池组的日常维护

一、任务要求

按规范对吉利帝豪 EV300 动力电池组进行日常维护。

二、任务实施

1. 准备工作

操作前，准备好个人安全防护用品、场地安全防护设备及工具仪器。

2. 实施步骤

1）按规范进行电动汽车用锂离子电池维护与保养，并填写记录单，如表 6-5 所示。

表 6-5　电动汽车用锂离子电池维护与保养记录单

公司名称：	维护人：	电池组或车辆编号：	确认人：	维护日期：
维护与保养项目	维护前状态或异常现象	维护方法	维护后状态	备注
BMS 电压采集值校正				
BMS 温度采集值校正				
BMS 电流采集值校正				
BMS 绝缘电阻采集值校正				
BMS 通信功能良好程度检查				

续表

维护与保养项目	维护前状态或异常现象	维护方法	维护后状态	备注
熔断器、直流接触器等高压保护元器件良好程度检查				
充电设备功能良好程度检查				
负载控制器功能良好程度检查				
导电带压紧螺栓紧固程度检查				
导电带紧固程度检查				
导线与接插件良好程度检查				
电压采集端子紧固程度检查				
电池外壳与形状检查				
均衡充电设备最大输出电压值				
均衡充电设备最大输出电流值				
均衡充电设备绝缘检查				

2）进行最终检查和 7S 管理。

三、任务评价

按表 6-6 进行考核评价。

表 6-6　考核评价表

序号	评价内容	分数	自评	组评	师评
1	理解工作内容及要求	5			
2	安全防护与仪表设备准备	15			
3	会查阅相关技术手册	5			
4	操作的安全性、规范性与高效性*	50			
5	完成工作页*	15			
6	7S 管理	10			
总分		100			
综合评分（自评分×20%+组长或教师评分×80%）：					
小组长签名：			教师签名：		
学习体会	签名：　　　日期：				

注：评价内容栏中，标*的为教师评分项，其他的为自评及组长评分项。

思考与练习

简答题

1. 简述动力电池故障的等级。

2. 纯电动汽车故障灯可以用哪几种颜色表示故障程度？

3. 动力电池常见故障有哪些？如何排除？试举例说明。

4. 简述动力电池维护的分类及内容。

5. 在常规维护中，有哪些项目是需要每月进行一次的？

6. 简述动力电池组的回收方法。

参 考 文 献

敖东光，宫英伟，陈荣梅，2017．电动汽车结构原理与检修[M]．北京：机械工业出版社．

崔胜民，韩家军，2011．新能源汽车概论[M]．北京：北京大学出版社．

龚华生，2011．电池使用维修指南[M]．北京：机械工业出版社．

侯明，衣宝廉，2012．燃料电池技术发展现状与展望[J]．电化学，18（1）：1-13．

胡信国，2013．动力电池技术与应用[M]．北京：化学工业出版社．

其鲁，等，2010．电动汽车用锂离子二次电池[M]．北京：科学出版社．

宋永华，阳岳希，胡泽春，2011．电动汽车电池的现状及发展趋势[J]．电网技术（4）：1-7．

谭小军，2011．电动汽车动力电池管理系统设计[M]．广州：中山大学出版社．

王震坡，孙逢春，2012．电动车辆动力电池系统及应用技术[M]．北京：机械工业出版社．

徐晓慧，2012．电动汽车及充换电技术[M]．北京：中国电力出版社．

徐艳民，2015．电动汽车动力电池及电源管理[M]．北京：机械工业出版社．

曾鑫，刘涛，2017．新能源汽车动力电池与驱动电机[M]．北京：人民交通出版社．

朱小春，2017．电动汽车网络与电路分析[M]．北京：清华大学出版社．

Ryan O'hayre，车硕源，Whitney Colella，等，2007．燃料电池基础[M]．王晓红，等译．北京：电子工业出版社．